河南省"十四五"普通高等教育规划教材

高等院校土建类专业"互联网＋"创新规划教材

U0187701

建筑公共安全技术与设计
（第 2 版）

陈继斌　　曹祥红

张　华　　吴艳敏　　等　编著

北京大学出版社

PEKING UNIVERSITY PRESS

内 容 简 介

本书共 13 章，包括火灾自动报警系统、安全技术防范系统及应急响应系统三个系统。火灾自动报警系统包括火灾自动报警系统概述、火灾探测器及系统附件、火灾报警控制器、消防联动控制设施、火灾自动报警系统设计；安全技术防范系统包括安全技术防范系统概述、入侵报警系统、视频安防监控系统、出入口控制系统、电子巡查管理和访客对讲系统、停车库（场）管理系统、安全防范工程设计。 本书紧密结合国家相关规范，全面系统地介绍了建筑公共安全技术与设计及系统应用实例。

本书可作为高等院校建筑电气与智能化、安全工程、电气工程及其自动化、自动化、建筑环境与能源应用工程和消防工程等本科专业及相近专业的教材和教学参考用书，也可作为高等职业院校相关专业的教学用书，还可作为从事建筑电气与智能化工程设计、安装、监理和运行的技术人员、注册消防工程师、注册电气工程师的培训和参考用书。

图书在版编目(CIP)数据

建筑公共安全技术与设计/陈继斌等编著. —2 版. —北京：北京大学出版社，2022.4
高等院校土建类专业"互联网+"创新规划教材
ISBN 978 - 7 - 301 - 32936 - 8

Ⅰ.①建…　Ⅱ.①陈…　Ⅲ.①房屋建筑设备—安全设备—系统设计—高等学校—教材
Ⅳ.①TU89

中国版本图书馆 CIP 数据核字(2022)第 042984 号

书　　　　名	建筑公共安全技术与设计(第 2 版)	
	JIANZHU GONGGONG ANQUAN JISHU YU SHEJI(DI - ER BAN)	
著作责任者	陈继斌　等　编著	
策 划 编 辑	童君鑫	
责 任 编 辑	伍大维	
数 字 编 辑	蒙俞材	
标 准 书 号	ISBN 978 - 7 - 301 - 32936 - 8	
出 版 发 行	北京大学出版社	
地　　　　址	北京市海淀区成府路 205 号　100871	
网　　　　址	http://www.pup.cn　新浪微博：@北京大学出版社	
电 子 邮 箱	编辑部 pup6@pup.cn　总编室 zpup@pup.cn	
电　　　　话	邮购部 010 - 62752015　发行部 010 - 62750672　编辑部 010 - 62750667	
印 刷 者	大厂回族自治县彩虹印刷有限公司	
经 销 者	新华书店	
	787 毫米×1092 毫米　16 开本　17.25 印张　408 千字	
	2017 年 2 月第 1 版	
	2022 年 4 月第 2 版　2024 年 8 月第 2 次印刷	
定　　　　价	59.00 元	

第 2 版前言

建筑公共安全系统一般包括火灾自动报警系统、安全技术防范系统和应急响应系统，是建立建筑物安全运营环境整体化、系统化、专项化的重要防护设施，是智能建筑的主要子系统。

我们编写本书的主要目的是使学生在熟悉建筑公共安全各子系统的组成及工作原理的基础上，进一步掌握各子系统的工程设计。

本书为创新型教材，其内容丰富、层次分明，具有新颖性、工程性、实用性、生动性等特点，可读性强。本书首先介绍建筑公共安全各子系统的组成及工作原理，然后结合规范及工程实例阐述系统设计。每章章首设置有"本章教学要点"，可指导学生了解该章的知识要点及对知识要点的掌握程度；每章还设有生动活泼的"导入案例"，可引导学生进入该章知识要点的学习；此外，文中还穿插有相关的"阅读材料"，可拓展学生的知识面，并激发学生的学习兴趣。

本书结合党的二十大精神设置了课程思政元素。本书紧跟信息时代的步伐，以"互联网＋"思维在相关知识点旁边通过二维码的形式增加了一些视频、图文、动画等资源，读者可以通过扫描书中的二维码来阅读更多的学习资料。

参与本书编写的有郑州轻工业大学陈继斌、曹祥红、吴艳敏、魏晓鸽、任静、李森、许静，河南工业大学张华，浙江商汤科技开发有限公司叶建云，河南利业施工图审查有限公司李跃龙、李跃虎。本书具体编写分工如下：第 1 章、第 2 章、附录 3 由陈继斌、许静编写，第 3 章、第 6 章、第 7 章由曹祥红编写，第 4 章、第 9 章、第 10 章、第 11 章由吴艳敏编写，第 5 章由曹祥红、张华、李跃龙编写，第 8 章由任静、叶建云编写，第 12 章、综合习题、附录 1、附录 2、附录 4、附录 5 由任静编写，第 13 章由魏晓鸽编写，二维码素材由陈继斌、吴艳敏、魏晓鸽、任静、李森、李跃龙、李跃虎提供，本章教学要点、导入案例、阅读材料由陈继斌、李森编写。全书由陈继斌统稿。

湖南大学滕召胜教授担任本书主审，并提出了不少改进意见，对此我们表示衷心的感谢。

本书参照最新规范进行了内容更新。本书虽然经过反复修改，但限于作者的水平，书中难免还会有一些不足和疏漏之处，恳请广大读者批评指正。

资源索引

编著者

2024 年 7 月

本书课程思政元素

本书结合党的二十大精神，从"格物、致知、诚意、正心、修身、齐家、治国、平天下"中国传统文化角度着眼，再结合社会主义核心价值观"富强、民主、文明、和谐、自由、平等、公正、法治、爱国、敬业、诚信、友善"设计出课程思政的主题，然后紧紧围绕"价值塑造、能力培养、知识传授"三位一体的课程建设目标，在课程内容中寻找相关的落脚点，通过案例、知识点等教学素材的设计运用，以润物细无声的方式将正确的价值追求有效地传递给学生，以期培养学生的理想信念、价值取向、政治信仰、社会责任，全面提高学生缘事析理、明辨是非的能力，把学生培养成为德才兼备、全面发展的人才。

每个思政元素的教学活动过程都包括内容导引、展开研讨、总结分析等环节。在课堂教学中教师可结合下表中的内容导引，针对相关的知识点或案例，引导学生进行思考或展开讨论。

页码	内容导引	问题与思考	课程思政元素
2	燃烧	1. 燃烧的定义是什么？ 2. 如何正确理解燃烧的发生和发展过程中的充要条件？	科学精神 求真务实 科技发展
4	建筑室内火灾的发展过程	1. 简述建筑室内火灾的发展过程。 2. 火灾发展过程中重要的转折区是哪个区？	科技发展 社会责任 安全意识
6	烟气	1. 烟气的定义是什么？ 2. 可燃物遇到多少摄氏度以上的热烟可能被引燃起火？	努力学习 创新精神 专业与社会
6	烟气的扩散路线	1. 烟气的扩散流动速度与什么有关？ 2. 简述当高层建筑发生火灾时，烟气的三条扩散路线	科学精神 科技发展
7	灭火的基本原理及基本方法	1. 简述灭火的基本原理。 2. 灭火的基本方法主要有哪几种？	科学素养 终身学习 科技发展 专业与社会

页码	内容导引	问题与思考	课程思政元素
7	火灾自动报警系统的发展	1. 讲一讲学习火灾自动报警系统发展史的感受。 2. 如何正确理解火灾自动报警系统发展过程中出现的各种技术创新？	辩证思想 科学素养 规范与道德
11	火灾探测器的分类	1. 可依据什么性能对火灾探测器进行分类？ 2. 日常生活中常见的火灾探测器有哪些？	努力学习 专业能力 创新意识
13	火灾探测器的性能指标	1. 衡量火灾探测器质量优劣的主要性能指标有哪些？ 2. 为什么不能仅仅用一种性能指标来评价探测器的好坏？	专业能力 团队合作 沟通协作 大局意识 核心意识
15	感烟火灾探测器	1. 感烟火灾探测器如何分类？ 2. 简述线型感烟火灾探测器的工作原理	个人成长 创新意识
18	感温火灾探测器	1. 感温火灾探测器如何分类？ 2. 简述线型感温火灾探测器的工作原理	创新意识 专业与社会
22	感光火灾探测器	1. 感光火灾探测器如何分类？ 2. 简述红外感光火灾探测器的工作原理	创新意识 专业与社会
27	复合探测技术	1. 常见的复合探测器有哪些？ 2. 思考使用复合探测器的优缺点	科技发展 爱岗敬业
40	火灾报警控制器的线制	1. 火灾报警控制器的线制有哪几种？各有什么特点？ 2. 简述多线制系统结构与总线制系统结构各自的优缺点	科学精神 终身学习 专业能力 创新意识
48、55	自动喷水灭火系统、消火栓给水系统	1. 简述自动喷水灭火系统的组件和工作原理。 2. 简述消火栓给水系统的工作原理	科学素养 专业水准 社会责任 安全意识

续表

页码	内容导引	问题与思考	课程思政元素
60	气体灭火系统	1. 简述气体灭火系统的组成。 2. 简述气体灭火系统的工作原理	专业能力 职业精神
65	防烟排烟系统	1. 简述防烟排烟系统的组成。 2. 简述防烟排烟系统的工作原理	求真务实 科技发展 专业与社会 责任与使命
71	防火门及防火卷帘系统	1. 简述防火门的组成和功能。 2. 简述防火卷帘的组成和功能	科技发展 社会责任 安全意识
74	消防应急广播系统和消防专用电话系统	1. 简述消防应急广播系统的组成。 2. 简述消防专用电话系统的组成	专业与社会 社会责任 安全意识
93	火灾探测器的选择	1. 哪些场所宜选择点型感烟火灾探测器？ 2. 哪些场所宜选择点型感温火灾探测器？ 3. 哪些场所宜选择可燃气体探测器？ 4. 哪些场所宜选择线型光束感烟火灾探测器？哪些场所不宜选择此探测器？	专业能力 社会责任 职业精神
96	系统设备的设置	分析火灾报警控制器、消防联动控制器、火灾探测器、手动火灾报警按钮、区域显示器、火灾声光警报器、消防应急广播、消防专用电话等设备的设置要求	社会责任 抗压教育
105	消防联动控制设计	1. 需要进行哪些消防联动控制设计？ 2. 各消防联动控制系统有哪些设计要求？	职业素养 团队合作 沟通协作
105	自动喷水灭火系统的联动控制设计	1. 湿式系统和干式系统的联动控制设计应符合哪些规定？ 2. 简述湿式自动喷水灭火系统的启泵流程。 3. 简述湿式自动喷水灭火系统的联动控制原理	规范与道德 社会责任 职业精神
119	阅读材料 5-6	介绍你所了解的火灾自动报警系统相关的新科技	科技发展 专业与国家 职业规划 创新意识

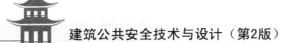

续表

页码	内容导引	问题与思考	课程思政元素
126	典型场所的火灾自动报警系统	1. 从火灾自动报警系统设计规范的角度，说一说自家房屋改建或装修时，应该注意哪些方面。 2. 发生火灾时，应该如何进行自救？ 3. 在生活中，应该注意哪些问题，以降低发生火灾的可能性？	终身学习 社会责任 专业与社会 社会公德
141	入侵报警系统的功能	入侵报警系统的主要功能有哪些？	科技发展 专业能力
149	微波墙式入侵探测器	1. 简述微波墙式入侵探测器的工作原理。 2. 哪些外周界可选用微波墙式入侵探测器？	科学精神 责任与使命
157	入侵报警系统设计	1. 如何进行纵深防护体系设计？ 2. 入侵报警功能设计应符合哪些规定？ 3. 防破坏及故障报警功能设计应符合哪些规定？	实战能力 专业与社会 规范与道德 工匠精神
167	视频安防监控系统的发展历程	1. 视频安防监控系统经历了哪几个发展阶段？ 2. 简述模拟视频安防监控系统、硬盘录像机视频安防监控系统和智能网络视频安防监控系统的组成及各自的特点。 3. 你认为视频安防监控系统未来会有哪些新的技术发展或应用？	终身学习 科学精神 创新意识
168	视频安防监控系统的功能	1. 视频安防监控系统有哪些功能？ 2. 为什么说视频安防监控系统是整个智能系统的"眼睛"？	创新意识 能源意识
180	视频安防监控系统设计	1. 如何进行视频安防监控系统的设备选型与设置？ 2. 分析视频安防监控系统的传输方式、线缆选型	科学精神 专业与国家
180	阅读材料 8-8	1. 什么是摄像机感知技术？ 2. 摄像机感知技术能应用在哪些行业？ 3. 如何理解技术的两面性？	辩证思想 法律意识 价值观

页码	内容导引	问题与思考	课程思政元素
193	出入口控制系统	1. 简述出入口控制系统的用途。 2. 简述出入口控制系统的组成。 3. 简述身份识别技术。 4. 简述出入口控制系统的设计	终身学习 专业与社会 社会责任 安全意识
211	电子巡查管理系统	1. 简述电子巡查管理系统的组成。 2. 简述电子巡查管理系统的工作原理	科技发展 安全意识
213	访客对讲系统	1. 简述访客对讲系统的组成。 2. 简述访客对讲系统的工作原理	科技发展 安全意识
218	停车库（场）管理系统	1. 简述停车库（场）管理系统的组成。 2. 简述停车库（场）管理系统的功能	适应发展 科技发展 责任与使命
224	安全防范工程设计	1. 在进行现场勘察时，应调查保护对象的哪些基本情况？ 2. 入侵和紧急报警系统、视频安防监控系统、出入口控制系统及停车库（场）管理系统等的设计内容应包括哪些方面？ 3. 监控中心的位置和空间布局是怎么规定的？	终身学习 专业水准 规范与道德
231	传输线缆的选择规定	光缆纤芯数目应根据监视点的个数、监视点的分布情况和信号调制方式来确定，为什么要留有一定的余量？	人生观 个人成长
238	应急响应系统	1. 简述应急响应系统的功能。 2. 应该在哪些建筑中采用应急响应系统？	专业能力 专业与社会 社会责任

注：若想获得教师版课程思政内容，请与出版社客服联系。

客服微信号

目　　录

第**1**章
火灾自动报警系统概述

 本章教学要点

知识要点	掌握程度	相关知识
燃烧与火灾	掌握燃烧的必要条件和充分条件； 熟悉火灾的分类	燃烧的定义，燃烧的必要条件和充分条件； 火灾的定义，火灾的分类
火灾的发展过程及灭火	掌握建筑室内火灾的发展过程； 熟悉建筑火灾的烟气蔓延； 掌握灭火的基本原理及基本方法	建筑室内火灾的发展过程； 烟气的扩散路线和蔓延途径； 灭火的基本原理和基本方法
火灾自动报警系统的发展	了解火灾自动报警系统的发展	火灾自动报警系统的发展过程

导入案例

智慧的公共安全

织密公共安全防护网

公共安全是国家安全的重要领域，与人民群众的生命财产安全等切身利益密切相关，因此要不断加强公共安全工作，切实增强人民群众的获得感、幸福感、安全感。

如何以最优、最小的投入获得最大限度的安全保障，是织密公共安全防护网需要不断研究解决的问题。这需要运用科学的安全理论、方法、模型，以及相应的技术、标准和装备。我们要不断提高运用科学技术维护国家安全的能力；要构建公共安全人防、物防、技防网络，实现人员素质、设施保障、技术应用的整体协调。这就要求我们不断研究更先进、更有效、更科学的技术装备，以科技创新为公共安全提供保障。同时，公共安全领域专家要不断研究突发事件从孕育、发生、发展到突变成灾的演化规律及其产生的风险；研究突发事件对人、物和经济社会运行系统产生的破坏；研究如何通过人为干预，减少突发事件的发生，减轻突发事件的破坏力；等等。通过这些研究，可以更加精准地把握突发事件发生、发展的机理和规律，对其所造成的破坏强度做出预测、预警，从而实现有效的防灾和减灾。

1.1 燃烧与火灾

火给人类带来了文明进步、光明和温暖，但失去控制的火也给人类带来了巨大的灾难。火灾是常发性灾害中发生频率较高的灾害之一。人们对火灾危害的认识由来已久，如何运用消防技术措施防止火灾发生、迅速扑灭已发生的火灾，一直是人们研究的一个重要课题。

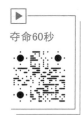

夺命60秒

燃烧是指可燃物与氧化剂作用发生的放热反应，通常伴有火焰、发光和（或）发烟现象。燃烧过程中，燃烧区的温度较高，使其中白炽的固体粒子和某些不稳定（或受激发）的中间物质分子内电子发生能级跃迁，从而发出各种波长的光。发光的气相燃烧区就是火焰，它是燃烧过程中最明显的标志。由于燃烧不完全等原因，会使产物中产生一些小颗粒，这样就形成了烟。

燃烧可分为有焰燃烧和无焰燃烧。通常看到的明火都是有焰燃烧；有些固体发生表面燃烧时，有发光、发热的现象，但是没有火焰产生，这种燃烧方式则是无焰燃烧。

燃烧的发生和发展必须具备三个必要条件，即可燃物、助燃物（氧化剂）和引火源（温度）。当燃烧发生时，上述三个条件必须同时具备，如果有一个条件不具备，那么燃烧就不会发生。

具备了燃烧的必要条件，并不等于燃烧就必然发生。在各种必要条件中，还有一个"量"的要求，并且存在相互作用的过程，这就是燃烧的充分条件。

2

研究表明，大部分燃烧的发生和发展除了具备上述三个必要条件以外，其燃烧过程中还存在未受抑制的自由基作中间体。多数燃烧反应不是直接进行的，而是通过自由基团和原子这些中间产物瞬间进行的循环链式反应。自由基的链式反应是这些燃烧反应的实质，光和热是燃烧过程中的物理现象。因此，大部分燃烧的发生和发展需要具备四个必要条件，即可燃物、助燃物（氧化剂）、引火源（温度）和链式反应自由基。

 阅读材料 1-1

燃 烧 类 型

1. 燃烧的分类

按照燃烧形成的条件和发生瞬间的特点，燃烧可分为着火和爆炸。

（1）着火。

可燃物在与空气共存的条件下，当达到某一温度时，与引火源接触即能引起燃烧，并在引火源离开后仍能持续燃烧，这种持续燃烧的现象称为着火。

（2）爆炸。

爆炸是指物质由一种状态迅速地转变为另一种状态，并在瞬间以机械功的形式释放出巨大的能量，或是气体、蒸气在瞬间发生剧烈膨胀等现象。

2. 闪点、燃点、自燃点的定义

（1）闪点的定义。

在规定的试验条件下，液体挥发的蒸气与空气形成的混合物，遇火源能够闪燃的液体最低温度（采用闭杯法测定），称为闪点。

（2）燃点的定义。

在规定的试验条件下，应用外部热源使物质表面起火并持续燃烧一定时间所需的最低温度，称为燃点。

（3）自燃点的定义。

在规定的条件下，可燃物质产生自燃的最低温度，称为自燃点。

闪燃和闪点

火灾是指在时间或空间上失去控制的燃烧所造成的灾害。火灾危害生命安全、造成经济损失，影响社会稳定、破坏生态环境和文明成果。

按照国家标准《火灾分类》（GB/T 4968—2008）的规定，火灾分为 A、B、C、D、E、F 六类。

A 类火灾：固体物质（这种物质通常具有有机物性质，一般在燃烧时能产生灼热的余烬）火灾，如木材、棉、毛、麻、纸张火灾等。

B 类火灾：液体或可熔化固体物质火灾，如汽油、煤油、原油、甲醇、乙醇、沥青、石蜡火灾等。

C 类火灾：气体火灾，如煤气、天然气、甲烷、乙烷、氢气、乙炔火灾等。

D 类火灾：金属火灾，如钾、钠、镁、钛、锆、锂火灾等。

E 类火灾：带电火灾（物体带电燃烧的火灾），如变压器等设备的电气火灾等。

F 类火灾：烹饪器具内的烹饪物火灾，如动物油脂或植物油脂火灾等。

阅读材料 1－2

油锅起火为
什么不能用
水灭

这些火灾不能用水扑救

电器发生火灾时，首先要切断电源。在无法断电的情况下千万不能用水和泡沫扑救，因为水和泡沫都能导电；应选用二氧化碳、干粉灭火器或者干沙土进行扑救，而且要与电气设备和电线保持 2m 以上的距离。

油锅起火时，千万不能用水浇，因为水遇到热油会形成"炸锅"，使油火到处飞溅。正确的扑救方法是，迅速将切好的冷菜沿锅边倒入锅内，火就自动熄灭了；还可以用锅盖或能遮住油锅的大块湿布盖到起火的油锅上，使燃烧的油火接触不到空气而缺氧窒息。

家中储存的燃料油或油漆起火时，千万不能用水浇，而应用泡沫、干粉或干沙土进行扑救。

计算机着火时，应马上拔下电源，使用干粉或二氧化碳灭火器扑救。如果发现及时，也可以拔下电源后迅速用湿地毯或湿棉被等覆盖计算机，切勿向失火计算机泼水。因为温度突然下降，有可能会使计算机发生爆炸。

在学校实验室常存有一定量的硫酸、硝酸、盐酸，碱金属钾、钠、锂，易燃金属铝粉、镁粉等化学危险物品，这些物品遇水后极易发生反应或燃烧，是绝对不能用水扑救的。

1.2　火灾的发展过程及灭火

家庭火灾

火灾的发生、发展和蔓延，关键在于热量的传递。传热学表明，热量一般以传导、辐射和对流三种途径传播。灭火实质上可理解为切断火场上热量传播的途径。

1.2.1　建筑室内火灾的发展过程

建筑室内火灾最初发生在建筑物内的某个房间或局部区域，然后蔓延到相邻房间或区域，最后扩展到整个建筑物和相邻建筑物。图 1.1 所示为建筑室内火灾温度-时间曲线。曲线 A 表示可燃固体火灾的温度-时间曲线，曲线 B 表示可燃液体（及热熔塑料）火灾的温度-时间曲线。

图 1.1 中曲线 A 表明，根据可燃固体火灾温度随时间变化的特点，一般将火灾发展过程分为三个阶段：初起阶段、发展阶段和衰减阶段。在前面两个阶段之间，有一个温度急剧上升的狭窄区，通常称之

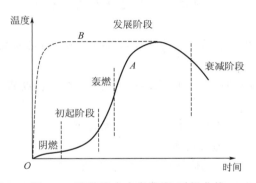

图 1.1　建筑室内火灾温度-时间曲线

为轰燃区，它是火灾发展的重要转折区。

1. 初起阶段

建筑室内发生火灾后，最初只是起火部位及其周围可燃物着火燃烧。初起阶段的特点是火灾燃烧范围较小，燃烧强度弱，火场温度和辐射热较低，火灾蔓延速度较慢。此时是灭火的最有利时机，应争取在此期间尽早发现火灾，及时扑灭火灾，达到起火不成灾的目的。

2. 发展阶段

轰燃实验

在火灾初起阶段后期，火灾范围迅速扩大，当火灾房间温度达到一定值时，积聚在房间内的可燃性气体突然起火，会使整个房间都充满火焰，房间内所有可燃物表面部分都卷入燃烧之中，燃烧很猛烈，温度升高很快。这种房间内由局部燃烧向全室性燃烧过渡的现象称为轰燃。轰燃是建筑室内火灾最显著的特征之一，它标志着火灾发展阶段的开始。轰燃发生后，房间内所有可燃物都在猛烈燃烧，放热速度很快，室内温度急剧上升，并保持持续高温。火焰、高温烟气从房间的开口大量喷出，把火灾蔓延到建筑物的其他部分。室内高温还会对建筑物构件产生热作用，使建筑物构件的承载能力下降，甚至造成建筑物局部或整体倒塌的现象。

3. 衰减阶段

在火灾发展阶段后期，随着可燃物的不断减少，其挥发物质也不断减少，火灾的燃烧速度递减，直至逐渐熄灭，火灾结束。当室内平均温度降到最高温度值的80%时，则认为火灾进入衰减阶段。

图1.1中曲线B表明可燃液体（及热熔塑料）火灾的温升速率很快，在相当短的时间内，温度即可达到1000℃左右。这种火灾几乎没有多少探测时间，供初期灭火的时间也很有限，加上室内迅速出现高温，极易对人和建筑物造成严重危害。

 阅读材料1-3

小小粉尘不容小觑

2015年6月27日晚8点40分左右，台湾地区新北市八里的八仙水上乐园在派对活动最后5分钟发生粉尘爆炸意外，新北市卫生局28日上午10点公布八仙水上乐园受伤的516人名单，其中重伤达194人。因身着泳衣，伤者中很多属于大面积烧烫伤。

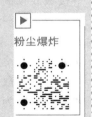

粉尘爆炸

据统计，截至2015年7月30日，有316人继续留院治疗，其中171人在加护病房，116人病危，9人死亡。

粉尘爆炸，指粉尘在爆炸极限范围内，遇到热源（明火或高温），火焰瞬间传播于整个混合粉尘空间，化学反应速度极快，同时释放大量的热，形成很高的温度和很大的压力，系统的能量转化为机械功及光和热的辐射，具有很强的破坏力。

粉尘爆炸多发生在伴有铝粉、锌粉、铝材加工研磨粉、各种塑料粉末、有机合成药品的中间体、小麦粉、糖、木屑、染料、胶木灰、奶粉、茶叶粉末、烟草粉末、煤尘、植物纤维尘等产生的生产加工场所。

1.2.2　建筑火灾的烟气蔓延

烟气是燃烧过程中的一种产物，由燃烧或热分解作用所产生的悬浮在气相中的可见固体和液体微粒组成。建筑发生火灾时，烟气流动的方向通常是火势蔓延的主要方向。一般情况下，500℃以上热烟所到之处，遇到的可燃物都有可能被引燃起火。

 阅读材料 1-4

公寓大楼特大火灾事故

浓烟为什么是火场第一"杀手"

浓烟致人死亡的最主要原因是一氧化碳中毒。在一氧化碳浓度达1.3%的空气中，人吸入两三口空气就会失去知觉，呼吸13min就会死亡。据了解，常用的建筑材料燃烧时所产生的烟气中，一氧化碳的含量高达2.5%。此外，火灾中的烟气里还含有大量的二氧化碳。通常情况下，二氧化碳在空气中约占0.06%，当其浓度达到2%时，人就会感到呼吸困难，达到6%～7%时，人就会窒息死亡。另外，还有一些材料，如聚氯乙烯、尼龙、羊毛、丝绸等纤维类物品燃烧时能产生剧毒气体，对人的威胁更大。

在火灾发生时，烟的蔓延速度超过火的蔓延速度的5倍，其产生的能量超过火产生的能量的5倍，甚至6倍，烟气的流动方向就是火势蔓延的途径。温度极高的浓烟，在2min内就可形成烈火，而且对相距很远的人也能构成威胁。在美国发生的某次高层建筑火灾中，虽然大火只烧到5层，但是由于浓烟升腾，21层楼上也有人窒息死亡。

除此之外，浓烟的出现，会严重影响人们的视线，使人看不清逃离的方向而陷入困境。

1. 烟气的扩散路线

建筑火灾中产生的高温烟气，其密度比冷空气小，由于浮力作用向上升起，当其遇到水平楼板或顶棚时，会改为水平方向继续流动，这就形成了烟气的水平扩散。烟气在流动扩散过程中，一方面有冷空气掺混，另一方面受到楼板、顶棚、建筑围护结构等的冷却，温度逐渐下降。当沿水平方向流动扩散的烟气碰到四周围护结构时，会进一步被冷却并向下流动。逐渐冷却的烟气和冷空气流向燃烧区，形成了室内的自然对流，火会越烧越旺。

烟气的扩散流动速度与烟气的温度和流动方向有关。在火灾初期，烟气在水平方向的扩散流动速度为0.1～0.3m/s，在火灾中期可达0.5～0.8m/s。烟气在垂直方向的扩散流动速度可达1～5m/s。在楼梯间或管道竖井中，由于烟囱效应产生的抽力，烟气上升速度很快，可达到6～8m/s，甚至更快。

当高层建筑发生火灾时，烟气在高层建筑内的流动扩散一般有三条路线：第一条（也是最主要的一条）是着火房间—走廊—楼梯间—上部各楼层—室外；第二条是着火房间—室外；第三条是着火房间—相邻上层房间—室外。

2. 烟气的蔓延途径

发生火灾时，建筑内烟气呈水平流动和垂直流动。烟气的蔓延途径主要有：内墙门、洞口，外墙门、窗口，房间隔墙，空心结构，闷顶，楼梯间，各种竖井管道，楼板上的孔洞，穿越楼板、墙壁的管线和缝隙等。

对主体为耐火结构的建筑来说，造成烟气蔓延的主要原因有：未设置有效的防火分区，烟气在未受限制的条件下蔓延；洞口处的分隔处理不完善，烟气穿越防火分隔区域蔓延；防火隔墙和房间隔墙未砌至顶板，烟气在吊顶内部空间蔓延；采用可燃构件与装饰物，烟气通过可燃的隔墙、吊顶、地毯等蔓延。

1.2.3　灭火的基本原理及基本方法

灭火的基本原理就是在发生火灾后，通过采取一定的措施，把维持燃烧所必须具备的条件之一破坏，使燃烧不能继续进行，火就会熄灭。因此，采取降低着火系统温度、断绝可燃物、稀释空气中的氧浓度、抑制着火区内的链式反应等措施，都可达到灭火的目的。

灭火的基本方法主要有四种，冷却、窒息、隔离和化学抑制。前三种方法是通过物理过程进行灭火，后一种方法则是通过化学过程灭火。

（1）冷却灭火法是根据可燃物质燃烧必须达到一定温度这个条件，而将灭火剂直接喷洒在燃烧着的物体上，使可燃物质的温度降到燃点以下，从而停止燃烧。如用大量的水冲泼着火区来降温，或用二氧化碳灭火剂灭火等。

（2）窒息灭火法是根据可燃物质燃烧需要足够的助燃物质（空气或氧气）这个条件，采取阻止空气进入燃烧区的措施，或断绝氧气而使燃烧物质熄灭。

在火场上运用窒息灭火法扑灭火灾时，可采用石棉布、浸湿的棉布、灭火毯等不燃或难燃材料，覆盖燃烧物或封闭孔洞灭火；利用建筑物上原有的门、窗及生产储运设备上的部件，封闭燃烧区，阻止新鲜空气流入，以降低燃烧区氧气的含量，从而达到窒息灭火的目的。

（3）隔离灭火法是根据发生燃烧必须具备可燃物质这个条件，将燃烧物质与附近的可燃物质隔离或疏散，中断可燃物质的供应，从而使燃烧停止。

（4）化学抑制灭火法就是让灭火剂参与燃烧的链式反应，使燃烧过程中产生的自由基消失，形成稳定的分子或活性低的自由基，从而使燃烧反应停止。

具体灭火中采用哪种方法，应根据燃烧物质的性质、燃烧特点、火场的具体情况及消防技术装备的性能来选择。

1.3　火灾自动报警系统的发展

火灾发生时会产生烟雾，释放燃烧气体，形成火焰，导致环境温度升高，形成燃烧。要减少火灾危害，必须在火灾发生早期甚至极早期发现并将其扑灭，由此产生了火灾自动报警系统。

人们通过对燃烧过程中产生的气（燃烧气体）、烟（烟雾粒子）、热（温度）、光（火焰）等进行探测，来确定是否存在火情。火灾自动报警系统是人们同火灾做斗争的有力工具。

火灾报警

人类开发火灾自动报警系统这一段历史过程大致可以分为五代。

第一代，1847 年美国牙科医生钱林（Channing）和缅因大学教授华迈尔（Farmer）研究出了世界上第一台用于城镇火灾报警的发送装置。1890

年英国科学家利用金属受热膨胀的原理研制成功了第一个感温火灾探测器，从此，人类开创了火灾探测技术的新纪元。

从19世纪40年代至20世纪40年代，这漫长的100年，感温火灾探测器一直占主导地位，火灾自动报警系统的发展处于初级阶段。

第二代，20世纪50年代至70年代，感烟火灾探测器登上舞台，并将感温火灾探测器排挤到次要地位。火灾信号传输的导线为多线制，包括 $N+1$ 线和更多的线。

20世纪40年代末，瑞士的耶格（W. C. Jaeger）和梅利（E. Meili）等人根据电离后的离子受烟雾粒子影响会使电离电流减小的原理，发明了离子感烟火灾探测器，极大地推动了火灾探测技术的发展，并在此基础上建立了完整的火灾自动报警系统。国际消防界普遍以此作为火灾自动报警系统的新起点，从此火灾探测技术进入了一个崭新的阶段。

随着半导体器件的发展，20世纪70年代末期，为了扩大火灾探测的范围并针对离子感烟火灾探测器抗干扰能力及稳定性差、误报率高等不足，人们根据烟雾颗粒对光产生散射效应和衰减效应发明了光电感烟火灾探测器。由于光电感烟火灾探测器具有无放射性污染、受风流和环境湿度变化影响小、成本低、可靠性高等优点，因此光电感烟火灾探测器逐渐取代离子感烟火灾探测器，打破了离子感烟火灾探测器垄断市场长达30年的局面。

第三代，从20世纪80年代初开始至今，总线制火灾自动报警系统蓬勃兴起。

随着电子技术的发展，人们开发出总线制火灾自动报警系统。人们为每个探测点设置单独的地址编码，火灾报警控制器通过巡检方式，分别采集各探测点的信息，从而把以前的多线制系统改成少线制系统，也就是人们一般所称的总线制系统。总线制系统不但能节省布线费用，而且施工开通简单并能精确确定报警部位。在这个阶段，瑞士 Cerberus 公司首先推出离子感烟火灾探测器总线制产品，以后各国相继研制出多种地址编码总线制系统。

第四代，从20世纪80年代后期开始，火灾探测技术与其他技术（如信号处理技术、人工智能技术、自动控制技术等）开始了更广泛的交叉和结合，使火灾探测技术进入了一个全新的发展时期。

由于模拟量可寻址技术的出现，给火灾探测技术带来了一场革命，从而进入了智能化时代。这种技术为各种火灾探测器的改进和发展注入了新的活力，模拟量系统中的火灾探测器处理信号的方式是模拟量式而不是开关量式。

20世纪90年代，一种全新的"人工神经网络"算法诞生。它是现代神经生物学与信息处理技术、信息存储技术的结晶，其系统具有很强的适应性、学习能力、容错能力和并行处理能力，近乎人类的神经思维，从而可用全方位的方法判断火灾信号的真假，为火灾信号探测技术开辟了崭新的发展途径。与此同时，出现了一种分布式智能系统，这种系统除了控制机具有前述的智能外，每一个探测器也具有智能功能，也就是说，在探测器内设置了具有"人工神经网络"的微处理器。探测器与控制机可进行双向智能信息交流，使整个系统的响应速度及运行能力大大提高，确保了系统的可靠性。

第五代，20世纪90年代以来，欧美出现了无线火灾自动报警系统。它是利用无线信道传送火灾探头发出的火警信号和故障信号，并记录发出这些信号的地点和时间的火灾自动报警专用设备。同时还出现了空气样本分析系统，从而使火灾探测技术发生了一场革命。

在国外，许多发达国家火灾自动报警系统的应用相当普遍，在我国，火灾自动报警系统的研究、生产和应用起步较晚，20 世纪五六十年代基本上是空白；70 年代开始创建，并逐步有所发展；80 年代以来，随着我国建设的迅速发展和消防工作的不断加强，火灾自动报警系统的应用有了较大发展。

综 合 习 题

一、填空题

1. 燃烧的发生和发展，必须具备_____、_____和_____三个必要条件。

2. 根据室内火灾温度随时间变化的特点，火灾发展过程可分为_____、_____和_____三个阶段。

3. 灭火的基本方法主要有_____、_____、_____和_____四种。

二、名词解释

1. 燃烧；

2. 火灾；

3. 轰燃；

4. 烟气；

5. 防火墙。

三、简答题

1. 按照国家标准《火灾分类》（GB/T 4968—2008）的规定，火灾分为哪几类？

2. 当高层建筑发生火灾时，烟气在高层建筑内的流动扩散一般有哪几条路线？

3. 发生火灾时，建筑内烟气的蔓延途径有哪些？

4. 对主体为耐火结构的建筑来说，造成烟气蔓延的主要原因有哪些？

5. 简述灭火的基本原理。

6. 火灾自动报警系统大致可以分为哪几代？

7. 举例说明燃烧产物（包括烟）有哪些毒害作用。其危害性主要体现在哪几个方面？

第2章

火灾探测器及系统附件

本章教学要点

知识要点	掌握程度	相关知识
火灾探测器的分类	了解火灾探测器的分类； 熟悉火灾探测器的性能指标	火灾探测器的分类； 火灾探测器的性能指标
火灾探测器的原理	掌握常用火灾探测器的工作原理	感烟火灾探测器； 感温火灾探测器； 感光火灾探测器； 可燃气体探测器； 电气火灾监控探测器
火灾探测新技术	了解火灾探测新技术的原理及发展方向	火灾探测技术的最新发展
系统附件	掌握火灾自动报警系统主要附件的作用	手动报警按钮； 消火栓报警按钮； 火灾声光警报器； 输入模块； 输入/输出模块； 二输入/二输出模块； 总线短路隔离器； 区域显示器（火灾显示盘）

导入案例

在太空中发生火灾怎么办

在地球上发生火灾时，我们可以拨打消防报警电话。但是，如果在太空中发生火灾，就不能指望消防员了，航天员只能靠自己。在应对火灾过程中，预警是一个非常重要的环节，它可以让航天员有一定的反应时间，以便控制火情，从而降低火灾的发生率。目前，载人航天器主要依靠能探测烟、光或热的传感器进行火情探测。此外，一些舱载设备所配置的能感知局部过热的温度传感器，也会提供辅助信息，帮助对火情进行综合判断。

在太空中，燃烧的规律与地面不同：由于没有重力作用，空气无法形成对流，燃烧会局限在一个较小的区域，或者呈现阴燃现象。因此，从某种程度上来说，微重力环境对救火是有利的。

太空中不能用水来灭火，因为水在太空中不会像在地球上那样落下和流动，而会飘浮在舱内，造成舱内仪器设备短路，甚至导致航天器不能正常工作。座舱是非常狭小的密闭空间，灭火措施既要保证能及时控制火势，又不能因灭火而恶化舱内空气环境。发生小火灾时，航天员可以用灭火手套扑灭火焰；如果火情严重，可使用特殊灭火剂来灭火。对于多舱段的大型载人航天器（如空间站），可临时将出现火情的舱段隔离，用二氧化碳管路向该舱段排放二氧化碳来抑制和消灭火情。座舱紧急减压也是一种灭火方案。减压后舱内没有了氧气，自然就不会燃烧了。但这必须与舱内航天服及座舱压力应急系统等协同工作。灭火后，舱内一般会留有少量有毒物质，因此还必须进行排放和消毒处理。

"天宫一号"内配置了消防器材和灭火装置，主要有消防面具、空气分析仪、灭火器等，可以帮助航天员演练在空间站密闭空间内的灭火技巧，同时也能为将来我国空间站灭火设备及疏散通道的设计提供技术参数。

2.1 火灾探测器的分类和性能指标

火灾探测器是组成各种火灾自动报警系统的重要组件，是消防报警系统的"感觉器官"。它的作用是监视环境中有没有火灾发生，一旦出现火情，便将火灾的特征物理量（如烟雾浓度、温度、气体和辐射光强等特征）转变为电信号，并向火灾报警控制器发送及报警。

2.1.1 火灾探测器的分类

1. 根据探测火灾参量的不同分类

根据探测火灾参量的不同，火灾探测器可分为感烟火灾探测器、感温火灾探测器、

感光火灾探测器、可燃气体探测器和复合式火灾探测器五种类型，每种类型又根据其工作原理的不同而分为若干种。火灾探测器的分类如图2.1所示。

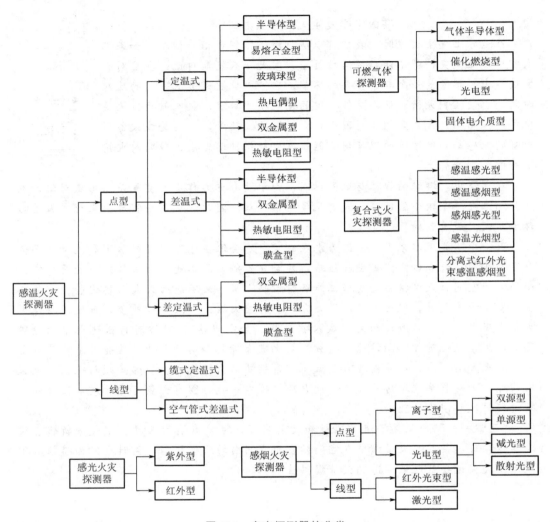

图 2.1　火灾探测器的分类

此外，还有一些特殊类型的火灾探测器，包括：使用摄像机、红外热成像器件等视频设备或它们的组合方式获取监控现场视频信息，进行火灾探测的图像型火灾探测器；探测泄漏电流大小的漏电流感应型火灾探测器；探测静电电位高低的静电感应型火灾探测器；通过探测爆炸产生的参数变化（如压力的变化）信号来抑制、消灭爆炸事故发生的微压差型火灾探测器；利用超声原理探测火灾的超声波火灾探测器；等等。

2. 根据监视范围的不同分类

根据监视范围的不同，火灾探测器分为以下两种。

（1）点型火灾探测器：对监视范围中某一点周围的火灾特征参数做出响应的火灾探测器。

（2）线型火灾探测器：对监视范围中某一线路周围的火灾特征参数做出响应的火灾探测器。

3. 根据操作后是否能复位分类

根据操作后是否能复位，火灾探测器分为以下两种。

（1）可复位火灾探测器：在响应后和在引起响应的条件终止时，不更换任何组件即可从报警状态恢复到监视状态的火灾探测器。根据复位的方式不同，可复位火灾探测器又可分为自动复位火灾探测器、遥控复位火灾探测器及手动复位火灾探测器。

（2）不可复位火灾探测器：在响应后不能恢复到正常监视状态的火灾探测器。

4. 根据维修和保养时是否具有可拆卸性分类

根据火灾探测器维修和保养时是否具有可拆卸性，火灾探测器分为可拆卸火灾探测器和不可拆卸火灾探测器两种类型。

 阅读材料 2-1

智能砖让房子更安全

今天，智能化产品早已成为我们生活的一部分。现在，连造房子用的砖也变得"聪明"起来。美国伊利诺伊州立大学纳米技术研究中心的刘昌博士和他的同事们，向外界展示了他们发明的新型智能砖，这种砖能使建筑物更加安全。

智能砖和普通砖的最大区别在于，智能砖上有一个电子箱，电子箱内装备了一些先进的无线电子器材——传感器、信号处理器、无线通信线路等，所有这些器材都被紧紧地压缩成一个整体。这些传感器可以监测建筑物的温度、振动和移动的情况，并将这些信息无线传送到一个终端计算机中。

在建筑物的几个特殊位置放置一些智能砖，可以起到网络连接的作用。通过计算机，安全专家可以随时了解建筑物的整体情况。发生火灾时，这些信息对消防人员来说非常重要。遭遇地震后，营救人员也可以依据这些信息来判断建筑物是否有坍塌的危险。在平时，楼房管理人员和楼内居民可以根据这些信息来管理和维护楼房。居民还可以利用智能砖提供的信息来调节温度和空气流量，提高能源的利用效率。

刘昌博士表示，如果楼房也能实现智能化，人们就会生活得更加舒适、安全。例如，"9·11"恐怖袭击事件发生时，如果纽约世贸中心大楼采用了智能砖技术，消防人员就可以改变营救策略，减少人员伤亡。参与研究的艾格尔透露，尽管整个微电子传感器只有7根头发丝那么粗，但镀上金属膜并用硅材料包装后，其体积还是显得有些"庞大"。他们的目标是把所有的材料放在一块微小的芯片上，然后把这块芯片安装在一个塑料板上。科学家们表示，目前的硅材料柔韧性欠佳，而弹性更好的塑料板则不仅耐用，还可以使智能砖得到更广泛的应用。

2.1.2　火灾探测器的性能指标

火灾探测器作为火灾自动报警系统中的火灾现象探测装置，其本身长期处于监测工作状态，因此，火灾探测器的灵敏度、稳定性、维修性和长期工作的可靠性是衡量火灾探测器质量优劣的主要性能指标，也是确保火灾自动报警系统长期处于最佳工作状态的重要指标。

1. 火灾探测器的灵敏度

火灾探测器的灵敏度通常使用下列几种概念来表示。

（1）灵敏度指火灾探测器响应某些火灾参数的相对敏感程度。灵敏度有时也指火灾灵敏度。由于火灾探测器的作用原理和结构设计不同，因此各类火灾探测器对于不同火灾的灵敏度差异很大。故火灾探测器一般不单纯用某一火灾参数的灵敏度来衡量。

各种不同的火灾探测器对各种类型火灾的灵敏度，大致如表2-1所列。

表 2-1　火灾探测器的灵敏度

火灾探测器类型	A 类火灾	B 类火灾	C 类火灾
定温	低	高	低
差温	中等	高	低
差定温	中等	高	低
离子感烟	高	高	中等
光电感烟	高	低	中等
紫外火焰	低	高	高
红外火焰	低	高	低

（2）火灾灵敏度级别指火灾探测器响应几种不同的标准试验火时，火灾参数不同的响应范围，分为Ⅰ级、Ⅱ级和Ⅲ级三个级别。

（3）感烟灵敏度指感烟火灾探测器响应烟雾粒子密度（L/cm³）的相对敏感程度，也可称作响应灵敏度。一般在生成的烟相同的条件下，较高的感烟灵敏度意味着可对较低的烟雾粒子密度响应。

（4）感烟灵敏度档次指采用标准烟（或试验气溶胶）在烟箱中标定的感烟火灾探测器几个（一般为三个）不同的响应阈值的范围，也可称作响应灵敏度档次。

显然，由于感烟火灾探测器可以探测70％以上的火灾，因此，火灾探测器的灵敏度指标更多的是针对感烟火灾探测器而规定的。在火灾探测器的生产和消防工程中，通常所指的火灾探测器的灵敏度，实际上指的是火灾探测器的灵敏度级别。

2. 火灾探测器的稳定性

火灾探测器的稳定性是指在一个预定的周期内，以不变的灵敏度重复感受火灾的能力。为了防止稳定性降低，对所有带电子元件的火灾探测器进行定期检验是十分必要的。

3. 火灾探测器的维修性

火灾探测器的维修性是指对可以维修的火灾探测器产品进行修复的难易程度或性质。感烟火灾探测器和电子感温火灾探测器应定期进行检查和维修，以确保火灾探测器敏感元件和电子线路处于正常工作状态。

4. 火灾探测器的可靠性

火灾探测器的可靠性是指在适当的环境条件下，火灾探测器长期不间断运行期间随时能够执行其预定功能的能力。在严酷的环境条件下，使用寿命长的火灾探测器可靠性高。一般感烟火灾探测器使用的电子元器件多，长期不间断使用，其电子元器件的失效率较高，其长期运行的可靠性相对较低，因此，火灾探测器运行期间的维护、保养十分重要。

应指出，上述四项火灾探测器的主要性能指标一般都不能精确测定，只能给出一般性的估计，所以，通常采用灵敏度级别作为火灾探测器的主要性能指标。

2.2　火灾探测器的原理

2.2.1　感烟火灾探测器

感烟火灾探测器是一种响应燃烧或热解产生的固体或液体微粒的火灾探测器。它用于探测火灾初期的烟雾，并发出火灾报警信号。

火灾探测器

感烟火灾探测器对燃烧或热解中产生的固体或液体微粒予以响应，从而可以探测物质初期燃烧所产生的气溶胶或烟雾粒子浓度。它具有能早期发现火灾、灵敏度高、响应速度快等特点。感烟火灾探测器是目前世界上应用较普及、数量较多的一种火灾探测器。

感烟火灾探测器分为点型感烟火灾探测器和线型感烟火灾探测器。

1. 点型感烟火灾探测器

点型感烟火灾探测器是对警戒范围中某一点周围的烟参数响应的火灾探测器，分为离子感烟火灾探测器和光电感烟火灾探测器两种。离子感烟火灾探测器对黑烟的灵敏度非常高，特别是能对早期火警迅速反应。但由于其内必须装设放射性元素，特别是在制造、运输及弃置等方面对环境会造成污染，威胁着人们的生命安全，因此目前已禁止使用这种产品。目前广泛使用的是光电感烟火灾探测器。

（1）光电感烟火灾探测器（图2.2）。

光电感烟火灾探测器根据烟雾粒子对光的吸收和散射作用，可分为减光型和散射光型两种类型。

① 减光型光电感烟火灾探测器。

减光型光电感烟火灾探测器的受光元件安装在与发光元件正对的位置上，如图2.3所示。进入光电检测暗室内的烟雾粒子对光源发出的光产生吸收和散射作用，使通过烟雾后的光通量减少，从而使受光元件上产生的光电流减小。光电流相对于初始标定值的变

图2.2　光电感烟火灾探测器

化量大小，反映了烟雾的浓度，据此可通过电子线路对火灾信息进行阈值比较放大、判断、数据处理或数据对比计算，以发出相应的火灾报警信号。

② 散射光型光电感烟火灾探测器。

图2.4所示为散射光型光电感烟火灾探测器原理图。当无烟雾时，发光元件发射的一定波长的光线直射在发光元件对应的检测暗室壁上，而安装在侧壁上的受光元件不能感受

到光线。当有烟雾进入检测暗室时，烟雾粒子对发光元件发出的红外线产生散射作用，使一部分散射光照射到受光元件上。显然烟雾粒子越多，受光元件收到的散射光就越强，产生的光电信号也越强。当烟雾粒子浓度达到一定值时，散射光的能量就足以产生一定大小的激励电流，可用于激励外电路发出火灾报警信号。

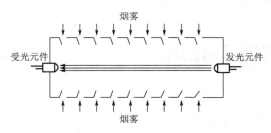

图 2.3　减光型光电感烟火灾探测器原理图

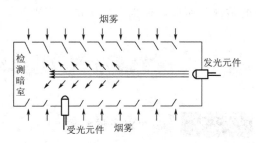

图 2.4　散射光型光电感烟火灾探测器原理图

　　散射光型光电感烟火灾探测器只适用于点型感烟火灾探测器结构，其检测暗室中发光元件与受光元件的夹角为 90°～135°，夹角越大，灵敏度越高。不难看出，散射光型光电感烟火灾探测器的实质是用一套光系统作为传感器，将火灾产生的烟雾对光特性的影响，用电的形式表示出来并加以利用。

　　（2）点型感烟火灾探测器的响应。

　　点型感烟火灾探测器的响应行为基本上是由它的工作原理决定的。不同烟雾粒径、烟雾颜色和不同可燃物产生的烟雾对探测器的适用性是不一样的。从理论上讲，离子感烟火灾探测器可以探测任何一种烟雾，对烟雾粒子尺寸无特殊限制，只存在响应行为的数值差异。而光电感烟火灾探测器对粒径小于 $0.4\mu m$ 的烟雾粒子的响应较差。三种点型感烟火灾探测器对不同烟雾粒径的响应特性如图 2.5 所示。图 2.6 给出了两种点型感烟火灾探测器对不同颜色烟雾的响应。

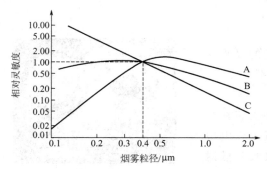

A—散射光型光电感烟火灾探测器；
B—减光型光电感烟火灾探测器；
C—离子感烟火灾探测器

图 2.5　三种点型感烟火灾探测器对不同烟雾粒径的响应特性

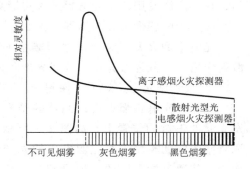

图 2.6　两种点型感烟火灾探测器
对不同颜色烟雾的响应

　　传统光电感烟火灾探测器有一个很大的缺点就是对黑色烟雾灵敏度很低，对白色烟雾灵敏度较高，因此，这种火灾探测器适用于火情中所产出的烟雾为白色烟雾的情况，而大部分的火情早期所产出的烟雾都为黑色烟雾，这便大大地限制了这种火灾探测器的使用范围。从

20世纪90年代开始，科学家们对光电感烟火灾探测器进行了研究及改进，使之能对黑色烟雾有足够的灵敏度。

新型光电感烟火灾探测器主要是从光学的原理上提高探测器的灵敏度，如发光二极管与接收极间的角度从传统式的180°改为120°，最重要的是装设了迷宫式光栅，它可增加烟雾在探测器内的停留时间，而且可防止外界光线对它的干扰；另外，探测器内装设了优质的放大电路来提高它的灵敏度，这种新型光电感烟火灾探测器目前已成功地替代离子感烟火灾探测器。

2. 线型感烟火灾探测器

线型感烟火灾探测器实物图如图2.7所示。线型感烟火灾探测器分为红外光束感烟火灾探测器和激光感烟火灾探测器两种。

（1）红外光束感烟火灾探测器。

红外光束感烟火灾探测器的发光元件与受光元件分别作为两个独立的器件，发光元件安装在探测区的某个位置，受光元件安装在探测区中与发光元件有一定距离的对应位置。在探测区无烟雾时，发射器发出的红外光束被接收器接收到，产生正常的光电信号。当有火情，烟雾扩散到探测区时，烟雾粒子对红外线的吸收和散射作用，会使到达接收器的光信号减弱，接收器产生的光电信号也减弱，对其分析判断后可产生火灾报警信号。图2.8所示为红外光束感烟火灾探测器原理图。

图2.7 线型感烟火灾探测器实物图

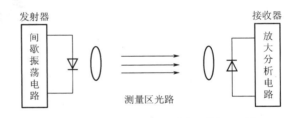

图2.8 红外光束感烟火灾探测器原理图

（2）激光感烟火灾探测器。

激光不同于一般光线，它具有方向性强、亮度高、单色性和相干性好等优点。激光感烟火灾探测器正是利用这些优点制成的，其原理图如图2.9所示。

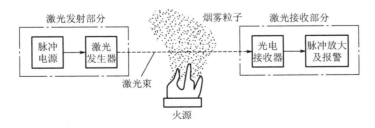

图2.9 激光感烟火灾探测器原理图

由于激光束的直线特性，激光感烟火灾探测器的实际监测区域为一线状的狭窄带。激光发生器在脉冲电源的激励下，发出一束脉冲激光，投射到激光接收部分的光电接收器上，转变为电信号，经放大电路放大后，给出正常状态信号（即不报警信号）。在火灾情况下，激光束被大量烟雾粒子遮挡而能量减弱，当激光束能量减弱到一定程度时，光电接收器的信号通过放大电路给出火灾报警信号。

2.2.2　感温火灾探测器

在火灾初起阶段，使用热敏元件来探测火灾的发生是一种有效的手段，特别是那些经常存在大量粉尘、油雾、水蒸气的场所，无法使用感烟火灾探测器，只有用感温火灾探测器才比较合适。在某些重要的场所，为了提高火灾自动报警系统的功能和可靠性，或保证自动灭火系统动作的准确性，也要求同时使用感烟火灾探测器和感温火灾探测器。

感温火灾探测器是对警戒范围中的温度进行监测的一种火灾探测器。物质在燃烧过程中会释放大量的热，使环境温度升高，探测器中的热敏元件也会随之发生物理变化，从而将温度转变为电信号，传送到控制器上，发出火灾报警信号。感温火灾探测器使用的热敏元件主要有热敏电阻、热电偶、双金属片、易熔金属、膜盒和半导体材料等。图 2.10 所示为感温火灾探测器实物图。

图 2.10　感温火灾探测器实物图

感温火灾探测器能够响应异常温度、温升速率和温差等火灾信号，与其他类型的火灾探测器相比，其结构简单、可靠性高，但灵敏度较低。感温火灾探测器按其感温效果和结构形式可分为点型和线型两类。点型又分为定温式、差温式、差定温式三种，而线型又分为缆式定温式和空气管式差温式两种。

1. 点型感温火灾探测器

（1）点型定温火灾探测器。

当火灾发生后，探测器的温度上升，探测器内的温度传感器感受火灾温度的变化，当温度达到报警阈值时，探测器发出报警信号，这种形式的探测器即为点型定温火灾探测器，其中以热敏电阻定温火灾探测器最为常用。

热敏电阻是一种半导体感温元件，其温度-电阻特性有三种：负温度系数热敏电阻（NTC）、正温度系数热敏电阻（PTC）和临界温度热敏电阻（CTR）。各种热敏电阻的温度特性如图 2.11 所示。

从图 2.11 中可以看到用正温度系数热敏电阻与临界温度热敏电阻构成的热控开关较为理想，而负温度系数热敏电阻的线性度更好一些。

热敏电阻定温火灾探测器电路原理图如图 2.12 所示。

当温度升高时，热敏电阻 R_T（负温度系数）随温度的升高电阻值变小，A 点电位升高，当温度达到或超过预定值时，即 A 点电位升高到高于 B 点电位时，电压比较器输出高电位，经信号处理后输出火灾报警信号。

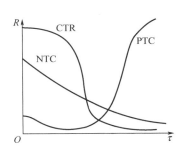

图 2.11 各种热敏电阻的温度特性

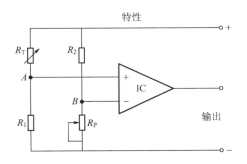

图 2.12 热敏电阻定温火灾探测器电路原理图

 阅读材料 2－2

巴黎圣母院火灾事故

当地时间 2019 年 4 月 15 日下午 6 点 50 分左右，法国巴黎著名地标建筑巴黎圣母院突然遭遇大火，整座建筑损毁严重。着火位置位于圣母院顶部塔楼，大火将整座建筑的后半部分映得通红，滚滚浓烟冲向天空。大火迅速将圣母院塔楼的尖顶吞噬，很快尖顶如被拦腰折断一般倒塌，圣母院著名的"森林"木质屋顶也在火海中消失。4 月 16 日上午 10 时，巴黎圣母院大火被全部扑灭。

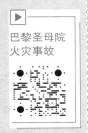

法国司法部门对火灾原因展开了调查，据多家法国媒体报道，圣母院顶楼的电线短路可能是引发火灾的原因。

（2）点型差温火灾探测器。

正常情况下室内温度变化率很小，而火灾发生时，有一个温度迅速升高的过程。所谓差温是指一定时间内的温度变化量，即温度的变化速率。点型差温火灾探测器是在规定时间内，火灾引起的温度上升速率超过某个规定值时启动报警的火灾探测器。

膜盒式点型差温火灾探测器就是利用这种异常速率产生感应并输出火灾报警信号的。图 2.13 为膜盒式点型差温火灾探测器结构图，它由感热室、膜片、泄漏孔、电接点及感热外罩等构成。它的感热外罩与底座形成密闭的感热室，只有一个很小的泄漏孔能与大气相通。如果环境温度缓慢变化，空气膨胀也相对缓慢，则由于泄漏孔的作用会使感热室内的空气压力变化不大，膜片基本不变形，电接点不闭合。当火灾发生时，感热室内的空气随周围

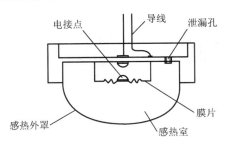

图 2.13 膜盒式点型差温火灾探测器结构图

温度急剧升高而迅速膨胀，因为这个过程的时间很短，泄漏孔来不及将膨胀气体泄出，致使感热室内的空气压力增高，膜盒受压产生变形，使电接点闭合产生火灾报警信号。

（3）点型差定温火灾探测器。

点型差定温火灾探测器结合了定温和差温两种作用原理，并将定温和差温两种探测器结构组合在一起，兼有差温和定温两种功能，对温度慢慢升到某一定值或急剧上升都能响应报警。若其中的某一种功能失效，另一种功能仍能起作用，因而提高了工作的可靠性。

2. 线型感温火灾探测器

（1）缆式线型定温火灾探测器。

缆式线型定温火灾探测器由感温电缆和终端盒组成。感温电缆是温度敏感元件，它的热敏元件是沿着一条线段连续分布的，只要在该线段上某局部的温度出现异常，就能探测到并发出报警信号。常用的缆式线型定温火灾探测器有热敏电缆式线型定温火灾探测器、同轴电缆式线型定温火灾探测器及可恢复式缆式线型定温火灾探测器几种。

① 热敏电缆式线型定温火灾探测器的构造，是在两根钢丝导线外面各罩上一层热敏绝缘材料后拧在一起，置于编织电缆的外皮内，如图 2.14 所示。热敏绝缘材料能在预定的温度下熔化，造成两条导线短路，使报警装置发出火灾报警信号。

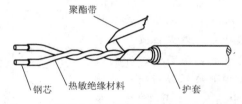

图 2.14　热敏电缆式线型定温火灾探测器构造

② 同轴电缆式线型定温火灾探测器的构造，是在金属丝编织的网状导体中放置一根导线，在内外导体之间采用一种特殊绝缘物充填隔绝。这种绝缘物在常温下呈绝缘体特性，一旦遇热且达到预定温度则变成导体特性，从而造成内外导体之间的短路，使报警装置发出火灾报警信号。

③ 可恢复式缆式线型定温火灾探测器的构造，是采用四根导线两两短接构成两个互相比较的监测回路，四根导线的外层涂有特殊的由负温度系数材料制成的绝缘体，如图 2.15 所示。当感温电缆所保护场所的温度发生变化时，两个监测回路的电阻值会发生明显变化，一旦达到预定的报警值即发出火灾报警信号。这种感温电缆的特点是非破坏性报警，即火灾报警信号是在感温元件的常态下发出的，除非感温电缆工作现场温度过高，同时感温电缆暴露在高温（直接接触温度高于 250℃）下的时间过长，否则它在报警过后仍能恢复正常工作状态。

(a) 实物图　　　　　　　　　　　　　　　　　(b) 构造图

1—导体；2—补偿线；3—负温度系数材料；4—金属屏蔽层；5—外护套

图 2.15　可恢复式缆式线型定温火灾探测器

（2）空气管式线型差温火灾探测器。

空气管式线型差温火灾探测器是一种感受温升速率的火灾探测器，由敏感元件空气管（φ3mm×0.5mm 纯铜管，安装于要保护的场所）、传感元件膜盒和电路部分（安装在保护现场或保护现场之外）组成，如图 2.16 所示。

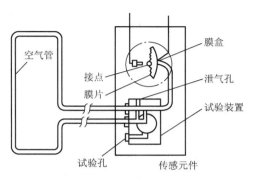

工作原理：在正常情况下，气温正常，受热膨胀的气体能从传感元件泄气孔排出，不会推动膜盒内的膜片，动、静接点不闭合；当发生火灾时，火灾区温度快速升高，使空气管感受到温度变化，管内的空气受热膨胀，无法立即从泄气孔排出，导致膜盒内压力增加从而推动膜片，使之产生位移，从而使动、静接点闭合，接通电路，发出火灾报警信号。

图 2.16 空气管式线型差温火灾探测器

3. 感温火灾探测器的性能指标

感温火灾探测器的性能指标是工程技术人员在设计、安装、使用、维护探测器时的主要参考依据。

（1）灵敏度。

灵敏度表示感温火灾探测器对标定的温度值（定温火灾探测器）或对标定的温升速率值（差温火灾探测器）的敏感程度（敏感程度以动作时间值表示）。一般将感温火灾探测器的灵敏度标定为三个等级，即一级、二级、三级，并分别用绿色、黄色和红色三种色点标记表示。

（2）标定值。

标定值是指规定感温火灾探测器动作的动作温度值（定温火灾探测器）或动作温升速率值（差温火灾探测器）。

① 对于定温火灾探测器，其标定动作温度值一般有 60℃、65℃、70℃、75℃、80℃、90℃、100℃、110℃、120℃、130℃、140℃、150℃等，其误差均限定为±5%之内。

② 对于差温火灾探测器，其标定动作温升速率值一般有 1℃/min、3℃/min、5℃/min、10℃/min、20℃/min、30℃/min 等。

③ 对于差定温火灾探测器，其中差温部分与差温火灾探测器标定动作温升速度值相同；定温部分与定温火灾探测器基本相同，唯一不同之处是，当温升速率值小于 1℃/min 时，定温部分标定动作温度值以上下限值给出。

a. 一级灵敏度：54℃<标定动作温度值<62℃。

b. 二级灵敏度：54℃<标定动作温度值<70℃。

c. 三级灵敏度：54℃<标定动作温度值<78℃。

（3）动作时间。

感温火灾探测器在某一设定的环境条件下，对标定的温度值（定温火灾探测器）或标定的温升速率值（差温火灾探测器），由不动作到动作所需时间的上限值被定为动作时间值。显然，对于相同标定值而言，火灾探测器灵敏度越高，其动作时间值越小。

2.2.3 感光火灾探测器

感光火灾探测器又叫火焰探测器。发生火灾时，感光火灾探测器除产生大量的热和烟雾外，还有火焰。火焰会辐射出大量的辐射光，其中有可见光和不可见的红外线、紫外线。感光火灾探测器就是通过检测火焰中的红外线和紫外线来探测火灾发生的探测器，如图2.17所示。

(a) 红外型　　　　　　　　　　　　(b) 紫外型

图 2.17　感光火灾探测器

 阅读材料 2-3

俄罗斯"蛇眼视觉"相机能隔障碍识物

俄罗斯莫斯科国立电子技术学院国家技术倡议"感官科学"中心研发出一项基于异质结构的红外光电探测器模块（InGaAs）技术。使用该技术可以让相机像蛇和蚊子一样"看见"红外线区域，因此形象地称之为"蛇眼视觉"技术。

莫斯科国立电子技术学院量子物理与纳米电子学教研室副教授弗拉基米尔·埃戈尔金表示，由于猎物与黑暗或寒冷的背景形成鲜明对比，因此蛇和蚊子这类动物可以利用它们的眼睛让它们在黑暗或寒冷的区域中敏锐地捕获猎物。该学院国家技术倡议"感官科学"中心研发的基于异质结构的红外光电探测器模块"蛇眼视觉"技术相机能够在有雾、多尘的条件下，甚至隔着不透明的障碍物识别出物体。

研究人员称，与光谱的可见光部分相比，在红外线区域内使用探测器的主要优势之一就是长波部分的瑞利散射要小得多。因此，在短波红外线区域内工作的相机比在可见光范围内工作的相机可以更好地穿透雾气或灰尘。

弗拉基米尔·埃戈尔金称，硅基光电探测器目前已在全球普及，但其功能性不如基于磷化铟衬底的铟镓砷化合物的异质结构的红外光电探测器。异质结构衬底是由逐层生长的薄膜组成的，在这种情况下，一个像素的大小约为 $20\mu m$，而探测器的工作范围为 $0.9\sim1.7\mu m$，从而大大提高了探测范围。他还表示，除具有夜视功能外，基于这种"蛇眼视觉"技术的相机还可以用于分析半导体和微电子产品中的缺陷，用于医学领域的光学非侵入相干断层扫描中。

感光火灾探测器比感温火灾探测器、感烟火灾探测器响应速度快，其传感器件在受到光辐射后几毫秒，甚至几微秒内即可发出火灾报警信号，因此特别适合在突然起火而无烟雾的易燃易爆场所使用。它不受气流扰动影响，是能在室外使用的火灾探测器。

1. 红外感光火灾探测器

红外感光火灾探测器是利用红外光敏元件（硫化铅、硒化铅、硅光敏元件）的光电导或光伏效应来敏感地探测低温产生的红外辐射的。发生火灾时，火焰辐射的红外线具有特定的波长范围，在近红外区分布在 $1.4\mu m(1.3\sim1.5\mu m)$、$1.9\mu m(1.8\sim2.0\mu m)$、$2.7\mu m$ $(2.4\sim3.0\mu m)$ 三个波长区段。在中远红外区，分布在 $4.4\mu m(4.2\sim4.7\mu m)$、$6.5\mu m$ $(5.5\sim7.5\mu m)$、$15\mu m(14\sim16\mu m)$、$17\mu m(16\sim30\mu m)$ 四个波长区段。另外，物质燃烧时火焰有间歇性闪烁现象，闪烁频率为 $3\sim30Hz$。

红外感光火灾探测器的电路框图如图 2.18 所示。

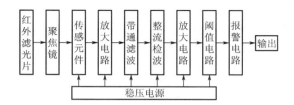

图 2.18　红外感光火灾探测器的电路框图

2. 紫外感光火灾探测器

当有机化合物燃烧时，其氢氧根在氧化反应中会辐射出强烈的波长为 $0.25\mu m$ 的紫外线。紫外感光火灾探测器就是利用火焰产生的强烈的紫外线来探测火灾的。

紫外感光火灾探测器的敏感元件是紫外光敏管，如图 2.19 所示。它是在玻璃外壳内装置两根高纯度的钨或银丝制成的电极，当电极接收到紫外线辐射时便立即发射出电子，发射的电子在两极间的电场作用下被加速。由于管内充有一定量的氢气和氦气，因此当这些被加速而具有较大动能的电子同气体分子碰撞时，将使气体分子电离，气体分子电离后产生的正负离子又被加速，它们又会使更多的气体分子电离。于是在极短的时间内，会出现"雪崩"式的放电过程，从而使紫外光敏管由截止状态变成导通状态，驱动电路发出火灾报警信号。

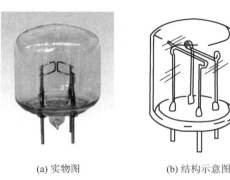

(a) 实物图　　　　(b) 结构示意图

图 2.19　紫外光敏管

紫外光敏管一般只对 $0.19\sim0.29\mu m$ 的紫外线产生感应，因此它能有效地探测出火焰而又不受可见光和红外辐射的影响，在探测火灾时具有较高的可靠性。此外，紫外光敏管具有输出功率大、耐高温、寿命长、反应快速等特点，可在交、直流电压下工作，因而已被广泛用于探测火灾引起的波长在 $0.2\sim0.3\mu m$ 以下的紫外线和作为大型锅炉火焰状态的监视元件。它特别适用于火灾初期不产生烟雾的场所（如生产、储存酒精和石油等的场所），也适用于电力装置火灾监控和易燃易爆场所。

2.2.4　可燃气体探测器

可燃气体探测器是能对泄漏可燃气体响应，自动产生报警信号并向可燃气体报警控制器传输报警信号及泄漏可燃气体浓度信息的器件。

日常生活中使用的煤气、石油气，工业生产中产生的氢、氧、烷（甲烷、丙烷等）、醇（乙醇、甲醇等）、醛（丙醛等）、苯（甲苯、二甲苯等）、一氧化碳、硫化氢等气体一旦泄漏可能会引起爆炸，可燃气体探测器可用来对其进行检测，及时发出警告或报警，以保障人民生命财产安全。图2.20所示为可燃气体探测器实物图。

图 2.20　可燃气体探测器实物图

可燃气体的探测原理，按照使用的气敏元件或传感器的不同分为热催化原理、热导原理、气敏原理和三端电化学原理四种。

（1）热催化原理是利用可燃气体在有足够氧气和一定高温的条件下，发生在铂丝催化元件表面的无焰燃烧，释放出热量并引起铂丝元件电阻的变化，从而达到可燃气体浓度探测的目的。

（2）热导原理是利用可燃气体与纯净空气导热性的差异和在金属氧化物表面燃烧的特性，将可燃气体浓度转变为热丝温度或电阻的变化，从而达到测定可燃气体浓度的目的。

（3）气敏原理是利用灵敏度较高的气敏半导体元件吸附可燃气体后电阻变化的特性，来达到测量和探测目的的。

（4）三端电化学原理是利用恒电位电解法，在电解池内安置三个电极并施加一定的极化电压，以透气薄膜将电解池同外部隔开，可燃气体透过此薄膜达到工作电极，发生氧化还原反应，使得传感器产生与可燃气体浓度成正比的输出电流，从而达到探测的目的。

采用热催化原理和热导原理测量可燃气体时，不具有气体选择性，通常以体积百分比表示气体浓度。采用气敏原理和三端电化学原理测量可燃气体时，具有气体选择性，适用于气体成分检测和低浓度测量，通常以 ppm（1ppm＝10^{-6}）表示气体浓度。

在实际应用中，一般多采用微功耗热催化元件来实现可燃气体浓度的检测，采用三端电化学元件来实现可燃气体成分和有害气体成分的检测。

可燃气体探测器主要用于易燃易爆场所探测可燃气体、粉尘的浓度，一般调整在爆炸浓度下限的 **1/6～1/5** 时动作报警。

可燃气体探测器主要有7个品种，即：测量范围为 0～100％ LEL 的点型可燃气体探测器，测量范围为 0～100％ LEL 的独立式可燃气体探测器，测量范围为 0～100％ LEL

的便携式可燃气体探测器，测量人工煤气的点型可燃气体探测器，测量人工煤气的独立式可燃气体探测器，测量人工煤气的便携式可燃气体探测器，线型可燃气体探测器。

 阅读材料 2-4

测量范围 0～100% LEL 是什么意思？

"LEL"是指爆炸下限，它是针对可燃气体的一个技术词语。可燃气体在空气中遇明火种爆炸的最低浓度，称为爆炸下限，英文为 Lower Explosion Limited，简称 LEL。可燃气体在空气中遇明火种爆炸的最高浓度，称为爆炸上限，英文为 Upper Explosion Limited，简称 UEL。

可燃气体的浓度过低或过高其实是没有危险的，它只有与空气混合形成混合气体，或更确切地说遇到氧气形成一定比例的混合气体才会引起燃烧或爆炸。

有关权威部门和专家已经对目前发现的可燃气体做了燃烧爆炸分析，制定出了可燃气体的爆炸极限，它分为爆炸上限和爆炸下限。低于爆炸下限，混合气体中的可燃气体含量不足，不能引起燃烧或爆炸；高于爆炸上限，混合气体中的氧气含量不足，也不能引起燃烧或爆炸。另外，可燃气体的燃烧或爆炸还与气体的压力、温度、点火能量等因素有关。在进行爆炸测量时，报警浓度一般设定在 25%LEL 以下。

2.2.5 电气火灾监控探测器

电气火灾监控探测器是能够对保护线路中的剩余电流、温度等电气故障参数响应，自动产生报警信号并向电气火灾监控器传输报警信号的器件，包括剩余电流式电气火灾监控探测器、测温式电气火灾监控探测器等。

防止电器火灾

1. 剩余电流式电气火灾监控探测器

剩余电流式电气火灾监控探测器是采集监测回路各线缆电流信号并通过系统总线将信号发送给电气火灾监控器的装置，如图 2.21 所示。

(a) 传感器

(b) 传感器探测器连接图

图 2.21 剩余电流式电气火灾监控探测器

电气火灾原因分析

所谓剩余电流是指低压配电线路中各相（含中性线）电流矢量和不为零的电流，也称漏电流。电气装置都会产生剩余电流，很小的剩余电流也可能导致极大的危害，引起严重的后果。

剩余电流式电气火灾监控探测器的传感器为剩余电流互感器。剩余电流互感器探测剩余电流的基本原理是基于基尔霍夫电流定律，即对于电路中任一节点，在任意时刻流入节点电流的代数和等于零。在测量时，三相线 L1、L2、L3 与中性线 N 一起穿过剩余电流互感器，通过检测三相的电流矢量和（即零序电流 I_0，$I_0 = I_{L1} + I_{L2} + I_{L3}$），来判断有无电流泄漏。在线路与电气设备正常的情况下（对零序电流保护假定不考虑不平衡电流，无接地故障，且不考虑线路、电气设备正常工作的泄漏电流），理论上各相电流的矢量和等于零，剩余电流互感器二次侧绕组无电压信号输出。当发生绝缘下降或接地故障时，各相电流的矢量和不为零，故障电流使剩余电流互感器的环形铁芯中产生磁通，二次侧绕组感应电压并输出电压信号，从而测出剩余电流。考虑线路的不平衡电流、线路和电气设备正常的泄漏电流，实际的线路都存在正常的剩余电流，只有检测到剩余电流达到报警值时才会报警。

常见的相与相之间发生短路会产生很大电流，这种情况可以采用开关进行保护，而线路老化导致的电流泄漏及设备的接地故障导致的电流泄漏，其电流值一般都在 30mA～3A，这些电流值很小，传统开关无法进行保护，因此必须对剩余电流进行监测并采用保护动作的装置来进行保护。

2. 测温式电气火灾监控探测器

测温式电气火灾监控探测器（图 2.22）是采集监测回路线缆温度并通过系统总线将信号发送给电气火灾监控器的装置，可用来保障用电安全和防止电气火灾的发生。测温式电气火灾监控探测器的传感器为负温度系数热敏电阻，它提供 0～120℃ 的温度监控基准，可以用来监测线缆或配电箱体的温度，提供温度保护。

图 2.22　测温式电气火灾监控探测器

 阅读材料 2-5

电表箱着火，电气线路检查维护应重视

火灾高层逃生

2015 年 6 月 25 日凌晨，河南省郑州市金水区西关虎屯居民小区一栋 7 层居民楼发生火灾，过火面积约 4m²。火灾造成 13 人遇难、3 人重伤、1 人轻伤。此次火灾原因系电表箱着火。从这次火灾造成的严重后果来看，住宅小区的电气线路问题应得到重视。

2.3　火灾探测技术

火灾探测技术可以说是将传感技术和火灾探测算法结合的产物，其实质是将火灾中出现的物理特征，利用传感器进行接收，并将其变为易于处理的物理量，通过火灾探测算法判断火灾的有无。

20 世纪末，火灾探测技术与其他技术开始了广泛的交叉和融合，智能探测、智能监控、抗干扰算法、信号处理技术、人工智能技术和自动控制技术在火灾探测技术中逐步得到应用，使得火灾探测技术进入了一个全新的发展时期。

2.3.1　复合探测技术

火灾过程是一个极其复杂的物理化学过程，而且与环境的相关性很强，不同的环境和不同的燃烧物质的火灾生成物，如气体成分、烟雾粒径、温度场分布及光谱构成均有所不同，因此很难用一种火灾参量探测变化莫测的各类火灾。此外，非火灾信号如灰尘、水气、香烟烟雾等都有可能引起误报。

具有两种或两种以上探测传感功能的复合探测技术在一定程度上能够解决这种频繁的误报。复合探测技术是指采用多种不同的传感器进行复合，根据其同时测得的不同类型的火灾模拟量参数，并将模拟量参数转换成数字信号，然后进行综合智能算法，以判断是否存在火灾危险。这样不但大幅度提高了辨别真实火灾与虚假火灾的能力，而且对不同类型的火灾都具有较高的灵敏度。

采用复合探测技术的探测器称为复合探测器。目前性能最佳的复合探测器是测量 3～4 个火灾参量的复合探测器。我国主要是采用光电感烟感温探测构成的二参量探测器来改善火灾探测效果的。常见的复合探测器除了前面介绍的点型差定温火灾探测器之外，还有下面两种。

1. 光电感烟感温复合探测器

这种探测器是将光电感烟探测器和光电感温探测器两套机构组合在一个探测器中，既可以对以烟雾为特征的早期火情予以监控，又可以对以高温为特征的后期火情予以探测。这种探测器能够较好地探测缓燃、阴燃和明火产生的火灾现象，综合了光电感烟探测器和光电感温探测器两种探测器的长处，弥补了各自的不足。

2. 光电、感温、电离式复合探测器

这种探测器的一个探头中装有三只传感器，即光电型传感器、感温型传感器和电离型传感器。它可以用在环境复杂的场合，适用于各种区域和可能发生火灾的场所，提高了探测器的可靠性。

2.3.2　智能型火灾探测技术

误报现象是火灾报警系统中一个令人头痛的问题。一般探测器是由传感器和电子电路构成的，周围环境的干扰可能会引起传感器误动作或电子元件误动作，从而在不应报警时发出报警信号。这十分容易产生"狼来了"效应。

当前火灾探测领域广泛使用的智能型火灾探测技术是将火灾探测及信号处理都集中在探测器内部，在探测器内部设有微处理器，这样探测器就不再是单纯的传感器了。探测器不需要再向控制器传送传感信号，而只需传递一系列的数字信号。在探测器内部可以融入更多、更先进的火灾信号算法。由于探测器内部设有微处理器，每个探测器都有信号处理

软件，就地采集就地处理，不需经过线路传输，因此信号的真实程度得以提高。

这种具有微处理器的智能型火灾探测器具有自学功能，可以将已累积的经验分类记忆，设下特定的响应程式，当日后类似的现象再发生时，可以根据特定的响应程式进行处理。这就要求探测系统不为环境的干扰所误导，能在异常情况发生的初期，根据有限而时有矛盾的信息预测将要发生的现象，并及时发出相应程度的警报。

2.3.3 吸气式火灾探测技术

吸气式火灾探测技术是根据激光扫描吸入的空气样本来判断火灾的。采用这种技术的吸气式火灾探测器（空气采样探测器）的灵敏度比普通的感烟火灾探测器高 1000 倍，报警时间提早 30～120min，且可有效消除电磁、强光、脉冲干扰等引起的误报。吸气式火灾探测器特别适合安装在超净的环境中进行早期火灾探测。吸气导管的水平布置形式如图 2.23所示，计算机系统吸气导管的布置形式如图 2.24 所示。

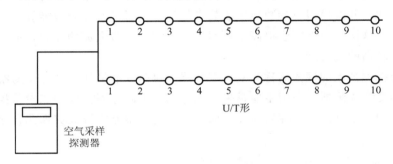

图 2.23 吸气导管的水平布置形式

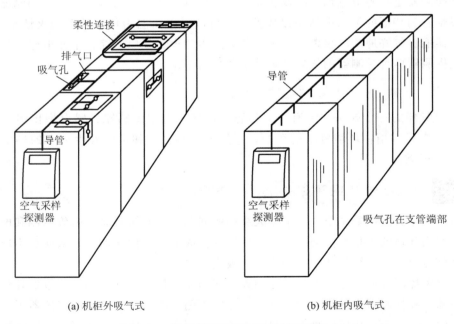

(a) 机柜外吸气式　　　　　　　　　(b) 机柜内吸气式

图 2.24 计算机系统吸气导管的布置形式

2.3.4　分布式光纤测温技术

分布式光纤测温技术是利用在光纤中传播的某种特定光受温度调制的特性，在光纤的一端将此携温信号光解调，从而实现分布式测温的技术。在实现分布式光纤测温技术的方案中，受温度调制的信号可以分为散射光和传输光，其中散射光最为常用。

分布式光纤测温系统由测温主机和光纤组成。光纤既作传感器，又作信号通路。光纤用作测温系统元件的主要依据是光纤的光时域反射原理及光纤的背向拉曼散射温度效应。激光光源沿着光纤注入光脉冲，光脉冲大部分能传到光纤末端并消失，但一小部分拉曼散射光会沿着光纤反射回来，对这一反向散射光进行信号采集，并在光电装置中对采集的温度信息进行放大、信号处理分析，从而输出整条光纤有关温度的信息，如图 2.25 所示。

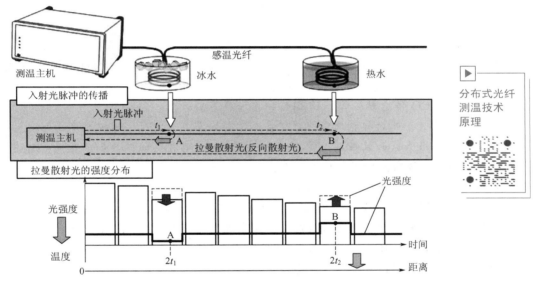

图 2.25　分布式光纤测温技术原理图

2.3.5　火灾图像探测技术

1. 图像感焰火灾探测技术

图像感焰火灾探测技术是利用摄像头对现场进行监视，并将摄得的连续图像采集卡转换为数字图像输入计算机，不断地进行图像处理和分析，通过早期火灾火焰的形体及颜色变化特征来进行探测。该技术较好地解决了多信号同步和匹配问题，与神经网络方法结合，可进一步提高系统的可靠性和实用性。

2. 光截面图像感烟火灾探测技术

光截面图像感烟火灾探测技术以主动红外光源为目标，结合红外面阵接收器形成多光束红外光截面，通过成像和图像处理方式，测量烟雾穿过红外光截面对光的散射、反射及吸收情况。利用各种算法可有效解决由于烟雾颜色、大小、空间高度，气流和振动等引起的误报和迟报问题。它具有智能化程度高、应用范围广、探测距离超常、获取信息成本低、对焰火和阴燃火响应灵敏度高、误报率低、抗干扰和适应性强等优点，代表了火灾探测技术的较高水平。

 2.3.6 CO气体探测技术

由于人们认识的不足及早期CO传感器探测灵敏度低、功耗高、成本高等缺点限制了CO气体探测技术的应用，近年来，CO气体探测技术有了一定的突破，功耗显著降低，灵敏度及寿命都有所提高。为尽早报警及适应特殊环境的要求，应尽量采用CO作为火灾探测参数；同时CO与其他参数的综合会进一步增加报警的可靠性及灵敏性。CO气体探测技术的应用对提高火灾探测的可靠性具有深远意义。

阅读材料2-6

智能烟雾探测器

Nest 推出智能烟雾探测器

美国 Nest 公司推出了一款名为 Nest Protect 的智能烟雾探测器，其中集成了光电烟雾传感器、热传感器、光传感器、超声波传感器、CO传感器、Wi-Fi 通信、报警扬声器等。

此款智能烟雾探测器在探测到烟雾或火灾时，不仅会发出刺耳的警报声，而且在发出警报声前，还能用极有礼貌的机器合成音提醒住户将火扑灭。当CO传感器检测到CO超标时，它能给住户提供降低CO的建议。而如果住户不在家，它也能给住户的智能手机发送报警信息。

此款智能烟雾探测器是 Nest 公司推出的第二款产品，其传承了第一款恒温器所有的技术特点，并具有以下新功能：应用传感器检测周围环境并与住户互动，如采用运动探测传感器判断住户是否在家；运用光电烟雾传感器检测住户是否在房间，从而自动点亮或关闭照明；或者和热传感器一起协调工作，调整房间的温度。

Nest Protect 智能烟雾探测器集成了 Nest 公司互连与智慧的自动化家居理念，不同的智能烟雾探测器之间也能通过 Wi-Fi 实现数据通信。当住户的厨房着火了，而住户却在卧室时，卧室的智能烟雾探测器也能发出警报，告知住户厨房出事了，当然前提条件是住户要在不同的房间都安装此类探测器。

2.4 系统附件

火灾自动报警系统附件包括手动报警按钮、消火栓报警按钮、火灾声光警报器及各类功能模块等。

2.4.1 手动报警按钮

手动报警按钮安装在公共场所，当确认火灾发生后，人工按下按钮上的有机玻璃片，可向控制器发出火灾报警信号，控制器接收到火灾报警信号后，会显示出手动报警按钮的编号或位置并发出报警声响。手动报警按钮实物图如图 2.26 所示。

  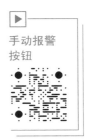

图 2.26 手动报警按钮实物图

考虑到现场实际安装调试的方便性，一般将手动报警按钮与消防电话插座设计成一体，构成一体化手动报警按钮。手动报警按钮和各类探测器一样，可直接接到控制器总线上。

手动报警按钮分为地址型与非地址型两种：地址型可直接接入火灾报警控制器的信号二总线，非地址型只能通过输入模块接入火灾报警控制器的信号二总线。

2.4.2 消火栓报警按钮

消火栓报警按钮分为地址型与非地址型两种。地址型消火栓报警按钮一般直接接入报警总线，非地址型消火栓报警按钮只能通过输入模块接入报警总线。当确认发生火灾后，人工按下消火栓报警按钮表面的有机玻璃片，触点动作，向火灾报警控制器发出火灾报警信号，火灾报警控制器接收到火灾报警信号后，将显示出消火栓报警按钮的具体位置，并发出报警声响。图 2.27 所示为地址型消火栓报警按钮实物图。

  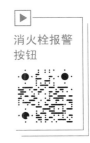

图 2.27 地址型消火栓报警按钮实物图

2.4.3 火灾声光警报器

火灾声光警报器是一种安装在现场的声光报警设备，当现场发生火灾并确认后，安装在现场的火灾声光警报器可由消防控制室的火灾报警控制器启动，并发出强烈的声光报警信号，以达到提醒现场人员注意的目的。火灾声光警报器实物图如图 2.28 所示。

火灾声光
报警器

图 2.28　火灾声光警报器实物图

火灾声光警报器分地址型与非地址型两种：地址型可直接接入火灾报警控制器的信号二总线，需接直流 24V 电源；非地址型不含编码电路，不能接入火灾报警控制器的信号二总线，可直接由有源直流 24V 常开触点进行控制，如用输出模块或手动报警按钮的输出触点控制等。

2.4.4　输入模块

输入模块的作用是接收现场的火灾报警信号，实现火灾报警信号向报警控制器的传输。通过此模块，可将现场各种主动型设备如水流指示器、压力开关及信号阀等接入报警总线，这些设备动作后，输出的动作开关信号可由模块送入控制器，产生报警，并可通过控制器来联动其他相关设备。

该模块与控制器采用信号二总线连接，其与现场设备接线图如图 2.29 所示。

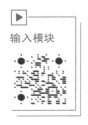

输入模块

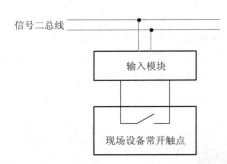

信号二总线

输入模块

现场设备常开触点

图 2.29　输入模块与现场设备接线图

2.4.5　输入/输出模块

输入/输出模块用于现场各种一次动作并有动作信号输出的被动型设备，如排烟口、送风口、防火阀等。

输入/输出
模块

该模块内有一对常开触点和一对常闭触点，用来对现场设备进行控制。另外，该模块还设有开关信号输入端，用来和现场设备的开关触点连接，以便确认现场设备是否动作。

该模块与控制器采用信号二总线连接，需接直流 24V 电源，直接驱动直流 24V 现场设备。模块直接驱动现场设备接线图如图 2.30 所示。需要注意，不能将该模块触点直接接入交流控制回路，以防强交流干扰信号损坏模块或控制设备。

若该模块输出的是直流 24V 电压，则可以直接驱动直流 24V 现场设备。该模块与中间继电器相配合，也可以用来间接控制现场各种设备，实现模块与被控设备之间交流、直流隔离，以满足现场的不同需求。模块驱动现场设备交流控制回路接线图如图 2.31 所示。

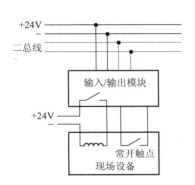
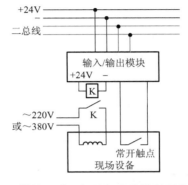

图 2.30　模块直接驱动现场设备接线图　　图 2.31　模块驱动现场设备交流控制回路接线图

2.4.6　二输入/二输出模块

二输入/二输出模块是一种总线制控制接口，具有二次不同控制输出和确认两个不同输入回答信号的功能，可用于完成对二步降防火卷帘门、消防水泵、防排烟风机等双动作设备的控制，并能接收来自现场设备的两个不同动作的命令。输入信号为现场设备的无源常开触点信号。

二输入/二输出模块控制电气原理简图如图 2.32 所示。

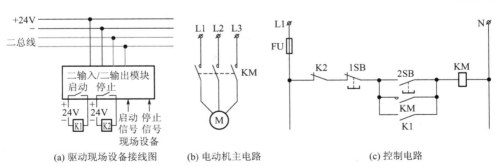

图 2.32　二输入/二输出模块控制电气原理简图

2.4.7　总线短路隔离器

在总线制火灾自动报警系统中，往往会出现某一局部总线出现故障（如短路）造成整个报警系统无法正常工作的情况。总线短路隔离器（图 2.33）的作用是当总线发生故障时，将发生故障的总线部分与整个系统隔离开，以保证系统的其他部分能够正常工作，同时便于确定发生故障的总线部位。当故障部分的总线修复后，总线短路隔离器可自行恢复工作，将被隔离出去的部分重新纳入系统。

总线短路隔离器既可以单独接在总线上，也可以模块式地安装在探测器底座或输入/输出模块内。总线包括报警总线和电源线，总线短路隔离器应能隔离故障的报警总线和电源线。图 2.34 所示为总线隔离器接线图。

(a) 短路隔离器外形

(b) 带短路隔离器的底座

图 2.33 短路隔离器实物

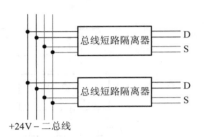
+24V − 二总线

图 2.34 总线短路隔离器接线图

2.4.8 区域显示器（火灾显示盘）

区域显示器（火灾显示盘）是一种用单片机设计开发的可以安装在楼层或独立防火区内的火灾报警显示装置，如图 2.35 所示。它通过总线与火灾报警控制器相连，处理并显示控制器传送过来的数据。当建筑物内发生火灾后，消防控制室的火灾报警控制器产生报警，同时把报警信号传输到失火区域的区域显示器（火灾显示盘）上，区域显示器（火灾显示盘）将报警的探测器地址及相关信息显示出来，同时发出声光报警信号，以通知失火区域的人员。

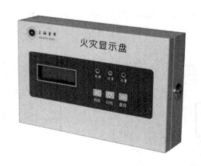

图 2.35 区域显示器（火灾显示盘）实物图

综 合 习 题

一、填空题

1. 按照探测火灾参量的不同，火灾探测器可分为 _____、_____、_____、_____ 和 _____ 五种类型。

2. 根据监视范围的不同，火灾探测器可分为_____和_____。

3. 电气火灾监控探测器主要包括_____和_____两种。

二、名词解释

1. 火灾探测器灵敏度；

2. 感烟火灾探测器；

3. 感温火灾探测器；

4. 剩余电流传感器。

三、简答题

1. 火灾探测器的主要性能指标有哪些？

2. 简述光电感烟探测器的基本工作原理。

3. 简述红外光束感烟火灾探测器的基本工作原理。

4. 简述热敏电阻定温火灾探测器的基本工作原理。

5. 简述可燃气体探测器的基本工作原理。

6. 简述火灾探测技术的发展。

7. 火灾自动报警系统的附件有哪些？其作用分别是什么？

第3章
火灾报警控制器

本章教学要点

知识要点	掌握程度	相关知识
火灾报警控制器的分类	了解火灾报警控制器的分类	火灾报警控制器的分类
火灾报警控制器的工作原理和线制	了解火灾报警控制器的工作原理；掌握火灾报警控制器的线制	电源部分的主要功能；主机部分的主要功能；多线制系统结构；总线制系统结构
火灾报警控制器实例	熟悉典型的火灾报警控制器的主要技术性能	树形回路火灾报警控制器；环形回路火灾报警控制器
可燃气体报警控制器	熟悉可燃气体报警控制器的工作原理	可燃气体报警控制器的工作原理
电气火灾监控器	熟悉电气火灾监控器的工作原理；掌握不同接地方式电气火灾监控的接线	电气火灾监控器的工作原理；电气火灾监控接线

导入案例

人类最早的火灾报警控制器是什么

发生火灾时，及时报警，能帮助人们尽快进行初期火灾扑救、疏散逃生。

人类最早的火灾报警控制器，就是自己的嗓子。有人发现火灾初起，就喊一嗓子："起火了！"于是就有其他人赶来救火，或及时逃生。

后来，中国古人又用声音更响、传得更远的敲锣敲钟声报火警。

国外也有采用其他响器的，如美国殖民地时期，巡夜人摇响一个类似拨浪鼓的木制响器报火警。

再后来，人们开发出手摇式警报器，它发出的声音更响、传得更远。

1837 年，美国波士顿有个叫威廉·钱宁的医生是个消防迷，他利用无线电技术和莫尔斯电码开发了一个金属的报警箱，路人可以通过设置在街边的报警箱向消防队报火警。

在爱迪生发明电话后，人们很快就用电话替代了无线电报火警。

在建筑物里发生火灾时，不仅要向消防队报警，还要向建筑物内的所有人员报警，提醒人们进行初期火灾扑救或及时疏散逃生。为此，人们开发了火灾自动报警系统。

火灾报警技术如此先进的今天，是不是不再需要用嗓子报火警了呢？当然不是！

由于火灾自动报警系统可能出故障不报警，因此不可以完全依赖它们。

我们的眼睛和鼻子是很好的火灾探测器，我们的嗓子是天然的语音报警器，我们的大脑使它们智慧化，我们的双腿又使它们具有移动功能，这些都是当前的技术手段不能完全替代的。无论在住宅中还是在公共建筑中，当我们发现火灾，自己能逃生时，喊一嗓子提醒他人，有时真能救人。

锣　　　　木制响器　　　手摇式警报器　　　报警箱

3.1　火灾报警控制器的分类

火灾报警控制器是火灾信息数据处理、火灾识别、报警判断和设备控制的核心，最终通过消防联动控制设备对消防设备及系统实施联动控制和灭火操作。火灾报警控制器的分

类是多种多样的，一般按其使用环境要求、技术性能要求、设计使用要求和结构要求进行分类，如图 3.1 所示。

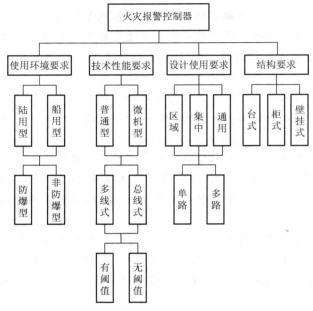

图 3.1　火灾报警控制器的分类

火灾报警控制器实物图如图 3.2 所示。

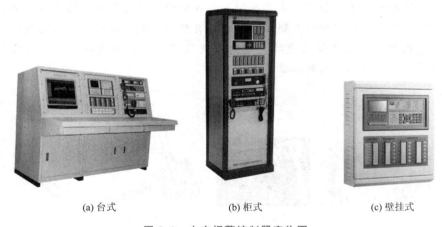

(a) 台式　　　　　　　(b) 柜式　　　　　　　(c) 壁挂式

图 3.2　火灾报警控制器实物图

3.2　火灾报警控制器的工作原理和线制

3.2.1　火灾报警控制器的工作原理

　　火灾报警控制器主要包括电源部分和主机部分。目前大多数火灾报警控制器的电源设计采用线性调节稳压电路，同时在输出部分增加相应的过电压、过电流保护环节。通常，火灾报警控制器电源的首选模式是开关型稳压电路。主机部分承担着对火灾探测器输出信号的采集、处理、火警判断、报警及中继等功能。

火灾报警控制器各部分的基本功能如下。

1. 电源部分

火灾报警控制器状态识别及操作（一）

火灾报警控制器的电源由主电源和备用电源互补的两部分组成。主电源为 220V 交流市电，备用电源一般选用可充放电反复使用的各种蓄电池，常用的有镍镉蓄电池、免维护碱性蓄电池、铅酸蓄电池等。电源部分的主要功能如下。

（1）主电源、备用电源自动切换。当主电源断电时，能自动转换到备用电源；当主电源恢复时，能自动转换到主电源。

（2）备用电源充电功能。

（3）电源故障监测功能。

（4）电源工作状态指示功能。

（5）为探测器回路供电功能。

2. 主机部分

火灾报警控制器主机部分起着对火灾探测源传来的信号进行处理、报警并中继的作用。火灾报警控制器主机部分的基本工作原理如图 3.3 所示。

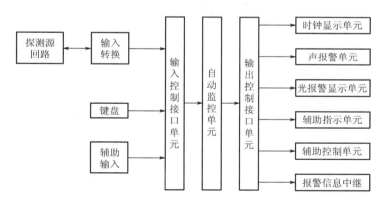

图 3.3　火灾报警控制器主机部分的基本工作原理

主机部分常态监视探测器回路变化情况，遇有报警信号时，立即执行相应的操作，其主要功能如下。

（1）**火灾报警功能**。火灾报警控制器应能直接或间接地接收来自火灾探测器及其他火灾报警触发器件的火灾报警信号，发出火灾报警声、光信号，指示火灾发生部位，记录火灾报警时间，并予以保持，直至手动复位。火灾报警信号应能手动消除；当再有火灾报警信号输入时，应能再次启动。

（2）**火灾报警控制功能**。火灾报警控制器在火灾报警状态下应有火灾声和（或）光警报器控制输出。火灾报警控制器可设置其他控制输出（应少于 6 点），用于火灾报警传输设备和消防联动设备等设备的控制，每一控制输出有对应的手动直接控制按钮（键）。

（3）故障报警功能。火灾报警控制器应设专用故障总指示灯（器），无论控制器处于何种状态，只要有故障信号存在，该故障总指示灯（器）就应点亮。火灾报警控制器应能显示故障的部位、故障的类型。火灾报警控制器应能显示所有故障信息，在不能同时显示所有故障信息时，未显示的故障信息应手动可查。

（4）火灾报警优先功能。火灾报警控制器在报故障时，如出现火灾报警信号，应能自动切换到火灾声光报警状态。若故障信号依然存在，只有在火情被排除，人工进行火灾信号复位后，火灾报警控制器才能转换到故障报警状态。

（5）自检功能。火灾报警控制器应有能检查本机的火灾报警功能（以下称"自检功能"），火灾报警控制器在执行自检功能期间，受其控制的外接设备和输出接点均不应动作。

（6）信息显示与查询功能。火灾报警控制器信息显示按火灾报警、监管报警及其他状态顺序由高至低排列信息显示等级，高等级的状态信息应优先显示，低等级的状态信息显示不应影响高等级的状态信息显示，显示的信息应与对应的状态一致且易于辨识。当火灾报警控制器处于某一高等级的状态显示时，应能通过手动操作查询其他低等级的状态信息，各状态信息不应交替显示。

火灾报警控制器状态识别及操作（二）

（7）电源功能。火灾报警控制器的电源部分应具有主电源和备用电源转换装置。当主电源断电时，能自动转换到备用电源；当主电源恢复时，能自动转换到主电源；应有主电源、备用电源工作状态指示，主电源应有过电流保护措施；主电源、备用电源的转换不应使火灾报警控制器产生误动作。

（8）时钟显示功能。火灾报警控制器本身应提供一个工作时钟，用于给工作状态提供监视参考。当发生火灾报警时，时钟应能显示并记录准确的报警时间。

3.2.2　火灾报警控制器的线制

火灾报警控制器由于其传输特性不同，输入单元的接口电路也不同，有多线制传输方式接口电路和总线制传输方式接口电路两种。

多线制传输方式接口电路的工作原理：各线传输的报警信号可同时也可分时进入主监控部分，由主监控部分进行地址译码（对于同时进入）或时序译码（对于分时进入），显示报警地址，同时各线报警信号的"或"逻辑启动声光报警，完成一次报警信号的确认。

总线制传输方式接口电路的工作原理：通过监控单元将要巡检的地址（部位）信号发送到总线上，经过一定时序，监控单元从总线上读回信息，执行相应的报警处理功能。火灾报警控制器周而复始地执行上述时序，完成整个探测源的巡检。

1. 多线制系统结构

多线制系统结构与早期的火灾探测器设计、火灾探测器与火灾报警控制器的连接等有关。一般要求每个火灾探测器采用两条或更多条导线与火灾报警控制器相连接，以确保能从每个火灾探测点发出火灾报警信号。多线制系统结构设计、施工与维护复杂，目前已逐步被淘汰。

2. 总线制系统结构

总线制系统结构是在多线制系统结构的基础上发展起来的。微电子器件、数字脉冲电路及计算机应用技术在火灾自动报警系统的应用，改变了以往多线制结构系统的直流巡检和硬线对应连接方式，代之以数字脉冲信号巡检和信息压缩传输，采用大量编码、译码电路和微处理机实现火灾探测器与火灾报警控制器的协议通信和系统监测控制，大大减少了系统线制，使工程布线更灵活。

目前的火灾报警控制器几乎都已采用的是二总线制。由火灾报警控制器到火灾探测器只需接出两条线，既作为探测器的电源线，又作为信号传输线（它是将信号加载在电源上进行传输的）。

二总线制有树形回路和环形回路两种结构方式。树形回路结构示意图如图3.4所示，环形回路结构示意图如图3.5所示。

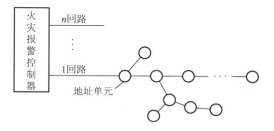 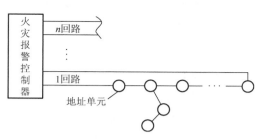

图 3.4　树形回路结构示意图　　　　图 3.5　环形回路结构示意图

环形回路在开路时可通过另一侧与节点进行通信，防止通信中断，能使系统受故障影响的程度降低到最小范围，如图3.6所示。

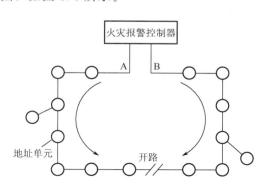

图 3.6　环形回路开路时两端通信图

3.3　火灾报警控制器实例

火灾报警控制器种类繁多，下面通过两种典型的实例产品，介绍树形回路和环形回路火灾报警控制器的主要性能。

3.3.1　树形回路火灾报警控制器

我国生产的火灾报警控制器大多采用树形回路。下面是国产某联动型火灾报警控制器的特性、主要技术指标和功能模块。

1. 特性

（1）火灾报警控制器采用柜式结构，各信号总线回路板采用插拔式设计，系统容量扩充简单、方便。

（2）可配置多块手动消防启动盘，完成对总线制外控设备的手动控制，并可配置多块直接控制盘，完成对消防控制系统中重要设备的控制，加强了火灾报警控制器的消防联动控制功能。

（3）火灾报警控制器可加配联动控制用电源系统，标准电源盘可提供直流24V、6A电源。

（4）火灾报警控制器可扩充消防广播控制盘和消防电话控制盘，组成火灾应急广播和消防专用电话系统。

2. 主要技术指标

（1）控制器容量。

① 最多可带20个回路，每个回路有200个地址点。

② 可外接64台火灾显示盘；支持多级联网，每级最多可接32台其他类型控制器。

③ 直接控制点及手动操作总线制控制点可按要求配置。

（2）线制：二总线制。

（3）使用环境。

① 温度为0～40℃。

② 相对湿度≤95％，不结露。

（4）电源。

① 主电源：交流220（1±10％）V。

② 控制器备用电源：直流24V/24A·h密封铅电池。

③ 联动备用电源：直流24V/38A·h密封铅电池。

（5）功耗≤150W。

3. 功能模块

功能模块包括输入模块、输入/输出模块、二输入/二输出模块等，连接在报警回路总线上，具有独立地址，用于监视和控制有关消防设备。

3.3.2 环形回路火灾报警控制器

下面是欧洲产某环形回路火灾报警控制器的特性、主要技术指标和功能模块。

1. 特性

（1）火灾报警控制器通过回路线连接系统元件（火灾探测器与功能模块），监视系统元件和外部消防设备的运作状态，显示、记录系统元件和外部消防设备的运作信息，向消防设备发出联动控制信号，是报警信息的处理中心。

（2）壁挂式设计。

（3）配备微型内置式自动卷纸打印机，自动记录/打印系统运行信息或历史资料。

（4）火灾报警控制器可配置 RS232 通信接口卡，以连接其他相关的楼宇管理系统，构成集中管理网络。

（5）火灾报警控制器负责信号采集，根据预定程式对信息做出反应。火灾报警控制器之间网络线断开，各火灾报警控制器仍然可以监控相应区域，并单独完成有关设备的自动联动功能。

2．主要技术指标

（1）系统容量：每个系统最多可以配置 31 台火灾报警控制器组成网络。

（2）控制器容量：每台最多 5 个报警回路。

（3）回路容量：每个报警回路有 127 个地址点。

（4）网络线：可采用普通双绞线、屏蔽双绞线或光纤作控制器之间的网络线。

（5）回路线：采用普通双绞线作回路线，每个总线回路距离可达 2000m。

（6）除了回路第一个及最后一个设备外，在回路的任何地方都可做分支连接。分支后不能再连接分支。

（7）每个回路模块总数不能超过 31 个。

（8）每台控制器最多可带 100 个模块。

（9）所有模块均需外接直流 24V 电源。

（10）供电电源：独立电源交流 220～240V/50～60Hz。

（11）备用电源：（12V/24A·h）×2 免维护密封式蓄电池。

（12）工作温度：0～50℃。

3．功能模块

功能模块包括输入模块、输入/输出模块、四输入/二输出模块、十二继电器输出模块及发光二极管模块等，连接在报警回路总线上，具备独立地址的信号输入端口和信号输出端口，用于监视和控制有关消防设备。

3.4 可燃气体报警控制器

可燃气体报警控制器是用于为所连接的可燃气体探测器供电，接收来自可燃气体探测器的报警信号，发出声光报警信号和控制信号，指示报警部位，记录并保存报警信息的装置。

可燃气体报警控制器按系统连线方式分为**多线制**和**总线制**两种。

可燃气体探测报警系统是火灾自动报警系统的独立子系统，属于火灾预警系统。发生可燃气体泄漏时，安装在保护区域现场的可燃气体探测器，将泄漏可燃气体的浓度参数转变为电信号，经数据处理后，将泄漏可燃气体浓度参数信息传输至可燃气体报警控制器；或直接由可燃气体探测器做出泄漏可燃气体浓度超限报警判断，再将报警信息传输到可燃气体报警控制器。可燃气体报警控制器在接收到可燃气体探测器的泄漏可燃气体浓度参数信息或报警信息后，经报警确认判

▶
可燃气体报警器

断，显示泄漏可燃气体探测器的部位并发出泄漏可燃气体浓度参数信息，记录可燃气体探测器报警的时间，同时驱动安装在保护区域现场的声光报警装置，发出声光报警信号，警示人员采取相应的处置措施，并驱动排风、控制系统，必要时可以控制并关闭可燃气体的阀门，防止可燃气体进一步泄漏，防止发生爆炸、火灾、中毒事故，从而保障安全生产。

可燃气体报警控制器广泛用于化工、石油、冶金、油库、液化气站、喷漆作业、燃气输配等可燃气体生产、储存、使用等室内外易泄漏的危险场所。可燃气体报警系统示意图如图 3.7 所示。

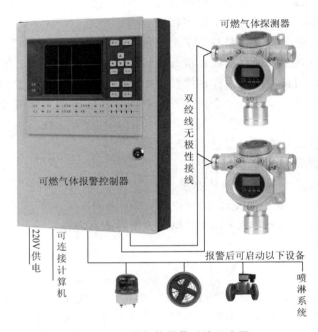

图 3.7　可燃气体报警系统示意图

3.5　电气火灾监控器

随着建筑物内电气设备和用电容量的增加，发生电气火灾的危险性也在逐渐增大。电气线路或用电设备引起的火灾主要是由于线路漏电，短路，超负荷，接触电阻过大或绝缘击穿造成高温、电火花和电弧等所造成的。因此，电气火灾监控系统近年来得到了越来越多的重视。

阅读材料 3-1

接触电阻过大引起火灾

凡是导线与导线、开关、熔断器、仪表、电气设备等连接的地方都有接头，在接头的接触面上形成的电阻称为接触电阻。当有电流通过接头时会发热，这是正常现象。如果接头处理良好，接触电阻不大，则接头点的发热量很小，可以保持正常温度。如果接头中有杂质、接头连接不牢靠或其他原因使接头接触不良，造成接触部位的局部电阻过大，则当电流通过接头时，就会在此处产生大量的热，形成高温，这种现象就是接触电阻过大。

在有较大电流通过的电气线路上，如果在某处出现接触电阻过大现象，就会在接触电阻过大的局部范围内产生极大的热量，使温度急剧升高，引起导线绝缘层的燃烧，并引燃附近的可燃物或导线上积落的粉尘、纤维等，从而造成火灾。

3.5.1　电气火灾监控器的工作原理

电气火灾监控器与多个剩余电流式电气火灾监控探测器和测温式电气火灾监控探测器通过二总线构成一个完整的数字化总线通信系统。发生电气故障时，电气火灾监控探测器将保护线路中的剩余电流、温度等电气故障参数信息转变为电信号，经数据处理后，电气火灾监控探测器做出报警判断，将报警信息传输到电气火灾监控器。电气火灾监控器在接收到电气火灾监控探测器的报警信息后，经报警确认判断，显示电气故障部位的信息，记录电气火灾监控探测器报警的时间，同时驱动安装在保护区域现场

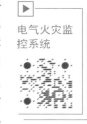

电气火灾监控系统

的声光报警装置，发出声光报警信号，警示人员采取相应的处置措施，排除电气故障，消除电气火灾隐患，防止电气火灾的发生。电气火灾监控器还可将信息传给图形显示系统，并将信息数据存储在其数据库中，以备日后查询。

3.5.2　电气火灾监控器的接线

不同接地方式电气火灾监控器的接线如图 3.8～图 3.10 所示。

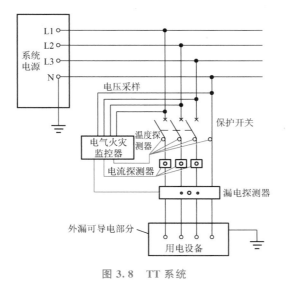

图 3.8　TT 系统

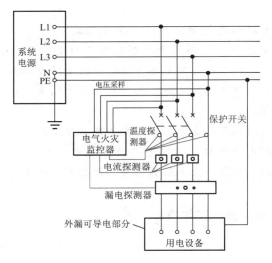

图 3.9   TN－S 系统

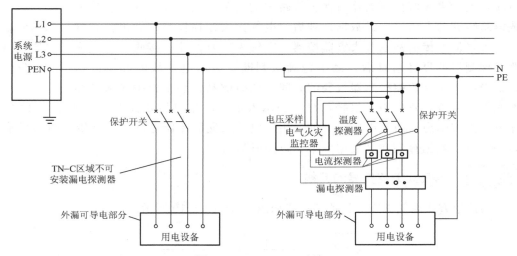

图 3.10   TN－C－S 系统

综 合 习 题

简答题

1. 简述火灾报警控制器的分类。

2. 简述火灾报警控制器的工作原理和线制。

3. 火灾报警控制器的主要技术性能有哪些?

4. 简述可燃气体探测报警系统的工作原理。

5. 简述电气火灾监控器的工作原理。

6. 画出不同接地方式电气火灾监控器的接线图。

第4章
消防联动控制设施

本章教学要点

知识要点	掌握程度	相关知识
自动喷水灭火系统	熟悉湿式自动喷水灭火系统的主要组件； 掌握湿式自动喷水灭火系统的工作原理	玻璃球闭式喷头； 湿式报警阀组； 压力开关； 水流指示器； 信号阀； 湿式自动喷水灭火系统的工作原理
消火栓给水系统	熟悉室内消火栓设备； 掌握消防水泵的控制电路； 掌握消火栓给水系统的工作原理	室内消火栓设备； 消防水泵的控制电路； 消火栓给水系统的工作原理
气体灭火系统	了解气体灭火系统的组成及工作原理	灭火剂瓶组； 驱动气体瓶组； 安全泄放装置； 气体灭火系统的工作原理
泡沫灭火系统	了解泡沫灭火系统的组成及工作原理	泡沫比例混合器； 泡沫液压力储罐； 泡沫产生器； 泡沫灭火系统的工作原理
防烟排烟系统	熟悉建筑防烟排烟系统的主要组件； 掌握建筑防烟排烟系统的工作原理	防烟分区； 防排烟风机控制电路； 防火阀； 送风口； 排烟防火阀及排烟口； 挡烟垂壁； 防烟排烟系统的工作原理

续表

知识要点	掌握程度	相关知识
防火门及防火卷帘系统	熟悉防火门及防火卷帘系统的组成及功能	防火分区； 防火门； 防火卷帘
消防应急广播系统和消防专用电话系统	掌握消防应急广播系统的组成； 掌握消防专用电话系统的组成	总线制消防应急广播系统； 多线制消防应急广播系统； 总线制消防专用电话系统； 多线制消防专用电话系统
消防应急照明和疏散指示系统	熟悉消防应急照明和疏散指示系统的主要组件； 熟悉消防应急照明和疏散指示系统的分类与组成； 熟悉消防应急照明和疏散指示系统的工作原理	自带电源非集中控制型系统； 自带电源集中控制型系统； 集中电源非集中控制型系统； 集中电源集中控制型系统

 导入案例

明清时期故宫如何防火

故宫虽然经历了数十次大大小小的火灾，但因为实行严格的防火措施，使得大火并没有对故宫造成根本上的破坏。

其实，故宫的防火历来都是难题。故宫从明朝永乐十八年（1420）建成至末代皇帝溥仪1924年被逐出皇宫的五百多年间，史料上有记载的火灾，就有四五十起。

故宫建筑以木质结构为主，极易遭受火灾。火灾最不可测的一类就是因雷击而起。故宫中有记录的因雷击而引发的火灾有三十多起。

在密度较大的北京故宫建筑群中，为了避免火灾发生后火势蔓延之弊，在营造中，不但各殿院内的连廊被逐渐取消，同时作为生活区域人口高密度集中的东西六宫，山墙作为防火隔断的作用也日益显著和重要。

与此同时，故宫还有严格的制度以加强宫内的消防。清代宫廷的消防工作，由护军营掌管。到了宣统二年，清宫还特意从日本东京购进四辆蒸汽唧筒车，故宫的消防步入了机械化的时代。

现如今去故宫，大家肯定看见过故宫宫殿周围陈列设置着无数引人注目的"吉祥缸"（也称"太平缸"），"吉祥缸"有铜缸和铁缸两种，其材质可分"镀金海"铜缸、青铜缸和铁缸三类。它们既是美化故宫的装饰品，又是必不可缺的消防器材。

4.1 自动喷水灭火系统

自动喷水灭火系统是在火灾情况下，能自动启动喷头洒水灭火，保障人身和财产安全

的一种控火、灭火系统。

自动喷水灭火系统发展至今已有 100 多年的历史，最早以"钻孔管式喷水灭火系统"的形式出现，经过发展逐渐成为现代的自动喷水灭火系统。自动喷水灭火系统是当今世界上公认的最为有效的自救灭火设施，是应用最广泛、用量最大的自动灭火系统。国内外的应用实践证明，该系统具有安全可靠、经济实用、灭火成功率高等优点。

4.1.1 **自动喷水灭火系统的分类**

自动喷水灭火系统根据所使用喷头的形式，分为闭式自动喷水灭火系统和开式自动喷水灭火系统两大类，如图 4.1 所示。

图 4.1　自动喷水灭火系统的分类

闭式自动喷水灭火系统采用闭式喷头，喷头的感温、闭锁装置只有在预定的温度环境下才会脱落，并开启喷头。因此，在发生火灾时，这种自动喷水灭火系统只有处于火焰之中或临近火源的喷头才会开启灭火。

开式自动喷水灭火系统采用的是开式喷头。发生火灾时，火灾所处的系统保护区域内的所有开式喷头会一起喷水灭火。

在各种类型的自动喷水灭火系统中，使用最多的是湿式自动喷水灭火系统。

4.1.2 **湿式自动喷水灭火系统的主要组件**

1. 玻璃球闭式喷头

玻璃球闭式喷头是最常用的一种喷头，是自动喷水灭火系统中最关键的组件。玻璃球闭式喷头是一种由感温元件控制开启的喷头，担负着探测火灾、启动系统和喷水灭火的任务。它在火灾的热气流中能自动启动，启动后不能恢复原状。在不同的环境温度场所使用的喷头，其公称动作温度有不同的要求。规范要求，在选择喷头时，喷头的公称动作温度应比环境最高温度高 30℃左右。

玻璃球闭式喷头的实物图及结构示意图如图 4.2 所示。溅水盘的作用是使喷头按设计要求进行均匀布水，以利于灭火。

玻璃球闭式喷头的工作原理：以充有热膨胀系数较高的有机溶液的玻璃体作为热敏感元件。在常温下，其玻璃球外壳可承受一定的支撑力，保证喷嘴的密封。当火灾发生时，温度升高，玻璃球内的有机溶液会发生热膨胀而产生很大的内压力，直到玻璃球外壳破碎，使喷头密封件失去支撑，从而开启喷头喷水灭火。

为了更好、更清楚地区分不同动作温度的喷头，将玻璃球中的液体以不同的颜色加以区分。喷头的公称动作温度和色标见表 4-1，其中最常用的是 68℃喷头。

建筑公共安全技术与设计（第2版）

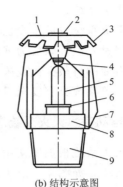

(a) 实物图　　　　　　　　(b) 结构示意图

1—溅水盘；2—螺钉孔；3—齿棱；4—紧固螺钉；5—玻璃体；6—密封垫及封堵；
7—轭臂架；8—轭臂座；9—接管螺纹

图 4.2　玻璃球闭式喷头的实物图及结构示意图

表 4-1　喷头的公称动作温度和色标

公称动作温度/℃	最高环境温度/℃	玻璃球充满颜色
57	27	橙
68	**38**	红
79	49	黄
93	63	绿
141	111	蓝
182	152	紫

2. 湿式报警阀组

(1) 结构。

湿式报警阀组由湿式报警阀、压力开关、延迟器、水力警铃、排水阀、过滤器、压力表等组成。湿式报警阀组实物图及结构示意图如图 4.3 所示。下面主要介绍湿式报警阀和压力开关。

① 湿式报警阀。湿式报警阀是湿式报警阀组的一个主要部件，安装在总供水干管上，起连接供水设备与配水管网的作用，是一种只允许水流单方向流入配水管网，并在规定流量下报警的止回型阀门。湿式报警阀具有两个基本作用：首先，在系统动作前，它将管网与水流隔开，当系统开启时，湿式报警阀打开，接通水源和配水管；其次，在湿式报警阀开启的同时，部分水流通过阀座上的环形槽，经信号管道送至水力警铃，发出报警信号。

湿式报警阀组中湿式报警阀的结构有两种，即隔板座圈型和导阀型。其中隔板座圈型湿式报警阀的结构示意图如图 4.4 所示。隔板座圈型湿式报警阀的整个阀体被阀瓣分成上、下两个腔，上腔（系统侧）与系统管网相通，下腔（供水侧）与水源相通。

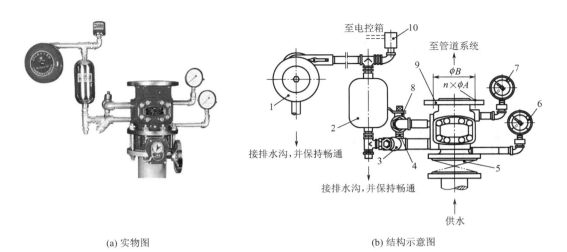

(a) 实物图　　　　　　　　　　　　　　　　(b) 结构示意图

1—水力警铃；2—延迟器；3—过滤器；4—试验球阀；5—水源控制阀；6—进水侧压力表；
7—出水侧压力表；8—排水球阀；9—湿式报警阀；10—压力开关

图 4.3　湿式报警阀组实物图及结构示意图

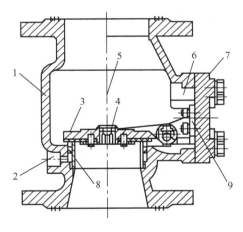

1—阀体；2—报警口；3—阀瓣；4—补水单向阀；5—测试口；
6—检修口；7—阀盖；8—座圈；9—支架

图 4.4　隔板座圈型湿式报警阀的结构示意图

② 压力开关。压力开关是湿式报警阀组的一个重要部件，安装在延迟器出口至水力警铃之间，邻近延迟器的管路上。压力开关结构示意图及接线图如图 4.5 所示。其作用是将系统的压力信号转变为电信号输出，监控湿式报警阀的工作状态及管道内的压力变化情况。

当湿式报警阀阀瓣开启后，其中一部分压力水流通过报警管道进入延迟器后，再进入安装于水力警铃前的压力开关的阀体内，当水压达到规定值时，压力开关膜片受压后，开关触点闭合，会发出电信号报警，并启动消防水泵。

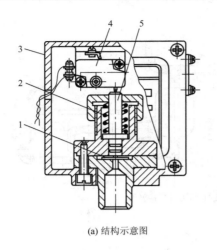

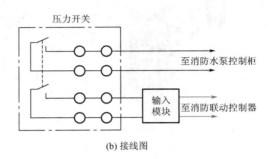

(a) 结构示意图　　　　　　　　　　　　(b) 接线图

1—膜片；2—弹簧；3—壳体；4—微动开关；5—推杆

图 4.5　压力开关结构示意图及接线图

（2）工作原理。

湿式报警阀组长期处于伺应状态，系统侧充满压力水，阀座上的沟槽小孔被阀瓣盖住并封闭，通往水力警铃的报警水道被堵死。当系统侧压力下降时，在压差的作用下，阀瓣将自动开启，供水侧的水流入系统侧对管网进行补水。同时，少部分水通过阀座上的小孔流向延迟器、压力开关和水力警铃，在一定压力和流量的情况下，水力警铃发出报警声响，压力开关将压力信号转变为电信号，启动消防水泵和辅助灭火设备进行补水灭火。

3. 水流指示器

水流指示器利用水流推动机械装置发出电信号，用来监视管道内水的流动状况。

水流指示器由壳体、接线盒、微动开关、桨片等组成，其实物图如图 4.6 所示。水流指示器安装在管道上，其安装示意图如图 4.7 所示。当管道内有水流流动时，水流推动桨片，使常开触点接通，输出报警电信号。通常水流指示器设在湿式自动喷水灭火系统的分区配水管上，当喷头开启时，水流指示器可向消防值班室指示开启喷头所在的位置分区。

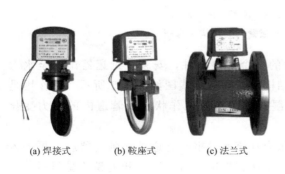

(a) 焊接式　　(b) 鞍座式　　(c) 法兰式

图 4.6　水流指示器实物图

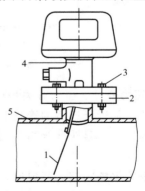

1—桨片；2—法兰底座；3—螺栓；
4—本体；5—管道

图 4.7　水流指示器安装示意图

4. 信号阀

为了让消防控制室及时了解系统中阀门的关闭情况，在每一层和每个分区的水流指示器前都会安装一个信号阀。信号阀由闸阀或蝶阀与行程开关组成，当阀门关闭 25％（全开度的 1/4）时，就有信号输出，表明此阀门关闭。信号阀实物图如图 4.8 所示。

(a) 信号闸阀　　　　(b) 信号蝶阀

图 4.8　信号阀实物图

4.1.3　湿式自动喷水灭火系统的组成及工作原理

湿式自动喷水灭火系统能广泛应用于环境温度不低于 **4℃**、不高于 **70℃** 的建筑物或场所。

1. 湿式自动喷水灭火系统的组成

湿式自动喷水灭火系统由玻璃球闭式喷头、湿式报警阀组、水流指示器、信号阀，以及管道和供水设施等组成，并且管道内始终充满有压水。湿式自动喷水灭火系统示意图如图 4.9 所示。

自动喷水灭火系统的组成

湿式自动喷水灭火系统的组成及工作原理

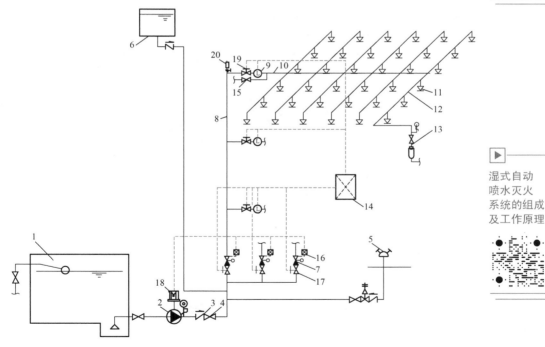

1—消防水池；2—消防水泵；3—止回阀；4—闸阀；5—水泵接合器；6—消防水箱；7—湿式报警阀组；8—配水干管；9—水流指示器；10—配水管；11—玻璃球闭式喷头；12—配水支管；13—末端试水装置；14—报警控制器；15—泄水阀；16—压力开关；17—信号阀；18—驱动电动机；19—信号阀；20—排气阀

图 4.9　湿式自动喷水灭火系统示意图

2. 湿式自动喷水灭火系统的工作原理

湿式自动喷水灭火系统长期处于伺应工作状态，消防水箱、稳压泵或气压给水设备等稳压设施维持管道内充水的压力。当保护区域内某处发生火灾，区域内环境温度升高到规定值时，火源上方的玻璃球闭式喷头的玻璃球便会破碎，开启喷水。此时，管网中的水由静止变为流动，着火区域的水流指示器动作，输出报警电信号至消防控制室，在报警控制器上显示火灾发生区域。由于持续喷水泄压造成湿式报警阀的上部水压低于下部水压，因此在水压差的作用下，原来处于关闭状态的湿式报警阀自动开启。此时压力水通过湿式报警阀流向管网，屋顶的消防水箱提供初期火灾灭火供水。同时打开通向水力警铃的通道，延迟器充满水后，水力警铃发出声响警报，压力开关动作，启动消防水泵进行补水灭火。消防水泵投入运行后，完成系统的启动过程。

湿式自动喷水灭火系统的工作原理图如图4.10所示。

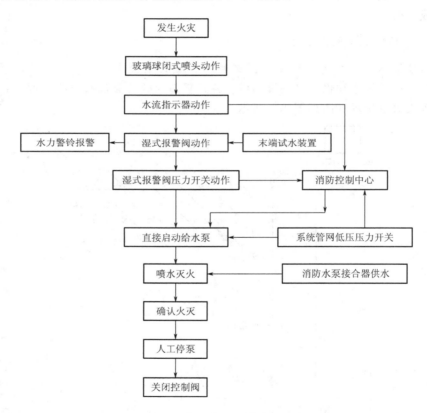

图 4.10　湿式自动喷水灭火系统的工作原理图

 阅读材料 4-1

美国高楼强制安装自动灭火装置

美国多年来扑救高楼火灾的经验表明，真正能为商用或住宅用高楼提供安全保障的措施，就是安装自动喷水灭火装置，以及一个供及时排走自动喷水灭火装置灭火时产生的烟雾的排烟系统。因此，美国国家防火规范规定：凡是高层民用建筑都必须安装火灾自动报警系统、自动喷水灭火装置、紧急照明设备、紧急排烟设备和安全疏散设施。

4.2　消火栓给水系统

消火栓给水系统是建筑物的主要灭火设备。消火栓给水系统包括室外消火栓给水系统和室内消火栓给水系统。

（1）室外消火栓给水系统是设置在建筑物外部的消防给水工程设施，主要任务是通过室外消火栓为消防车等消防设备提供消防用水。

（2）室内消火栓给水系统是建筑物应用最广泛的一种消防设施，由消防给水基础设施、消防给水管网、室内消火栓设备、报警控制设备及系统附件等组成。只有通过这些设施有机协调地工作，才能确保系统的灭火效果。

消火栓

4.2.1　消火栓给水系统的主要组件

1. 室内消火栓设备

室内消火栓设备是建筑内人员发现火灾后采用灭火器无法控制初期火灾时的有效灭火设备，但一般专业人员或受过训练的人员才能较好地使用并使其发挥作用。同时，室内消火栓设备也是消防人员进入建筑扑救火灾时需要使用的设备。

室内消火栓设备由消火栓箱、消火栓、水枪、水带、水喉（软管卷盘）、报警按钮等组成，如图 4.11 所示。

(a) 实物图

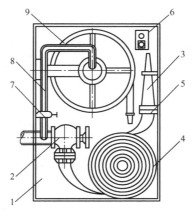

(b) 内部结构示意图

1—消火栓箱；2—消火栓；3—水枪；4—水带；5—水带接口；6—报警按钮；
7—闸阀；8—软管或锌镀钢管；9—水喉（软管卷盘）

图 4.11　室内消火栓设备

消火栓是消防管网向火场供水的带有阀门的接口，进水端与管道固定连接，出水端可接水带，如图 4.12 所示。消火栓可分为直角出口型和 45°出口型，也可分为双出口型和单出口型。消火栓的口径有 $DN65mm$ 和 $DN50mm$ 两种，常用的为 $DN65mm$ 消火栓，当每支水枪流量小于 3L/s 时，也可选用 $DN50mm$ 消火栓。

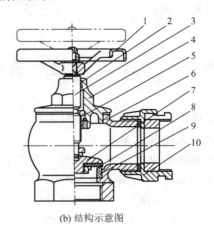

(a) 实物图　　　　　　　　　　(b) 结构示意图

1—手轮；2—O 形密封圈；3—阀杆；4—阀盖；5—阀杆螺母；6—阀体；7—阀瓣；
8—密封垫；9—阀座；10—固定接口

图 4.12　消火栓

2. 管网设备和消防水箱

消火栓给水系统的消防用水是通过管网设备输送至消火栓的。管网设备包括进水管、消防竖管、消防水平管、控制阀门等。

消防水箱的作用在于满足扑救初期火灾的用水量和水压的要求。消防水箱一方面提供火灾初期临时高压给水系统消防水泵启动前的用水量和水压，也可在消防水泵出现故障的紧急情况下应急供水；另一方面利用高位差为系统提供准工作状态下所需的水压，以达到管道内充水并保持一定压力的目的。

消防水箱包括高位消防水箱和中间消防水箱。高位消防水箱设在建筑物的最高部位，中间消防水箱是为满足高层建筑消防给水系统垂直分区的需要而设置的串联转输水箱。消防水箱的实物图如图 4.13 所示。消防水箱的配管、附件示意图如图 4.14 所示。

图 4.13　消防水箱的实物图

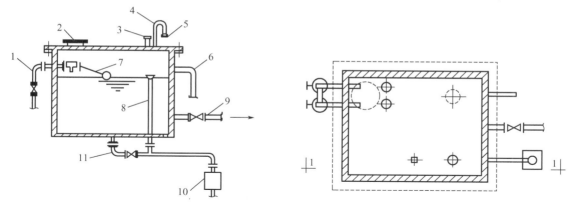

1—进水管；2—人孔；3—仪表孔；4—通气孔；5—防虫网；6—信号管；7—浮球阀；
8—溢流管；9—出水管；10—受水器；11—泄水管

图 4.14 消防水箱的配管、附件示意图

3. 消防水泵

消防水泵是给水系统中的主要升压设备。在建筑内部的给水系统中一般采用离心式消防水泵，它是给水系统的"心脏"。在选择消防水泵时，要满足系统流量和压力的要求。为了保证在扑救火灾时能坚持不间断地供水，措施之一是必须设置备用消防水泵。消防水泵实物图及泵房安装图如图 4.15 所示，消防水泵结构图如图 4.16 所示。

(a) 消防水泵实物图

(b) 泵房安装图

图 4.15 消防水泵实物图及泵房安装图

（1）主要性能参数。

消防水泵的性能参数有流量、扬程、轴功率、效率、转速、允许吸上真空高度等，这些参数反映了消防水泵的工作特性。

（2）工作原理。

消防水泵的工作过程是靠离心力来完成的。消防水泵在启动前泵壳及吸水管内必须充满水，将叶轮淹没，然后启动电动机，使泵轴带动叶轮和水做高速旋转运动，水受到离心力的作用被甩向外圈并高速从叶轮飞出，而后被抛入出水管中。此时，叶轮中心由于水被甩出而形成真空，吸水池中的水在大气压力作用下经吸水管进入叶轮中心，又受到高速转动的叶轮的作用，被甩出叶轮而后被抛入出水管中，从而形成连续的水流输送。

（3）控制电路。

消防水泵一般有两台，一用一备，并装设自动切换装置。

图 4.17 所示为全电压启动消防水泵主电路。主回路 L1、L2、L3 取自变电站的消防电源，该电源为 1 类负荷电源，应设有备用电源自投装置。消防水泵控制装置主要电气元件见表 4-2，全电压启动消防水泵控制电路如图 4.18 所示。

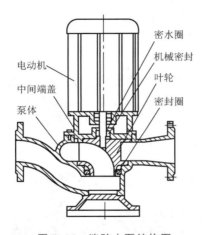

图 4.16　消防水泵结构图

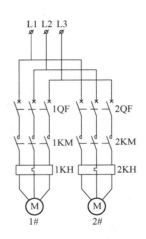

图 4.17　全电压启动消防水泵主电路

表 4-2　消防水泵控制装置主要电气元件

符　号	名　称	符　号	名　称
1QF、2QF	断路器	4K	24V 控制水泵中间继电器
1KM、2KM	交流接触器	1KT～3KT	时间继电器
1KH、2KH	热继电器	2SB、4SB	控制按钮（绿）
FU	熔断器	1SB、3SB	控制按钮（红）
1SA	旋钮开关	HY	指示灯（黄）
SA	转换开关	HR	指示灯（红）
1K～3K	220V 中间继电器		

2K、3K 中间继电器常开触点至消防中心分别显示 1 号泵、2 号泵的运行信号。

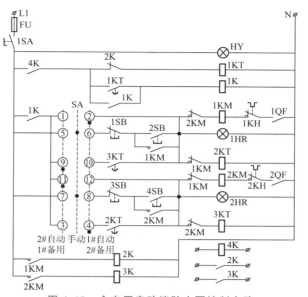

图 4.18　全电压启动消防水泵控制电路

全电压启动
消防水泵控
制电路

4.2.2 消火栓给水系统的组成及工作原理

无论是高层建筑还是低层建筑，消火栓给水系统都是灭火设施不可缺少的一部分。

1. 消火栓给水系统的组成

消火栓给水系统的基本组成如图 4.19 所示。

消火栓给水
系统的组成
及工作原理

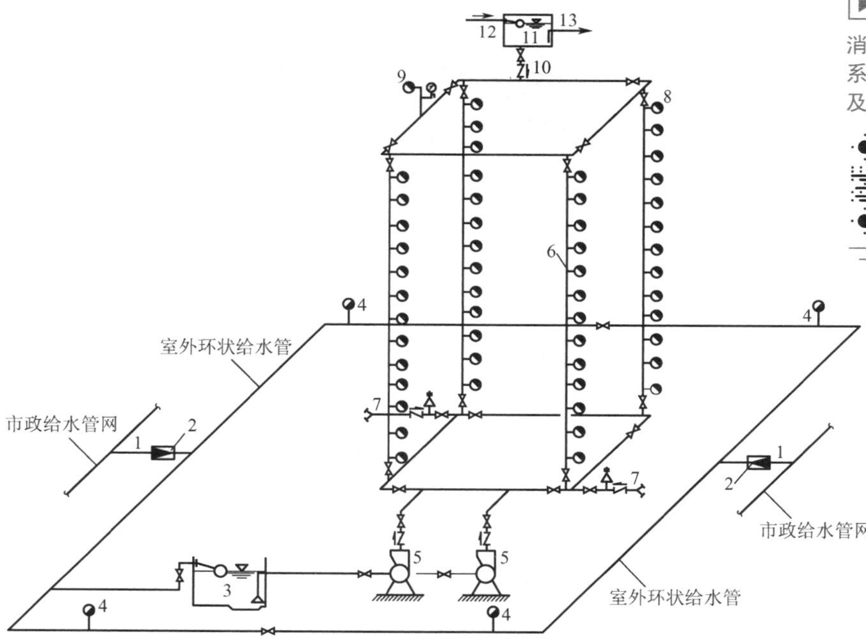

1—引入管；2—水表井；3—消防水池；4—室外消火栓；5—消防水泵；6—消防管网；7—水泵接合器；
8—室内消火栓设备；9—屋顶试验用消火栓；10—止回阀；11—屋顶水箱；12—水箱进水管；13—生活用水出水管

图 4.19　消火栓给水系统的基本组成

2. 消火栓给水系统的工作原理

　　火灾发生时，消防人员迅速打开消火栓箱，按动消火栓报警按钮，报警并启动消防水泵，迅速拉出水带，打开消火栓的阀门，紧握水枪，通过水枪产生的射流，将水射向着火点实施灭火。在系统工作的初期，由于消防水泵的启动需要一定的时间，其初期供水由高位消防水箱来提供（储存能使用10min的消防水量），随着消防水泵的正常启动运行，以后的消防用水将由消防水泵从消防水池抽水加压提供。若发生较大面积的火灾，消防车还可利用水泵接合器向室内消火栓给水系统补充消防用水。

 阅读材料 4-2

消防演习烧真飞机

　　2012年8月8日，在圣迭戈，美国海军两栖攻击舰USS Boxer（LHD 4）上的水兵们进行了一场甲板消防训练。训练中，甲板上摆放着一架被大火烧坏的AV-8B型双座教练机，这可是一架货真价实的飞机。美军为了保证训练更接近实战，拿出真飞机来烧，可谓是下了血本搞训练。

4.3　气体灭火系统

　　气体灭火系统是以一种或多种气体作为灭火剂，通过这些气体在整个防护区内或保护对象周围的局部区域建立起灭火浓度来实现灭火的灭火系统。气体灭火系统具有灭火效率高、灭火速度快、保护对象无污损等优点。各类灭火剂的化学组成、物理性质、灭火机理及灭火效果等方面虽不尽相同，但在灭火应用中却具有很多相同之处，主要体现在化学稳定性好、耐储存、腐蚀性小、不导电、毒性低、蒸发后不留痕迹、适用于扑救多种类型火灾等方面。因此，气体灭火系统具有相似的适用范围和应用限制。

阅读材料 4-3

日本研制出"无水消防车"

2014年9月11日，日本最大的消防车制造商森田集团发表消息称，已研发出一款不使用水的"无水消防车"。据悉，这款消防车可利用火灾现场的空气制造氮气浓度较高的气体来实现灭火。而这款消防车的价格约为2.7亿日元（约合人民币1544万元）。

报道称，这款消防车通过薄膜分离空气中的氮气和氧气，制成大量氮气浓度较高的气体。之后再将这种气体喷入需灭火的设施内部，从而达到减弱火势的目的。

日本的"无水消防车"

4.3.1 气体灭火系统的分类和组成

1. 气体灭火系统的分类

为满足各种保护对象的需要，最大限度地降低火灾损失，根据其使用的灭火剂种类、系统的结构特点、应用方式、采用的加压方式等，气体灭火系统具有多种分类形式。

气体灭火系统按使用的灭火剂种类可分为二氧化碳灭火系统、七氟丙烷灭火系统、惰性气体灭火系统和热气溶胶灭火系统；按系统的结构特点可分为管网灭火系统和无管网灭火系统，其中管网灭火系统又可分为组合分配系统和单元独立系统；按应用方式可分为全淹没灭火系统和局部应用灭火系统；按采用的加压方式可分为自压式气体灭火系统、内储压式气体灭火系统及外储压式气体灭火系统等。

2. 气体灭火系统的组成

气体灭火系统一般由灭火剂瓶组、驱动气体瓶组、单向阀、选择阀、减压装置、驱动装置、集流管、连接管、喷头、信号反馈装置、安全泄放装置、控制盘、检漏装置、管路管件及吊钩支架等组成。不同的气体灭火系统其结构形式和组件数量多少不完全相同。图4.20所示为气体灭火系统组成示意图。

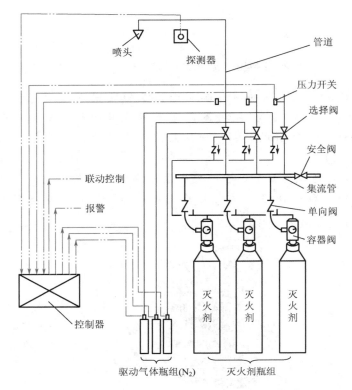

图 4.20　气体灭火系统组成示意图

<table>
</table>

4.3.2　气体灭火系统的工作原理及控制方式

1. 气体灭火系统的工作原理

七氟丙烷灭
火系统

防护区一旦发生火灾，火灾探测器就会将燃烧产生的温、烟、光等变化的火灾信号输送到火灾报警控制器，火灾报警控制器对火灾信号进行判别，若是一种火灾信号，则发出火灾警报；若是两种独立的火灾信号，则向联动控制器发出启动指令，启动联动装置，关闭防护区的开口，停止空调等，同时发出火灾声光报警，延时约 30s 后，打开启动气瓶的瓶头阀，利用启动气瓶中的高压氮气将灭火剂储存容器上的容器阀打开，灭火剂经过管道输送到喷头喷出实施灭火，此时设置在防护区外明显位置的灭火剂喷放指示灯点亮，同时灭火管道上的压力开关动作将喷射信号送回消防控制室。若启动指令发出，而压力开关的信号未反馈，则说明系统存在故障，值班人员应在听到事故报警后尽快赶到储瓶间，手动开启灭火剂瓶上的容器阀，实施人工启动灭火。中间的延时是考虑防护区内人员的疏散。

2. 气体灭火系统的控制方式

气体灭火系统主要有自动、手动、机械应急手动和紧急启动/停止四种控制方式。气体灭火系统控制流程图如图 4.21 所示。

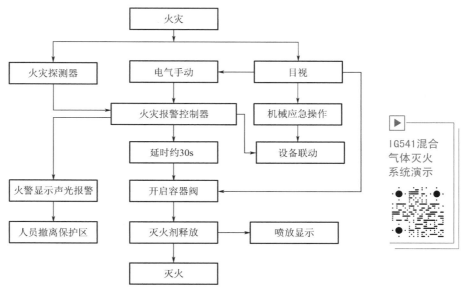

图 4.21 气体灭火系统控制流程图

4.3.3 气体灭火系统的应用

在选择使用气体灭火系统时要注意，有些火灾适宜用气体灭火系统扑救，如液体和气体火灾、固体物质的表面火灾、电气设备火灾等；而有些火灾则不宜用气体灭火系统扑救，如本身能供氧物质（像炸药）的火灾、金属火灾、有机过氧化物火灾、固体的深位火灾等。

气体灭火系统最大的优点是灭火剂清洁，灭火后不会对保护对象产生危害，对于那些比较重要且需要消防保护但又怕灭火剂污染的场合特别合适，常用的场合有：大中型电子计算机房、图书馆的珍藏室、中央及省市级文物资料档案室、广播电视发射塔楼内的重要设备室、程控交换机房、国家及省级有关调度指挥中心的通信机房和控制室等。

4.4 泡沫灭火系统

泡沫灭火系统是通过机械作用将泡沫灭火剂、水与空气充分混合并产生泡沫，通过隔氧窒息、辐射热阻隔和吸热冷却等作用实施灭火，具有安全可靠、经济实用、灭火效率高、无毒性等优点。随着泡沫灭火技术的发展，泡沫灭火系统的应用领域更加广泛。

4.4.1 泡沫灭火系统的分类和组成

1. 泡沫灭火系统的分类

泡沫灭火系统由于其保护对象储存或生产使用的甲、乙、丙类液体的特性或储罐形式的特殊要求，其分类有多种形式，但其系统的组成大致是相同的。

泡沫灭火系统按喷射方式可分为液上喷射系统、液下喷射系统、半液下喷射系统；按系统结构可分为固定式系统、半固定式系统和移动式系统；按发泡倍数可分为低倍数泡沫灭火系统、中倍数泡沫灭火系统、高倍数泡沫灭火系统；按系统形式可分为全淹没式泡沫灭火系统、局部应用式泡沫灭火系统、移动式泡沫灭火系统、泡沫-水喷淋系统和泡沫喷雾系统。下面介绍常用的液上喷射系统和液下喷射系统。

（1）液上喷射系统是泡沫从液面上喷入被保护储罐内的灭火系统，这种系统具有泡沫不易受油的污染、可以使用廉价的普通蛋白泡沫等优点。它有固定式、半固定式、移动式三种应用形式。图4.22所示为固定式液上喷射泡沫灭火系统。

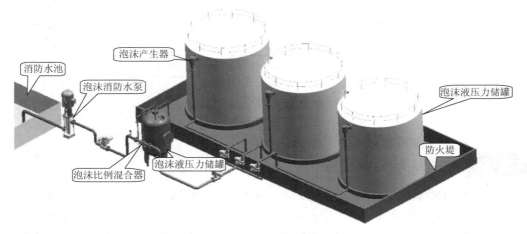

图 4.22 固定式液上喷射泡沫灭火系统

（2）液下喷射系统是泡沫从液面下喷入被保护储罐内的灭火系统。泡沫在注入液体燃烧层下部之后，上升至液体表面并扩散开，形成一个泡沫层的灭火系统。液下用的泡沫液必须是氟蛋白泡沫灭火液或是水成膜泡沫液。该系统通常设计为固定式和半固定式两种。图4.23所示为固定式液下喷射泡沫灭火系统（压力式）。

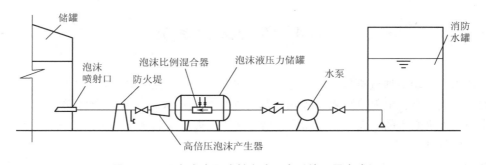

图 4.23 固定式液下喷射泡沫灭火系统（压力式）

2. 泡沫灭火系统的组成

泡沫灭火系统一般由泡沫液、泡沫消防水泵、泡沫混合液泵、泡沫液泵、泡沫比例混合器、泡沫液压力储罐、泡沫产生器、火灾探测与启动控制装置、控制阀门及管道等系统组件组成。

阅读材料 4 - 4

温州一网球厂起火，水枪搞不定，动用泡沫灭火装置灭火

2015 年 1 月 26 日 20 时许，位于温州龙湾区状元街道的温州天龙网球厂一简易棚起火，由于简易棚堆积了较多的废弃橡胶和网球半成品，导致火势扑救困难。火灾发生后，温州消防支队先后调动 8 个消防中队共 30 多辆消防车到场扑救。在经过 2 个小时奋战后，现场大火被扑灭。此次火灾过火面积 600m²，无人员伤亡。

在这场火灾中，温州消防支队动用了不常用的泡沫灭火装置，其主要原理：一是冷却，二是隔绝空气，使大火因缺氧而完全熄灭。一名消防队员告诉记者："这次火灾有大量橡胶制品着火，并且在高温下会很快熔化，如果用水去浇熔化的橡胶溶液，橡胶溶液就会像油一样四处溅开，不仅危及消防队员，还会增大火势。"

据这名消防队员说，他们将泡沫直接喷到起火点上，泡沫铺了近 1m 厚。

4.4.2 泡沫灭火系统的工作原理及应用

1. 泡沫灭火系统的工作原理

当发生火灾时，报警系统发出报警信号，同时启动消防水泵，当压力水进入泡沫比例混合器后，一部分压力水（3%或6%）通过进水管进入泡沫液压力储罐内，进入泡沫液压力储罐内的压力水会挤压胶囊，将胶囊等量的泡沫液从出液管内挤出，通过进液管进入泡沫比例混合器，与另一部分水混合形成泡沫混合液，再经泡沫产生器生成泡沫，施加到着火对象上实施灭火。

2. 泡沫灭火系统的应用

泡沫灭火系统主要适用于提炼和加工生产甲、乙、丙类液体的炼油厂、化工厂、油田、油库，以及为铁路油槽车装卸油品的鹤管栈桥、码头、飞机库、机场及燃油锅炉房、大型汽车库等。在火灾危险性大的甲、乙、丙类液体储罐区和其他危险场所，灭火优势性非常明显。

4.5 防烟排烟系统

建筑内发生火灾时，会产生大量烟气。这些烟气是阻碍人员逃生、导致人员死亡的主要原因之一。建筑中设置防烟排烟系统的作用是及时排除火灾时产生的烟气，防止和延缓烟气扩散，保证疏散通道不受烟气侵害，确保建筑物内人员顺利疏散、安全避难；同时及时排除火灾现场的热量，减弱火势的蔓延，为火灾扑救创造有利条件。建筑火灾烟气控制分为防烟和排烟两个方面。防烟一般采取自然通风和机械加压送风的形式，排烟则包括自然排烟和机械排烟两种形式。

防烟排烟系统

4.5.1　防烟分区

防烟分区是在建筑内部采用挡烟设施分隔而成，能在一定时间内防止火灾烟气向同一防火分区的其余部分蔓延的局部空间。

划分防烟分区的目的：一是在火灾时，将烟气控制在一定范围内；二是提高排烟口的排烟效果。

4.5.2　机械防烟排烟系统的主要组件

机械防烟排烟系统主要由风机、管道、阀门、防火阀、送风口、排烟防火阀、排烟口、挡烟垂壁、阀门与送风口或排烟口的联动装置等组成。机械防烟排烟系统结构图如图4.24所示。

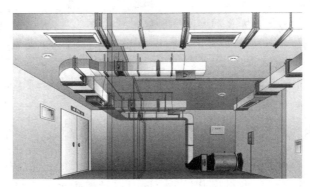

图4.24　机械防烟排烟系统结构图

1. 风机

机械防烟排烟系统中使用的风机按用途分为送风机和排烟风机两种；按其工作原理分为离心式风机和轴流式风机两种。这里主要介绍离心式风机和轴流式风机。

（1）离心式风机。

① 结构。

离心式风机如图4.25所示。

(a) 实物图

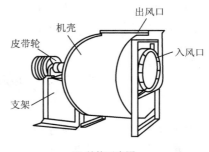

出风口
机壳
皮带轮
入风口
支架

(b) 结构示意图

图4.25　离心式风机

② 工作原理。

当叶轮在机壳中旋转时，叶轮叶片间隙中的气体被带动旋转而获得离心力，气体由于离心力作用被径向地甩向机壳的周缘，并产生一定的正压力，由蜗壳形机壳汇集沿切向引至出风口排出；叶轮中则由于气体被甩离而形成了负压，气体因而源源不断地由入风口轴向地被吸入，从而形成了气体被连续地吸入、加压、排出的流动过程。在离心式风机中，实现了电能转换为机械能，然后转换为气体的压能的过程。

（2）轴流式风机。

① 结构。

轴流式风机如图 4.26 所示。

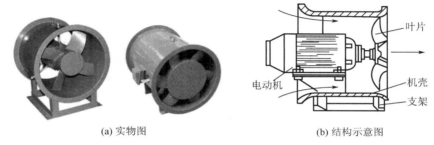

| (a) 实物图 | (b) 结构示意图 |

图 4.26 轴流式风机

② 工作原理。

当叶轮由电动机带动而旋转时，气体受到叶片的推挤而升压，并形成轴向流动。入口导向叶片的作用是使轴向进入的气流产生预旋，使之与叶轮叶片入口角相适应；而出口导向叶片的作用是使旋转的气流变为轴向流动。前后整流罩的作用是引导进出气流，使其适应流通截面的突然变化。

（3）控制电路。

机械防烟排烟系统风机主电路及控制电路如图 4.27 所示，其控制装置主要电气元件见表 4-3。

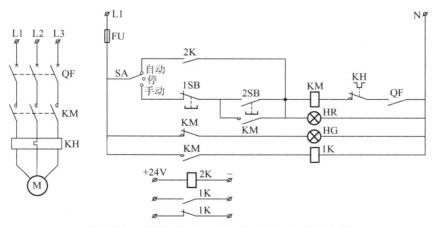

图 4.27 机械防烟排烟系统风机主电路及控制电路

表 4-3　机械防烟排烟系统风机控制装置主要电气元件

符　号	名　称	符　号	名　称
QF	断路器	2K	24V 控制风机中间继电器
KM	交流接触器	1SB	控制按钮（红）
KH	热继电器	2SB	控制按钮（绿）
FU	熔断器	HG	指示灯（绿）
SA	转换开关	HR	指示灯（红）
1K	220V 中间继电器		

1K 中间继电器常开触点或常闭触点至消防中心分别显示风机运行信号。

2. 防火阀及送风口

防火阀是指在一定时间内能满足耐火稳定性和完整性要求，安装在通风与空调系统的送、回风管路上，用于通风与空调管道内阻火的活动式封闭装置。该类阀门一般常用于通风与空调管道穿越防火分区处。防火阀平时呈开启状态，不影响通风与空调系统的正常工作。当火灾发生时，通过消防中心消防联动控制系统遥控使其关闭，或当管道内气体温度达到70℃左右时，通过阀上的易熔金属片熔断引起机械连锁机构动作，而使风阀关闭，起隔烟阻火的作用，这样使风路断开，以防止烟、火沿通风与空调管道向其他防火分区蔓延成灾。阀门关闭后可通过动作反馈信号向消防中心返回阀已关闭的信号或对其他装置进行连锁控制。

（1）结构。

防火阀如图 4.28 所示，主要由阀体和执行机构组成。阀体由壳体、法兰、连杆、叶片及手柄等组成。执行机构由外壳、叶片调节机构、离合器、温度熔断器等组成。防火阀的执行机构是通过易熔金属片和离合器机构来控制叶片的转动的。

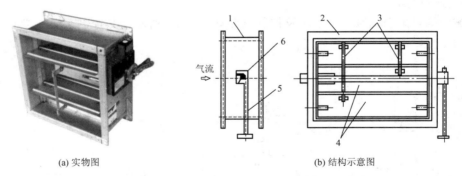

(a) 实物图　　　　　　　　　　　　　(b) 结构示意图

1—壳体；2—法兰；3—连杆；4—叶片；5—执行机构；6—手柄

图 4.28　防火阀

（2）工作原理。

当管道内所输送的气体温度达到易熔金属片的熔化温度时，易熔金属片熔断，或使记忆合金产生变形，其芯轴上的压缩弹簧和弹簧销钉迅速打下离合器垫板，这时，离合器与叶片调节机构脱开。由于阀体上装有两个扭转弹簧，叶片会因受到扭力而发生转动。由此可见，防火阀的执行机构采用机械传动原理，不需电、气及其他能源，因而可保证在任何情况下均能起到防火作用。防火阀的通断应根据系统的要求，当系统停用与正常运行时，防火阀是处于开启状态的（例如，当管内输送气体温度低于所选定的易熔金属片的熔点时，属正常运行状态，防火阀是敞开的）；只有当运行工况超过正常使用的状态时，防火阀才自动关闭，达到保护安全的作用。

防火阀具有手动和自动功能。发生火灾后，可手动关闭防火阀，也可与火灾自动报警系统联动自动关闭防火阀。防火阀关闭后，消防控制室应能接收到防火阀动作的反馈信号。火灾后，防火阀须人工手动复位。

防火阀与普通百叶风口或板式风口组合，可构成送风口，如图 4.29 所示。

送风口分为常开式送风口、常闭式送风口和自垂百叶式送风口。常开式送风口即普通的固定叶片式百叶风口；常闭

图 4.29　送风口

式送风口采用手动或电动开启，常用于前室或合用前室；自垂百叶式送风口平时靠百叶自重自行关闭，加压时自动开启，常用于防烟楼梯间。

3. 排烟防火阀及排烟口

排烟防火阀是指在一定时间内能满足耐火稳定性和完整性要求，安装在排烟系统管道上，用于排烟系统管道内阻火的活动式封闭装置。排烟防火阀平时一般呈开启状态，当发生火灾，管道内气体温度达到或超过 280℃时，阀上的熔断片会熔断，阀门将自动关闭，起隔烟阻火的作用，以防止烟、火沿排烟系统管道向其他部位蔓延扩大，同时发出信号，排烟风机收到信号后停止运行。

排烟防火阀的组成、形状和工作原理与防火阀相似，其不同之处主要是安装管道和动作温度不同，防火阀安装在通风与空调系统的管道上，动作温度宜为 **70℃**，而排烟防火阀安装在排烟系统的管道上，动作温度为 **280℃**。

排烟防火阀具有手动和自动功能。发生火灾后，排烟防火阀可手动关闭，也可与火灾自动报警系统联动自动关闭。排烟防火阀关闭后，消防控制室应能接收到排烟防火阀动作的反馈信号。火灾后，排烟防火阀须人工手动复位。

排烟防火阀与普通百叶风口或板式风口组合，可构成排烟口。

4. 挡烟垂壁

挡烟垂壁是在民用建筑内大空间排烟系统中用作烟区分隔的装置。为了防止火灾中的烟热气流在天花板下迅速蔓延扩散，越来越广泛地采用挡烟垂壁作为现代建筑内部防烟分区的活动型垂直防烟分隔。挡烟垂壁不但可以起阻挡烟气的作用，而且可以提高防烟分区排烟口的吸烟效果。挡烟垂壁应用非燃材料制作，如钢板、夹丝玻璃、钢化玻璃等，结构有固定式挡烟垂壁和活动式挡烟垂壁两种。当建筑物净空较高时，可采用固定式挡烟垂壁，将挡烟垂壁长期固定在顶棚面上；当建筑物净空较低时，宜采用活动式挡烟垂壁。挡烟垂壁实例如图 4.30 所示。

图 4.30　挡烟垂壁实例

活动式挡烟垂壁应由感烟探测器控制，或与排烟口联动，或受消防控制中心控制，但同时应能就地手动控制。

4.5.3 机械加压送风系统

在不具备自然通风条件时，机械加压送风系统是确保火灾中建筑疏散楼梯间及前室（合用前室）安全的主要措施。

1. 机械加压送风系统的组成

机械加压送风系统主要由送风机、送风管道、送风口等组成。送风机一般采用中低压离心风机、混流风机或轴流风机，送风管道采用不燃材料制作。

2. 机械加压送风系统的工作原理

机械加压送风系统的工作原理是通过送风机所产生的气体流动和压力差来控制烟气的流动，即在建筑内发生火灾时，对着火区以外的有关区域进行送风加压，使其保持一定的正压，以防止烟气侵入。机械加压送风系统示意图如图4.31所示。

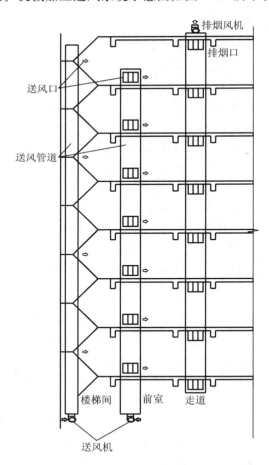

图 4.31 机械加压送风系统示意图

4.5.4 机械排烟系统

在不具备自然排烟条件时，机械排烟系统能将火灾中建筑房间、走道中的烟气和热量排出建筑，为人员安全疏散和灭火救援行动创造有利条件。

1. 机械排烟系统的组成

机械排烟系统包括排烟风机、排烟管道、排烟防火阀、排烟口、挡烟垂壁等。排烟风机宜设置在排烟系统的顶部，烟气出口宜朝上。

2. 机械排烟系统的工作原理

当建筑物内发生火灾时，采用机械排烟系统，将房间、走道等空间的烟气排至建筑物外。采用机械排烟系统时，通常是由火场人员手动控制或由感烟探测器将火灾信号传递给控制器，开启活动的挡烟垂壁将烟气控制在发生火灾的防烟分区内，并打开排烟口及和排烟口联动的排烟防火阀，同时关闭空调系统和送风管道内的防火调节阀，防止烟气从空调、通风系统蔓延到其他非着火房间，最后由设置在屋顶的排烟风机将烟气通过排烟管道排至室外。

 阅读材料 4-5

波兰科技人员开发出排除摩天大楼火灾烟雾的人工智能程序

据波兰通讯社报道，现代建筑发生火灾时各种化工建筑材料燃烧过程中产生的有毒烟雾有致命危险，很多人在火灾中不是因烧伤毙命，而是被浓烟熏呛而死。波兰华沙理工大学和波兰 Plum 与 Smay 两家公司合作开发出独特的排除摩天大楼火灾烟雾的人工智能程序，建筑物安装此程序，可以最大限度地减少火灾带来的生命和财产损失。

报道称，摩天大楼的楼层中压差巨大，设计中的烟道可以迅速排送烟雾，但是现有的机械式排烟系统启动经常失效，而波兰科研人员开发的智能程序可以自动启动排烟系统。

波兰科研人员的技术发明的原理是通过安装在建筑物中的传感器来测量户内压力、温度和其他参数，并根据这些数据程序将通风和排送烟雾的系统保持在最佳自动控制状态。

波兰主要发明人 Lawrynczuk 博士深入浅出地透露，他们的发明的工作原理如同人驾驶汽车一样，人的大脑神经系统对道路条件做出不同反应，何时提速、何时减速、何时停车，全受控于智能系统。

4.6 防火门及防火卷帘系统

建筑物内某处失火时，火灾会通过对流热、辐射热和传导热向周围区域传播。通过防火墙、耐火楼板，以及防火门、防火卷帘等防火分隔设施在建筑物内划分防火分区，可有效地控制火势的蔓延，有利于人员的安全疏散和火灾的扑救，从而达到减少火灾损失的目的。

4.6.1 防火分区

防火分区是指在建筑内部采用防火墙、耐火楼板，以及防火门、防火卷帘等防火分隔设施分隔而成，能在一定时间内防止火灾向同一建筑的其余部分蔓延的局部空间。

在建筑内采用划分防火分区措施，一方面可通过耐火性能较好的楼板及窗间墙（含窗下墙），在建筑物的垂直方向对每个楼层进行防火分隔；另一方面可利用防火墙、耐火楼板或防火门、防火卷帘等防火分隔设施将各楼层在水平方向分隔出防火区域，有效地将火势控制在一定的范围内。

4.6.2 防火门

防火门是指在一定时间内能满足耐火稳定性、完整性和隔热性要求的门。它是设在防火分区间、疏散楼梯间、垂直竖井等部位，具有一定耐火性的活动防火分隔设施。

防火门除具有普通门的作用外，更具有阻止火势蔓延和烟气扩散的作用，可在一定时间内阻止火势的蔓延，确保人员疏散。

防火门由门框、门扇、控制设备和附件等组成。防火门按耐火极限可分为甲、乙、丙三级，耐火极限分别不低于 1.50h、1.00h 和 0.50h，对应的分别应用于防火墙、疏散楼梯门和竖井检查门；按材料可分为木质防火门、钢质防火门和复合材料防火门。防火门是消防设备中的重要组成部分，防火门应安装闭门器或设置让常开防火门在火灾发生时能自动关闭门扇的闭门器（特殊部位使用除外，如管道井门等）。防火门组成图如图 4.32 所示。

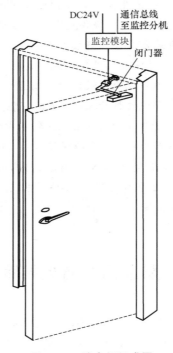

图 4.32 防火门组成图

阅读材料 4-6

一场改变美国的大火灾

1911 年 3 月 25 日下午，位于纽约曼哈顿岛上一座大楼第八层和第九层的美国女式裙衫工厂（三角工厂）发生大火，146 名女工葬身火海。这是美国历史上最严重的生产事故之一。

悲剧发生的原因，首先是防火意识淡薄，为了提高生产效率，大量的易燃废料随手堆积在裁缝师傅的桌子下面；其次是防火政策执行不力，禁烟令并未受到领导层的重视；最后就是一个烟头或者一根火柴点燃了废料，从而引发了大火。

起火之后暴露的问题就更多了。很多工人不是赶快逃跑，而是先去更衣室拿自己的衣服，这反映了安全教育的缺失。楼内的灭火水管失灵，关键时刻不出水，这是消防设备的问题。大火是从第八层开始烧的，第八层和第九层之间联系不畅。如果能早三分钟通知第九层，就不会有那么多人死亡。这一看就是从没有开展过消防演习，没有事故预案。大楼的设计也不符合消防标准，比如逃生门是向内开的，出事的时候人们一拥而上，根本打不开门；消防通道不容易到达，而且狭窄难行，甚至没法通往地面，最后干脆被压垮了，从而造成了更大的伤亡。

火灾发生后，纽约州成立了专门的工厂调查委员会，调查了近两千家工厂，举行了长达数月的听证会，收集了来自劳资双方的证词。到 1914 年，纽约州共通过了 34 项改善工人工作条件和劳动安全的法律。这些法律的通过，被看作是"进步时代"最重要的成果。

三角工厂火灾惨案成为立法的依据。《美国劳动法》规定，工作场所每 3 个月必须进行一次防火训练。1912 年，美国立法规定，在 7 层以上超过 200 名工作人员的楼层，必须安装自动防火喷淋系统。而在任何一个超过两层、雇员超过 25 名的工作场所，必须安装自动报警系统。

4.6.3 防火卷帘

防火卷帘是在一定时间内，连同框架能满足耐火稳定性和完整性要求的卷帘，由门帘、卷轴、电动机、导轨和控制机构等组成。防火卷帘一般设置在电梯厅、自动扶梯周围，中庭与楼层走道、过厅相通的开口部位，生产车间中大面积工艺洞口及设置防火墙有困难的部位等。

防火卷帘是一种活动的防火分隔设施，广泛应用于工业与民用建筑的防火分区的分隔，能有效地阻止火灾蔓延，是建筑中不可缺少的防火设施。防火卷帘平时卷起放在门窗上口的转轴箱中，起火时将其放下展开，用以阻止火势从门窗洞口蔓延。防火卷帘的品种较多，按安装形式可分为垂直式、平卧式、侧向式，多数情况下为垂直式。防火卷帘结构示意图如图 4.33 所示。常见的防火卷帘有钢质防火卷帘和无机纤维复合防火卷帘。

▶ 防火卷帘

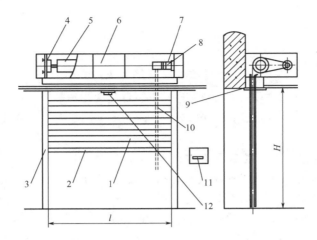

1—帘面；2—座板；3—导轨；4—支座；5—卷轴；6—箱体；7—限位器；8—卷门机；
9—门楣；10—手动拉链；11—控制箱（按钮盒）；12—感温、感烟探测器

图4.33　防火卷帘结构示意图

　　防火卷帘有手动和电动操作功能。当火灾发生时可根据感烟、感温探测器或消防控制中心的指令信号自动地将防火卷帘下降至预定位置，实现自动控制，也可手动操作。防火卷帘用水幕喷洒为其降温。防火卷帘收到自动控制指令后并不会一下落到底，而是过一定时间后再落到底，以达到人员迅速疏散、控制火灾蔓延的目的。

　　防火卷帘除应有上述控制功能外，还应有温度（易熔金属）控制功能，以确保在火灾探测器、联动装置或消防电源发生故障时，借助易熔金属仍能发挥防火卷帘的防火分隔作用。

4.7　消防应急广播系统和消防专用电话系统

4.7.1　消防应急广播系统

　　消防应急广播系统作为建筑物的消防指挥系统，在整个消防控制管理系统中起着极其重要的作用。

　　1. 主要设备

　　消防应急广播系统通常由以下设备构成：①主机；②传声器（播音话筒）；③现场放音设备，如吸顶式扬声器、壁挂式扬声器等。图4.34所示为消防应急广播系统主要设备。

消防应急
广播

(a) 主机　　　　　　　　　(b) 吸顶式扬声器　　　　　　　(c) 壁挂式扬声器

图4.34　消防应急广播系统主要设备

在实际设计消防应急广播系统时，有总线制及多线制两种方案可供选择，二者的区别在于总线制消防应急广播系统是通过控制现场专用消防广播控制模块来实现广播的切换及播音控制的，而多线制消防应急广播系统是通过消防控制室的专用多线制火灾应急广播设备来完成播音切换控制的。

2. 总线制消防应急广播系统

（1）概述。

总线制消防应急广播系统由消防控制室的消防广播设备、配合使用的总线制火灾报警控制器、消防广播控制模块及现场扬声器组成。

消防广播设备可与其他设备一起也可单独装配在消防控制柜内，各设备的工作电源统一由消防控制系统的电源提供。

（2）系统构成方式。

利用消防广播控制模块，可将现场扬声器接到控制器的总线上。由广播设备送来的音频广播信号，可通过消防广播控制模块无源常开触点（消防广播设备）及常闭触点（正常广播设备）加到现场扬声器上，一个广播区域可由一个消防广播控制模块来控制，如图 4.35 所示。

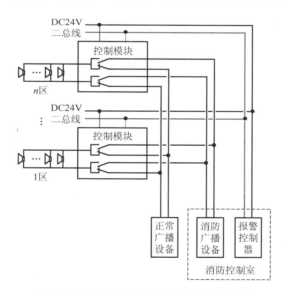

图 4.35 总线制消防应急广播系统示意图

3. 多线制消防应急广播系统

（1）概述。

多线制消防应急广播系统对外输出的广播线路按广播分区来设计，每一广播分区有两根独立的广播线路与现场扬声器连接，各广播分区切换控制由消防控制室专用的多线制消防广播设备来完成。多线制消防应急广播系统使用的消防广播设备与总线制消防应急广播系统内的消防广播设备相同。

（2）系统构成方式。

多线制消防应急广播系统的核心为多线制广播切换设备，通过此切换设备，可完成对各广播分区进行正常广播或消防广播的手动切换。显然，多线制消防应急广播系统最大的缺点是 n 个防火（或广播）分区，需敷设 $2n$ 条广播线路，如图 4.36 所示。

消防应急广播系统

消防应急广播系统演示

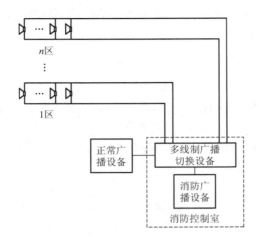

图 4.36　多线制消防应急广播系统示意图

4.7.2　消防专用电话系统

　　消防专用电话系统是一种消防专用的通信系统，用于消防控制室与现场之间进行通信。通过这个系统可迅速实现对火灾的人工确认，并可及时掌握火灾现场情况及进行其他必要的通信联系，以便于指挥灭火及现场恢复工作。

　　值班人员在巡视过程中发现火情，可以随时通过固定消防电话分机与消防控制室取得联系，也可将手提消防电话分机插到手动火灾报警按钮的电话插孔内或专用的消防电话插孔内进行通话。消防专用电话及插孔如图 4.37 所示。

(a) 固定消防电话分机　　　　(b) 手提消防电话分机　　　　(c) 消防电话插孔

图 4.37　消防专用电话及插孔

 阅读材料 4-7

家中失火两儿童被困　消防电话指导避险

　　2020 年 12 月 20 日上午 10 点 32 分，贵州省安顺市消防救援支队 119 指挥中心接到 1 名 12 岁小女孩报警称：位于开发区镇宁路一居民楼内发生火灾并伴有大量浓烟，家中只有她和妹妹，大火已经堵住大门无法逃离。电话中，小女孩对火势情况及所处地理位置描述非常清晰，并在接警员的引导下，和年仅 8 岁的妹妹躲在卫生间，做好个人防护等待救援。接到报警后，消防人员迅速到达现场处置，两名小女孩成功获救。

据了解，报警的女孩告诉记者，当天，她爸爸因临时有事出门，家中只有她和妹妹在家。当她们在卧室休息时，突然从客厅传来一股烟味，她们跑到客厅才发现，因电暖炉没有关，盖在上方的棉布被点燃，旁边的木沙发也被引燃。

当我们遇到火灾、险情时，一定要沉着冷静！平时多多积累消防知识，关键时刻才能不慌张！千万要记住火灾报警电话：119。

> 家中失火两儿童被困消防电话指导避险

消防专用电话系统按照电话线布线方式分为总线制消防专用电话系统和多线制消防专用电话系统。

1. 总线制消防专用电话系统

完整的总线制消防专用电话系统由设置在消防控制室的总线制消防专用电话总机（图 4.38）和火灾报警控制器、现场的控制模块、固定消防电话分机、消防电话插孔、手提消防电话分机等设备构成。现场的控制模块是一种地址式模块，

图 4.38　消防专用电话总机实物

一般直接与火灾报警控制器总线连接，并需要接上直流 24V 电源。为实现电话语音信号的传送，还需要接入消防电话总线。

消防电话插孔，可直接供总线制消防电话分机使用。消防电话插孔、手动火灾报警按钮的电话插孔部分都是非地址的，可直接与消防电话总线连接构成非地址式电话插孔；若与现场的控制模块连接使用，可构成地址式电话插孔。

摘下固定消防电话分机或将手提电话分机插入消防电话插孔、手动火灾报警按钮的电话插孔都视为分机呼叫总机。总机呼叫分机可通过火灾报警控制器启动相应的控制模块使分机振铃来实现。总线制消防专用电话系统如图 4.39 所示。

2. 多线制消防专用电话系统

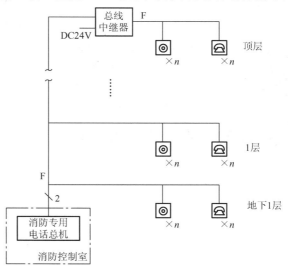

图 4.39　总线制消防专用电话系统

多线制消防专用电话系统的控制核心是多线制消防专用电话总机。按实际需求不同，消防专用电话总机的容量也不相同。在多线制消防专用电话系统中，每一部固定消防电话分机占用消防专用电话总机的一路，并采用独立的两根线与消防专用电话总机连接。消防电话插孔可并联使用，并联数量不限，并联的消防电话插孔仅占用消防专用电话总机的一

路。多线制消防专用电话系统如图4.40所示。

多线制消防专用电话系统中总机与分机、分机与分机间的呼叫、通话等均由总机自身控制完成，无须其他控制器配合。

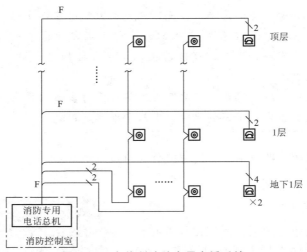

图 4.40　多线制消防专用电话系统

4.8　消防应急照明和疏散指示系统

应急照明和疏散指示系统

发生火灾时，为了防止火灾引起照明电源短路而使火灾沿电路蔓延，在火灾事故区要由火灾报警控制器自动切断日常工作电源。消防应急照明和疏散指示系统的主要功能是在火灾事故发生时，为人员的安全疏散、逃生提供疏散路线和必要的照明，同时为灭火救援工作的持续进行提供应急照明。

消防应急照明包括火灾事故工作照明及火灾事故疏散指示照明。而疏散指示标志包括通道疏散指示灯及出入口标志灯。

4.8.1　消防应急照明和疏散指示系统的主要组件

1. 消防应急照明灯具

消防应急照明灯具实物图如图4.41所示。

2. 消防应急标志灯具

消防应急标志灯具实物图如图4.42所示。

(a) 悬挂双面灯具　　　　　(b) 地埋灯具

图 4.41　消防应急照明灯具实物图　　　图 4.42　消防应急标志灯具实物图

3. 应急照明控制器及集中电源

应急照明控制器及集中电源实物图如图 4.43 所示。

　　　(a) 应急照明控制器　　　　　　(b) 集中电源

图 4.43　应急照明控制器及集中电源实物图

4.8.2　**消防应急照明和疏散指示系统的分类与组成**

消防应急照明和疏散指示系统按控制方式可分为非集中控制型系统和集中控制型系统；按应急电源的实现方式可分为自带电源型系统和集中电源型系统。综合以上两种分类方式，可以将消防应急照明和疏散指示系统分为以下四种形式。

1. 自带电源非集中控制型系统

自带电源非集中控制型系统连接的消防应急灯具均为自带电源型，灯具内部自带蓄电池，工作方式为独立控制，无集中控制功能。自带电源非集中控制型系统构成如图 4.44 所示。

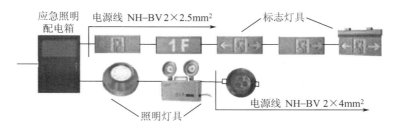

图 4.44　自带电源非集中控制型系统构成

2. 自带电源集中控制型系统

自带电源集中控制型系统由应急照明控制器、应急照明配电箱和消防应急灯具组成。消防应急灯具由应急照明配电箱供电，消防应急灯具的工作状态受应急照明控制器控制和管理。

自带电源集中控制型系统连接的消防应急灯具均为自带电源型，灯具内部自带蓄电池，但是消防应急灯具的应急转换由应急照明控制器控制。自带电源集中控制型系统构成如图 4.45 所示。

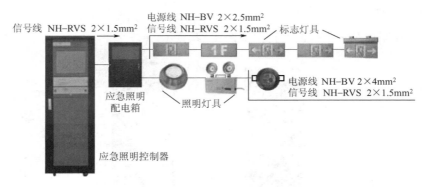

图 4.45　自带电源集中控制型系统构成

3. 集中电源非集中控制型系统

集中电源非集中控制型系统由应急照明集中电源、应急照明分配电装置和消防应急灯具组成。应急照明集中电源通过应急照明分配电装置为消防应急灯具供电。

集中电源非集中控制型系统连接的消防应急灯具自身不带电源，工作电源由应急照明集中电源提供，工作方式为独立控制，无集中控制功能。集中电源非集中控制型系统构成如图 4.46 所示。

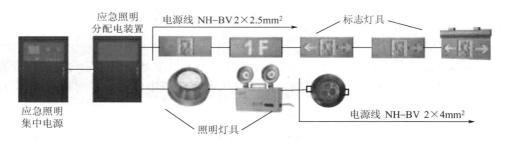

图 4.46　集中电源非集中控制型系统构成

4. 集中电源集中控制型系统

集中电源集中控制型系统由应急照明控制器、应急照明集中电源、应急照明分配电装置和消防应急灯具组成。应急照明集中电源通过应急照明分配电装置为消防应急灯具供电，应急照明集中电源和消防应急灯具的工作状态受应急照明控制器控制。

集中电源集中控制型系统连接的消防应急灯具的电源由应急照明集中电源提供，控制方式由应急照明控制器集中控制。集中电源集中控制型系统构成如图 4.47 所示。

4.8.3　消防应急照明和疏散指示系统的工作原理与性能要求

自带电源非集中控制型、自带电源集中控制型、集中电源非集中控制型、集中电源集中控制型四类系统，由于供电方式和应急工作的控制方式不同，因此工作原理也存在一定的差异。

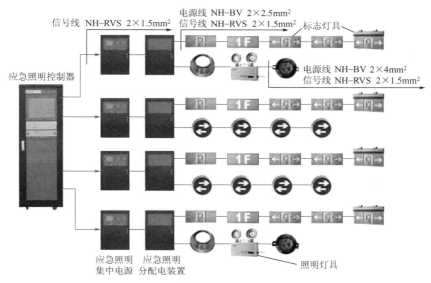

图 4.47 集中电源集中控制型系统构成

1. 消防应急照明和疏散指示系统工作原理

（1）自带电源非集中控制型系统的工作原理。

自带电源非集中控制型系统在正常工作状态时，市电通过应急照明配电箱为消防应急灯具供电，用于正常工作和为蓄电池充电。

发生火灾时，相关防火分区内的应急照明配电箱动作，切断消防应急灯具的市电供电线路，灯具的工作电源由灯具内部自带的蓄电池提供，灯具进入应急状态，为人员疏散和消防作业提供应急照明及疏散指示。

（2）自带电源集中控制型系统的工作原理。

自带电源集中控制型系统在正常工作状态时，市电通过应急照明配电箱为消防应急灯具供电，用于正常工作和为蓄电池充电。应急照明控制器通过实时检测消防应急灯具的工作状态，实现灯具的集中监测和管理。

发生火灾时，应急照明控制器接收到消防联动信号后，下发控制命令至消防应急灯具，控制应急照明配电箱和消防应急灯具转入应急状态，为人员疏散和消防作业提供照明及疏散指示。

（3）集中电源非集中控制型系统的工作原理。

集中电源非集中控制型系统在正常工作状态时，市电接入应急照明集中电源，用于正常工作和为蓄电池充电，通过各防火分区设置的应急照明分配电装置将应急照明集中电源的输出提供给消防应急灯具。

发生火灾时，应急照明集中电源的供电电源由市电切换至蓄电池，集中电源进入应急工作状态，通过应急照明分配电装置供电的消防应急灯具也进入应急工作状态，为人员疏散和消防作业提供照明及疏散指示。

（4）集中电源集中控制型系统的工作原理。

集中电源集中控制型系统在正常工作状态时，市电接入应急照明集中电源，用于正常工作和为蓄电池充电，通过各防火分区设置的应急照明分配电装置将应急照明集中电源的输出提供给消防应急灯具。应急照明控制器通过实时检测应急照明集中电源、应急照明分配电装置和消防应急灯具的工作状态，实现系统的集中监测和管理。

发生火灾时，应急照明控制器接收到消防联动信号后，下发控制命令至应急照明集中电源、应急照明分配电装置和消防应急灯具，控制系统转入应急状态，为人员疏散和消防作业提供照明及疏散指示。

2. 消防应急照明和疏散指示系统的性能要求

消防应急照明和疏散指示系统在火灾事故状况下，所有消防应急照明灯具和标志灯具转入应急工作状态，为人员疏散和消防作业提供必要的帮助，因此响应迅速、安全稳定是对系统的基本要求。

火灾自动报警系统原理动画演示

（1）应急转换时间。

系统的应急转换时间不应大于 5s，高危险区域使用系统的应急转换时间不应大于 0.25s。

（2）应急转换控制。

在消防控制室，应设置强制使消防应急照明和疏散指示系统切换及应急投入的手自动控制装置。在设置了火灾自动报警系统的场所，消防应急照明和疏散指示系统的切换及应急投入要由火灾自动报警系统联动控制。

阅读材料 4-8

忽视消防安全付出惨痛代价

1904 年 6 月 15 日是个晴朗的夏日，"斯洛克姆将军"号游船载着一千三百多名妇女儿童，缓缓行驶在纽约曼哈顿岛和长岛之间的东河上；船上欢声笑语不断，这是一次难得的郊游机会，孩子们和他们的家长准备到长岛上去野餐。

但是，几乎所有人都没有预料到，这次短暂的内河航行，会成为一段死亡之旅。开船后不到半小时，就有人发现船舱着火了，而且很快引燃了船舱里堆放的杂物和储存的汽油。更糟糕的是，船上的灭火设备根本没法用，大火一直蔓延到甲板，船上妇孺一片惊恐慌乱，尖叫声、求救声不绝于耳。她们将自己的孩子放进救生圈和救生衣，推下水之后却发现，救生圈和救生衣根本浮不起来。原来，这些救生圈本来就不合格，而且在船上放了十几年，一直没用过，也没人检查，日晒雨淋，早就没法用了。她们眼睁睁地看着自己的孩子沉入水底，自己又不会游泳，没法施救。最终，"斯洛克姆将军"号因失火而倾覆，船上一千多名妇女儿童遇难，成为美国历史上极为惨痛的非自然灾难。

综 合 习 题

一、填空题

1. 湿式自动喷水灭火系统由_____、_____、_____、_____和_____等

组成。

2. 室内消火栓给水系统由 _____、_____、_____、_____、_____等组成。

3. 气体灭火系统一般由 _____、_____、_____、_____等组成。

4. 机械加压送风系统主要由 _____、_____、_____等组成。

5. 机械排烟系统包括主要由 _____、_____、_____、_____、_____等组成。

二、名词解释

1. 闭式系统；

2. 湿式系统；

3. 防火阀；

4. 排烟防火阀。

三、单项选择题

1. 发生火灾时，湿式喷水灭火系统中由 (　　) 探测火灾。

A. 火灾探测器　　　B. 水流指示器　　　C. 闭式喷头　　　D. 压力开关

2. 常用闭式喷头玻璃球的色标为红色时，其公称动作温度为 (　　)。

A. 57℃　　　　　B. 68℃　　　　　C. 79℃　　　　　D. 93℃

3. 自动喷水灭火系统选型中环境温度 (　　) 的场所应采用湿式系统。

A. 低于 4℃，或高于 70℃　　　　　B. 不低于 4℃且不高于 70℃

C. 不低于 0℃且不高于 70℃　　　　　D. 低于 0℃，或高于 70℃

四、简答题

1. 自动喷水灭火系统是如何分类的？

2. 压力开关、水流指示器和信号阀的作用是什么？

3. 简述湿式自动喷水灭火系统的工作原理。

4. 简述消火栓给水系统的工作原理。

5. 结合消防水泵的控制电路，简述消防水泵的控制过程。

6. 气体灭火系统有哪些类型？

7. 简述气体灭火系统的工作原理。

8. 简述泡沫灭火系统的分类、组成及工作原理。

9. 机械防烟排烟系统主要由哪些部分组成？简述其工作原理。

10. 简述防火阀、排烟防火阀的作用和工作原理。

11. 挡烟垂壁的作用是什么？

12. 结合机械防烟排烟系统风机的控制电路，简述机械防烟排烟系统风机的控制过程。

13. 防火门按耐火极限可分为几级？耐火极限分别不低于多少？

14. 火灾应急广播系统通常由哪些设备构成？

15. 总线制与多线制消防专用电话系统的区别是什么？

16. 消防应急照明和疏散指示系统分为哪几种形式？简述各自的工作原理。

第5章
火灾自动报警系统设计

本章教学要点

知识要点	掌握程度	相关知识
火灾自动报警系统的基本规定	掌握火灾自动报警系统的基本规定	一般规定; 系统形式的选择和设计要求; 报警区域和探测区域的划分; 消防控制室
火灾探测器的选择	掌握各种火灾探测器的选择	一般规定; 点型火灾探测器的选择; 线型火灾探测器的选择; 吸气式感烟火灾探测器的选择
系统设备的设置	掌握系统设备的设置	火灾报警控制器和消防联动控制器的设置; 火灾探测器的设置; 手动火灾报警按钮的设置; 区域显示器、火灾声光警报器、消防应急广播、消防专用电话及模块等设备的设置
消防联动控制设计	掌握消防联动控制的设计要求	一般规定; 自动喷水灭火系统、消火栓系统、气体灭火系统、泡沫灭火系统、防烟排烟系统、防火门及防火卷帘系统、电梯、火灾警报和消防应急广播系统、消防应急照明和疏散指示系统的联动控制设计
住宅建筑火灾自动报警系统	掌握住宅建筑火灾自动报警系统的设计	一般规定; 系统设计; 火灾探测器的设置; 家用火灾报警控制器的设置; 火灾声警报器的设置; 应急广播的设置

续表

知识要点	掌握程度	相关知识
可燃气体探测报警系统	掌握可燃气体探测报警系统的设计	一般规定； 可燃气体探测器的设置； 可燃气体报警控制器的设置
电气火灾监控系统	掌握电气火灾监控系统的设计	一般规定； 剩余电流式电气火灾监控探测器的设置； 测温式电气火灾监控探测器的设置； 独立式电气火灾监控探测器的设置； 电气火灾监控器的设置
火灾自动报警系统供电	掌握火灾自动报警系统供电的设计	一般规定； 系统接地
火灾自动报警系统布线	掌握火灾自动报警系统布线的设计	一般规定； 室内布线
典型场所的火灾自动报警系统	掌握一些典型场所的火灾自动报警系统的设计	道路隧道； 油罐区； 电缆隧道； 高度大于12m 的空间场所

 导入案例

为什么美国消防员火灾现场不救火

为什么美国消防员火灾现场不救火

话说，美国田纳西州有一家住户家里着火了，当时这家人第一时间选择了报警，让消防员赶紧来帮忙灭火，结果消防员赶到火灾现场，却眼看着大火将房屋吞噬，而不肯上前帮忙救火，只因为这家人没有缴纳750 美元的消防费，虽然此次火灾并没有造成人员伤亡，但也引发了美国社会各界的争论。

有人批评消防部门的做法不够人性化，不管什么原因都应该以救火为重；也有人支持消防部门的做法，认为不应该助长那些不缴费的人。之所以会引发这样的争议，原因是美国没有统一的消防制度，消防救火是否收费，还取决于各地的消防部门，这其中有收费的，也有不收费的。

不过，对于消防员来说，虽然他们手握专业的救火工具，但救不救火不是他们说了算，而是完全取决于上级的安排，究其根本还是管理部门的抉择问题，所以不能一味去责怪消防员，毕竟这种情况是他们不能左右的。

由于我国经济高速发展，人民生活水平不断提高，建筑内装修也越来越豪华，可燃物品相应增多，且用电量猛增，这也导致火灾危险性普遍增大。为了防止和减少火灾危害、保护人身和财产安全，应合理设计火灾自动报警系统。火灾自动报警系统的设计，必须遵循国家有关方针、政策，针对保护对象的特点，做到安全适用、技术先进、经济合理及管理维护方便。火灾自动报警系统框图如图5.1所示。

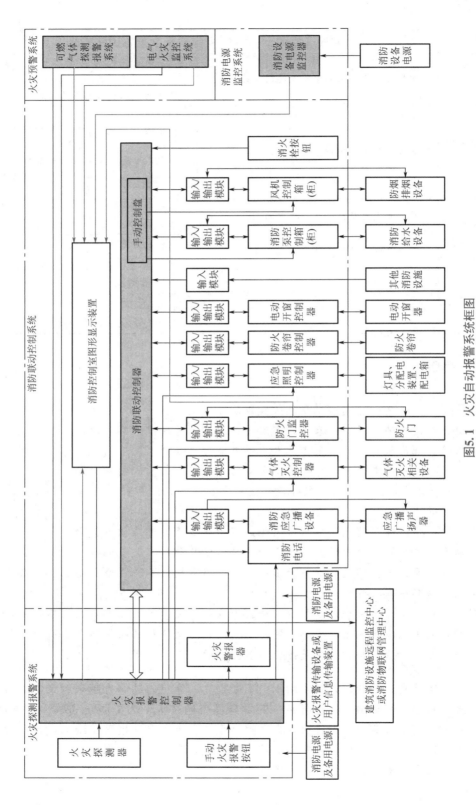

图5.1　火灾自动报警系统框图

5.1 基 本 规 定

5.1.1 一般规定

（1）火灾自动报警系统可用于有人员居住和经常有人滞留的场所、存放重要物资或燃烧后产生严重污染需要及时报警的场所。

（2）火灾自动报警系统应设置自动和手动触发报警装置，系统应具有火灾自动探测报警或人工辅助报警、控制相关系统设备应急启动并接收其动作反馈信号的功能。

（3）火灾自动报警系统设备应选择符合国家有关标准和有关市场准入制度的产品。

（4）火灾自动报警系统各设备之间应具有兼容的通信接口和通信协议。

（5）任一台火灾报警控制器所连接的火灾探测器、手动火灾报警按钮和模块等设备总数和地址总数，均不应超过3200点，其中每一总线回路连接设备的总数不宜超过200点，且应留有不少于额定容量10%的余量；任一台消防联动控制器地址总数或火灾报警控制器（联动型）所控制的各类模块总数不应超过1600点，每一联动总线回路连接设备的总数不宜超过100点，且应留有不少于额定容量10%的余量。火灾报警控制器点数要求如图5.2所示。

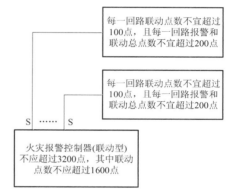

图 5.2　火灾报警控制器点数要求

（6）系统总线上应设置总线短路隔离器，每只总线短路隔离器保护的火灾探测器、手动火灾报警按钮和模块等消防设备的总数不应大于32点；总线在穿越防火分区处应设置总线短路隔离，如图5.3所示。

（7）除消防控制室设置的火灾报警控制器和消防联动控制器外，每台控制器直接连接的火灾探测器、手动报警按钮和模块等设备不应跨越避难层，如图5.4所示。

（8）水泵控制柜、风机控制柜等消防电气控制装置不应采用变频启动方式。

（9）地铁列车上设置的火灾自动报警系统，应能通过无线网络等方式将列车上发生火灾的部位信息传输给消防控制室。

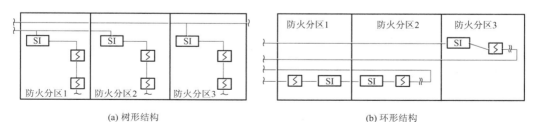

　　　　(a) 树形结构　　　　　　　　　　　　　　　　(b) 环形结构

图 5.3　总线穿越防火分区时总线短路隔离器的设置

注：[SI]代表总线短路隔离器。

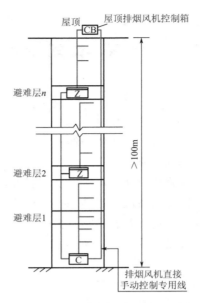

图 5.4　系统跨越避难层的设计

　阅读材料 5-1

5.1.2　系统形式的选择和设计要求

1. 火灾自动报警系统形式的选择

火灾自动报警系统形式的选择，应符合下列规定。

（1）仅需要报警，不需要联动自动消防设备的保护对象，宜采用区域报警系统。

（2）不仅需要报警，同时需要联动自动消防设备，且只设置一台具有集中控制功能的火灾报警控制器和消防联动控制器的保护对象，应采用集中报警系统，并应设置一个消防控制室。

（3）设置两个及以上消防控制室的保护对象，或已设置两个及以上集中报警系统的保护对象，应采用控制中心报警系统。

2. 区域报警系统的设计

区域报警系统的设计，应符合下列规定。

（1）系统应由火灾探测器、手动火灾报警按钮、火灾声光警报器及火灾报警控制器等组成，系统中可包括消防控制室图形显示装置和指示楼层的区域显示器。

（2）火灾报警控制器应设置在有人值班的场所。

（3）系统设置消防控制室图形显示装置时，该装置应具有传输表5-1规定的有关信息的功能。系统未设置消防控制室图形显示装置时，应设置火警传输设备。

表5-1 火灾报警、建筑消防设施运行状态信息

设 施 名 称		内 容
火灾探测报警系统		火灾报警信息、可燃气体探测报警信息、电气火灾监控报警信息、屏蔽信息、故障信息
消防联动控制系统	消防联动控制器	动作状态、屏蔽信息、故障信息
	消火栓系统	消防水泵电源的工作状态，消防水泵的启、停状态和故障状态，消防水箱（池）水位、管网压力报警信息及消火栓按钮报警信息
	自动喷水灭火系统、水喷雾（细水雾）灭火系统（泵供水方式）	喷淋泵电源工作状态，喷淋泵的启、停状态和故障状态，水流指示器、信号阀、报警阀、压力开关的正常工作状态和动作状态
	气体灭火系统、细水雾灭火系统（压力容器供水方式）	系统的手动、自动工作状态及故障状态，阀驱动装置的正常工作状态和动作状态，防护区域中的防火门（窗）、防火阀、通风空调等设备的正常工作状态和动作状态，系统的启、停信息，紧急停止信号和管网压力信号
	泡沫灭火系统	消防水泵、泡沫液泵电源的工作状态，系统的手动、自动工作状态及故障状态，消防水泵、泡沫液泵的正常工作状态和动作状态
	干粉灭火系统	系统的手动、自动工作状态及故障状态，阀驱动装置的正常工作状态和动作状态，系统的启、停信息，紧急停止信号和管网压力信号
	防烟排烟系统	系统的手动、自动工作状态，防烟排烟风机电源的工作状态，风机、电动防火阀、电动排烟防火阀、常闭送风口、排烟阀（口）、电动排烟窗、电动挡烟垂壁的正常工作状态和动作状态
	防火门及卷帘系统	防火卷帘控制器、防火门监控器的工作状态和故障状态；卷帘门的工作状态，具有反馈信号的各类防火门、疏散门的工作状态和故障状态等动态信息

设施名称		内　　容
消防联动控制系统	消防电梯	消防电梯的停用和故障状态
	消防应急广播	消防应急广播的启动、停止和故障状态
	消防应急照明和疏散指示系统	消防应急照明和疏散指示系统的故障状态和应急工作状态信息
	消防电源	系统内各消防用电设备的供电电源和备用电源工作状态和欠电压报警信息

3. 集中报警系统的设计

集中报警系统（图5.5）的设计，应符合下列规定。

（1）系统应由火灾探测器、手动火灾报警按钮、火灾声光警报器、消防应急广播、消防专用电话、消防控制室图形显示装置、火灾报警控制器、消防联动控制器等组成。

（2）系统中的火灾报警控制器、消防联动控制器、消防控制室图形显示装置、消防应急广播的控制装置、消防专用电话总机等起集中控制作用的消防设备，应设置在消防控制室内。

（3）系统设置的消防控制室图形显示装置应具有传输表5-1规定的有关信息的功能。

4. 控制中心报警系统的设计

控制中心报警系统的设计，应符合下列规定。

（1）有两个及以上消防控制室时，应确定一个主消防控制室。

（2）主消防控制室应能显示所有火灾报警信号和联动控制状态信号，并应能控制重要的消防设备；各分消防控制室内消防设备之间可互相传输、显示状态信息，但不应互相控制。

（3）系统设置的消防控制室图形显示装置应具有传输表5-1规定的有关信息的功能。

（4）其他设计应符合集中报警系统的设计规定。

5.1.3　报警区域和探测区域的划分

报警区域是将火灾自动报警系统的警戒范围按防火分区或楼层等划分的单元。探测区域是将报警区域按探测火灾的部位划分的单元。

1. 报警区域划分的规定

（1）**报警区域应根据防火分区或楼层划分**，火灾报警区域的划分应满足相关受控系统联动控制的工作要求，火灾探测区域的划分应满足确定火灾报警部位的工作要求。可将一个防火分区或一个楼层划分为一个报警区域，也可将发生火灾时需要同时联动消防设备的相邻几个防火分区或楼层划分为一个报警区域。

（2）电缆隧道的一个报警区域宜由一个封闭长度区间组成，一个报警区域不应超过相连的3个封闭长度区间；道路隧道的报警区域应根据排烟系统或灭火系统的联动需要确定，且不宜超过150m。

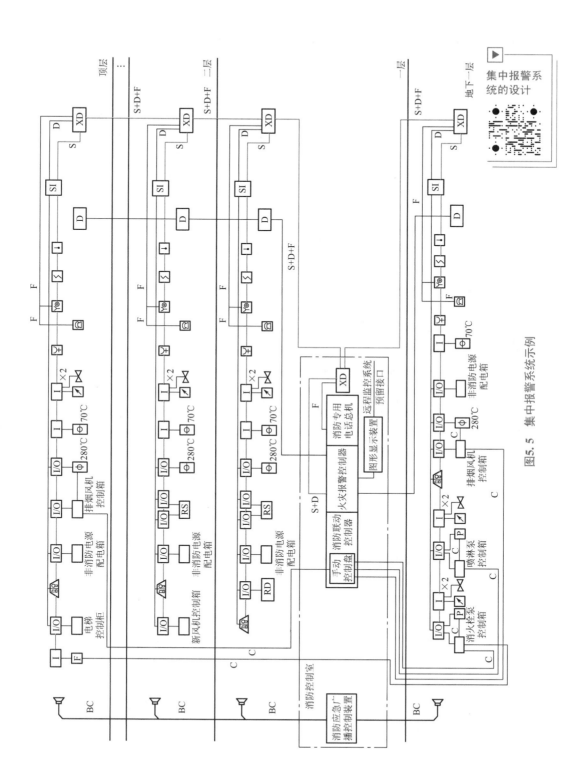

集中报警系统的设计

图5.5 集中报警系统示例

（3）甲、乙、丙类液体储罐区的报警区域应由一个储罐区组成，每个 50000m³ 及以上的外浮顶储罐应单独划分为一个报警区域。

（4）列车的报警区域应按车厢划分，每节车厢应划分为一个报警区域。

2. 探测区域划分的规定

（1）探测区域应按独立房（套）间划分。一个探测区域的面积不宜超过 500m²；从主要人口能看清其内部，且面积不超过 1000m² 的房间，也可划为一个探测区域。

（2）红外光束感烟火灾探测器和缆式线型感温火灾探测器的探测区域的长度，不宜超过 100m；空气管差温火灾探测器的探测区域长度宜为 20～100m。

3. 应单独划分探测区域的场所

（1）敞开或封闭的楼梯间、防烟楼梯间。

（2）防烟楼梯间前室、消防电梯前室、消防电梯与防烟楼梯间合用的前室、走道、坡道。

（3）电气管道井、通信管道井、电缆隧道。

（4）建筑物闷顶、夹层。

5.1.4 消防控制室

消防控制室

（1）具有消防联动功能的火灾自动报警系统的保护对象中应设置消防控制室。

（2）消防控制室内设置的消防设备应包括火灾报警控制器、消防联动控制器、消防控制室图形显示装置、消防专用电话总机、消防应急广播控制装置、消防应急照明和疏散指示系统控制装置、消防电源监控器等设备或具有相应功能的组合设备。消防控制室内设置的消防控制室图形显示装置应能显示建筑物内设置的全部消防系统及相关设备的动态信息和消防安全管理信息，并应为远程监控系统预留接口，同时应具有向远程监控系统传输表 5-1 规定的有关信息的功能。

（3）消防控制室应设有用于火灾报警的外线电话。

（4）消防控制室应有相应的竣工图纸、各分系统控制逻辑关系说明、设备使用说明书、系统操作规程、应急预案、值班制度、维护保养制度及值班记录等文件资料。

（5）消防控制室送、回风管的穿墙处应设防火阀。

（6）消防控制室内严禁穿过与消防设施无关的电气线路及管路。

（7）消防控制室不应设置在电磁场干扰较强及其他影响消防控制室设备工作的设备用房附近。

（8）消防控制室内设备的布置应符合下列规定。

① 设备面盘前的操作距离，单列布置时不应小于 1.5m，双列布置时不应小于 2m。

② 在值班人员经常工作的一面，设备面盘至墙的距离不应小于 3m。

③ 设备面盘后的维修距离不宜小于 1m。

④ 设备面盘的排列长度大于 4m 时，其两端应设置宽度不小于 1m 的通道。

⑤ 在与建筑其他弱电系统合用的消防控制室内，消防设备应集中设置，并应与其他

设备间有明显间隔。

（9）消防控制室的显示与控制，应符合现行国家标准《消防控制室通用技术要求》（GB 25506）的有关规定。

（10）消防控制室的信息记录、信息传输，应符合现行国家标准《消防控制室通用技术要求》（GB 25506）的有关规定。

5.2　火灾探测器的选择

5.2.1　一般规定

火灾探测器的选择应满足设置场所火灾初期特征参数的探测报警要求。

（1）对火灾初期有阴燃阶段，产生大量的烟和少量的热，很少或没有火焰辐射的场所，应选择感烟火灾探测器。

（2）对火灾发展迅速，可产生大量热、烟和火焰辐射的场所，可选择感温火灾探测器、感烟火灾探测器、火焰探测器或其组合。

（3）对火灾发展迅速，有强烈的火焰辐射和少量烟、热的场所，应选择火焰探测器。

（4）对火灾初期有阴燃阶段，且需要早期探测的场所，宜增设一氧化碳火灾探测器。

（5）对使用、生产可燃气体或可燃蒸气的场所，应选择可燃气体探测器。

（6）应根据保护场所可能发生火灾的部位和燃烧材料的分析，以及火灾探测器的类型、灵敏度和响应时间等选择相应的火灾探测器，对火灾形成特征不可预料的场所，可根据模拟试验的结果选择火灾探测器。

（7）当同一探测区域内设置多个火灾探测器时，可选择具有复合判断火灾功能的火灾探测器和火灾报警控制器。

5.2.2　点型火灾探测器的选择

（1）对不同高度的房间，可按表5-2选择点型火灾探测器。

表5-2　不同高度的房间点型火灾探测器的选择

房间高度 h/m	点型感烟火灾探测器	点型感温火灾探测器			火焰探测器
		A1、A2	B	C、D、E、F、G	
$12<h\leqslant20$	不适合	不适合	不适合	不适合	适合
$8<h\leqslant12$	适合	不适合	不适合	不适合	适合
$6<h\leqslant8$	适合	适合	不适合	不适合	适合
$4<h\leqslant6$	适合	适合	适合	不适合	适合
$h\leqslant4$	适合	适合	适合	适合	适合

注：表中A1、A2、B、C、D、E、F、G为点型感温火灾探测器的不同类别，其具体参数应符合表5-3的规定。

表 5－3　点型感温火灾探测器的分类

探测器类别	典型应用温度/℃	最高应用温度/℃	动作温度下限值/℃	动作温度上限值/℃
A1	25	50	54	65
A2	25	50	54	70
B	40	65	69	85
C	55	80	84	100
D	70	95	99	115
E	85	110	114	130
F	100	125	129	145
G	115	140	144	160

（2）下列场所宜选择点型感烟火灾探测器。

① 饭店、旅馆、教学楼、办公楼的厅堂、卧室、办公室、商场、列车载客车厢等。

② 计算机房、通信机房、电影或电视放映室等。

③ 楼梯、走道、电梯机房、车库等。

④ 书库、档案库等。

（3）符合下列条件之一的场所，不宜选择点型离子感烟火灾探测器。

① 相对湿度经常大于95％。

② 气流速度大于5m/s。

③ 有大量粉尘、水雾滞留。

④ 可能产生腐蚀性气体。

⑤ 在正常情况下有烟滞留。

⑥ 产生醇类、醚类、酮类等有机物质。

（4）符合下列条件之一的场所，不宜选择点型光电感烟火灾探测器。

① 有大量粉尘、水雾滞留。

② 可能产生蒸气和油雾。

③ 高海拔地区。

④ 在正常情况下有烟滞留。

（5）符合下列条件之一的场所，宜选择点型感温火灾探测器，且应根据使用场所的典型应用温度和最高应用温度选择适当类别的点型感温火灾探测器。

① 相对湿度经常大于95％。

② 可能发生无烟火灾。

③ 有大量粉尘。

④ 吸烟室等在正常情况下有烟或蒸气滞留的场所。

⑤ 厨房、锅炉房、发电机房、烘干车间等不宜安装感烟火灾探测器的场所。

⑥ 需要联动熄灭"安全出口"标志灯的安全出口内侧。

⑦ 其他无人滞留且不适合安装感烟火灾探测器，但发生火灾时需要及时报警的场所。

（6）可能产生阴燃火或发生火灾不及时报警将造成重大损失的场所，不宜选择点型感温火灾探测器；温度在 0℃ 以下的场所，不宜选择定温火灾探测器；温度变化较大的场所，不宜选择具有差温特性的火灾探测器。

（7）符合下列条件之一的场所，宜选择点型火焰探测器或图像型火焰探测器。

① 火灾时有强烈的火焰辐射。

② 可能发生液体燃烧等无阴燃阶段的火灾。

③ 需要对火焰做出快速反应。

（8）符合下列条件之一的场所，不宜选择点型火焰探测器和图像型火焰探测器。

① 在火焰出现前有浓烟扩散。

② 探测器的镜头易被污染。

③ 探测器的"视线"易被油雾、烟雾、水雾和冰雪遮挡。

④ 探测区域内的可燃物是金属和无机物。

⑤ 探测器易受阳光、白炽灯等光源直接或间接照射。

（9）探测区域内正常情况下有高温物体的场所，不宜选择单波段红外火焰探测器。

（10）正常情况下有明火作业，探测器易受 X 射线、弧光和闪电等影响的场所，不宜选择紫外火焰探测器。

（11）下列场所宜选择可燃气体探测器。

① 使用可燃气体的场所。

② 燃气站和燃气表房，以及存储液化石油气罐的场所。

③ 其他散发可燃气体和可燃蒸气的场所。

（12）在火灾初期产生一氧化碳的下列场所可选择点型一氧化碳火灾探测器。

① 烟不容易对流或顶棚下方有热屏障的场所。

② 在棚顶上无法安装其他点型火灾探测器的场所。

③ 需要多信号复合报警的场所。

（13）污物较多且必须安装感烟火灾探测器的场所，应选择间断吸气的点型采样吸气式感烟火灾探测器或具有过滤网和管路自清洗功能的管路采样吸气式感烟火灾探测器。

5.2.3　线型火灾探测器的选择

（1）无遮挡的大空间或有特殊要求的房间，宜选择线型光束感烟火灾探测器。

（2）符合下列条件之一的场所，不宜选择线型光束感烟火灾探测器。

① 有大量粉尘、水雾滞留。

② 可能产生蒸气和油雾。

③ 在正常情况下有烟滞留。

④ 固定探测器的建筑结构由于振动等原因会产生较大位移的场所。

（3）下列场所或部位，宜选择缆式线型感温火灾探测器。

① 电缆隧道、电缆竖井、电缆夹层、电缆桥架。

② 不易安装点型火灾探测器的夹层、闷顶。

③ 各种皮带输送装置。

④ 其他环境恶劣不适合安装点型火灾探测器的场所。

（4）下列场所或部位，宜选择线型光纤感温火灾探测器。

① 除液化石油气外的石油储罐。

② 需要设置线型感温火灾探测器的易燃易爆场所。

③ 需要监测环境温度的地下空间等场所。

④ 公路隧道、敷设动力电缆的铁路隧道和城市地铁隧道等。

（5）线型定温火灾探测器的选择，应保证其不动作温度符合设置场所的最高环境温度的要求。

5.2.4 吸气式感烟火灾探测器的选择

（1）下列场所宜选择吸气式感烟火灾探测器。

① 具有高速气流的场所。

② 点型感烟、感温火灾探测器不适宜的大空间、舞台上方、建筑高度超过 12m 或有特殊要求的场所。

③ 低温场所。

④ 需要进行隐蔽探测的场所。

⑤ 需要进行火灾早期探测的重要场所。

⑥ 人员不宜进入的场所。

（2）灰尘比较大的场所，不应选择没有过滤网和管路自清洗功能的管路采样式吸气式感烟火灾探测器。

5.3 系统设备的设置

5.3.1 火灾报警控制器和消防联动控制器的设置

（1）火灾报警控制器和消防联动控制器，应设置在消防控制室内或有人值班的房间和场所。

（2）火灾报警控制器和消防联动控制器安装在墙上时，其主显示屏高度宜为 1.5～1.8m，其靠近门轴的侧面距墙不应小于 0.5m，正面操作距离不应小于 1.2m。

（3）集中报警系统和控制中心报警系统中的区域火灾报警控制器在满足下列条件时，可设置在无人值班的场所。

① 本区域内没有需要手动控制的消防联动设备。

② 本火灾报警控制器的所有信息在集中火灾报警控制器上均有显示，且能接收起集中控制功能的火灾报警控制器的联动控制信号，并自动启动相应的消防设备。

③ 设置的场所只有值班人员可以进入。

（4）火灾自动报警系统设备的防护等级应满足在设置场所环境条件下正常工作的要求。

5.3.2 火灾探测器的设置

（1）火灾探测器可设置在下列部位。

① 财贸金融楼的办公室、营业厅、票证库。

② 电信楼、邮政楼的机房和办公室。

③ 商业楼、商住楼的营业厅、展览楼的展览厅和办公室。

④ 旅馆的客房和公共活动用房。

⑤ 电力调度楼、防灾指挥调度楼等的微波机房、计算机房、控制机房、动力机房和办公室。

⑥ 广播电视楼的演播室、播音室、录音室、办公室、节目播出技术用房、道具布景房。

⑦ 图书馆的书库、阅览室、办公室。

⑧ 档案楼的档案库、阅览室、办公室。

⑨ 办公楼的办公室、会议室、档案室。

⑩ 医院病房楼的病房、办公室、医疗设备室、病历档案室、药品库。

⑪ 科研楼的办公室、资料室、贵重设备室、可燃物较多的和火灾危险性较大的实验室。

⑫ 教学楼的电化教室、理化演示和实验室、贵重设备和仪器室。

⑬ 公寓（宿舍、住宅）的卧房、书房、起居室（前厅）、厨房。

⑭ 甲、乙类生产厂房及其控制室。

⑮ 甲、乙、丙类物品库房。

⑯ 设在地下室的丙、丁类生产车间和物品库房。

⑰ 堆场、堆垛、油罐等。

⑱ 地下铁道的地铁站厅、行人通道和设备间，列车车厢。

⑲ 体育馆、影剧院、会堂、礼堂的舞台、化妆室、道具室、放映室、观众厅、休息厅及其附设的一切娱乐场所。

⑳ 陈列室、展览室、营业厅、商业餐厅、观众厅等公共活动用房。

㉑ 消防电梯、防烟楼梯的前室及合用前室、走道、门厅、楼梯间。

㉒ 可燃物品库房、空调机房、配电室（间）、变压器室、自备发电机房、电梯机房。

㉓ 净高超过 2.6m 且可燃物较多的技术夹层。

㉔ 敷设具有可延燃绝缘层和外护层电缆的电缆竖井、电缆夹层、电缆隧道、电缆配线桥架。

㉕ 贵重设备间和火灾危险性较大的房间。

㉖ 电子计算机的主机房、控制室、纸库、光或磁记录材料库。

㉗ 经常有人停留或可燃物较多的地下室。

㉘ 歌舞娱乐场所中经常有人滞留的房间和可燃物较多的房间。

㉙ 高层汽车库，Ⅰ类汽车库，Ⅰ、Ⅱ类地下汽车库，机械立体汽车库，复式汽车库，采用升降梯作汽车疏散出口的汽车库（敞开车库可不设）。

㉚ 污衣道前室、垃圾道前室、净高超过 0.8m 的具有可燃物的闷顶、商业用或公共厨房。

㉛ 以可燃气体为燃料的商业和企事业单位的公共厨房及燃气表房。

㉜ 其他经常有人停留的场所、可燃物较多的场所或燃烧后产生重大污染的场所。

㉝ 需要设置火灾探测器的其他场所。

（2）点型火灾探测器的设置应符合下列规定。

① 探测区域的每个房间应至少设置一只火灾探测器。

② 感烟火灾探测器和 A1、A2、B 型感温火灾探测器的保护面积及保护半径，应按表 5-4 确定；C、D、E、F、G 型感温火灾探测器的保护面积及保护半径，应根据生产企

业设计说明书确定，但不应超过表 5 - 4 的规定。

表 5 - 4　感烟火灾探测器和 A1、A2、B 型感温火灾探测器的保护面积及保护半径

火灾探测器的种类	地面面积 S/m^2	房间高度 h/m	一只探测器的保护面积 A 和保护半径 R					
			屋顶坡度 θ					
			$\theta \leqslant 15°$		$15° < \theta \leqslant 30°$		$\theta > 30°$	
			A/m^2	R/m	A/m^2	R/m	A/m^2	R/m
感烟火灾探测器	$S \leqslant 80$	$h \leqslant 12$	80	6.7	80	7.2	80	8.0
	$S > 80$	$6 < h \leqslant 12$	80	6.7	100	8.0	120	9.9
		$h \leqslant 6$	60	5.8	80	7.2	100	9.0
A1、A2 和 B 型感温火灾探测器	$S \leqslant 30$	$h \leqslant 8$	30	4.4	30	4.9	30	5.5
	$S > 30$	$h \leqslant 8$	20	3.6	30	4.9	40	6.3

注：建筑高度不超过 14m 的封闭探测空间，且火灾初期会产生大量的烟时，可设置点型感烟火灾探测器。

③ 感烟火灾探测器、感温火灾探测器的安装间距，应根据探测器的保护面积 A 和保护半径 R 确定，并不应超过图 5.6 探测器安装间距的极限曲线 $D_1 \sim D_{11}$（含 D_9'）规定的范围。

注：感烟火灾探测器、感温火灾探测器的安装间距 a、b 是指图 5.7 中 $1^\#$ 探测器和 $2^\# \sim 5^\#$ 相邻探测器之间的距离，不是 $1^\#$ 探测器与 $6^\# \sim 9^\#$ 探测器之间的距离。

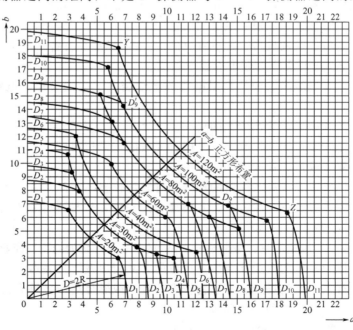

A—探测器的保护面积（m²）；a、b—探测器的安装间距（m）；

$D_1 \sim D_{11}$（含 D_9'）—在不同保护面积 A 和保护半径 R 下确定探测器安装间距 a、b 的极限曲线；

Y、Z—极限曲线的端点（在 Y 和 Z 两点间的曲线范围内，保护面积可得到充分利用）

图 5.6　探测器安装间距的极限曲线

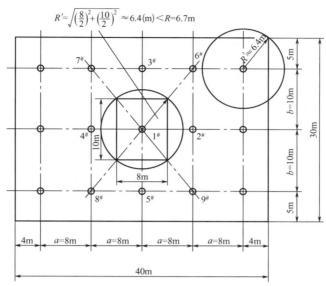

图 5.7 探测器布置示例

④ 一个探测区域内所需设置的探测器数量，不应小于式(5-1) 的计算值。

$$N = \frac{S}{KA} \qquad (5-1)$$

式中：N——探测器数量（只），N 应取整数；

    S——该探测区域面积（m^2）；

    K——修正系数，容纳人数超过 10000 人的公共场所宜取 0.7～0.8，容纳人数为 2000～10000 人的公共场所宜取 0.8～0.9，容纳人数为 500～2000 人的公共场所宜取 0.9～1.0，其他场所可取 1.0；

    A——探测器的保护面积（m^2）。

例：一个地面面积为 30m×40m 的生产车间，其屋顶坡度为 15°，房间高度为 8m，使用点型感烟火灾探测器保护。应设多少只感烟火灾探测器？应如何布置这些探测器？

解：① 确定感烟火灾探测器的保护面积 A 和保护半径 R。查表 5-4 得感烟火灾探测器保护面积为 $A=80$m^2，保护半径 $R=6.7$m。

② 计算所需设置探测器数量。

选取 $K=1.0$，则 $N=\dfrac{S}{KA}=\dfrac{1200}{1.0 \times 80}=15$（只）

③ 确定探测器的安装间距 a、b。

由保护半径 $R=6.7$m，确定保护直径 $D=2R=2 \times 6.7=13.4$（m），由图 5.6 可确定 $D_i=D_7$，应利用 D_7 极限曲线确定 a 和 b。根据现场实际，选取 $a=8$m（极限曲线两端点间的值），得 $b=10$m，其布置方式见图 5.7。

④ 校核按安装间距 $a=8$m、$b=10$m 布置后，探测器到最远点水平距离 R' 是否符合保护半径要求，按式(5-2)计算。

$$R' = \sqrt{\left(\frac{a}{2}\right)^2 + \left(\frac{b}{2}\right)^2} \qquad (5-2)$$

即 $R' = \sqrt{\left(\dfrac{8}{2}\right)^2 + \left(\dfrac{10}{2}\right)^2} \approx 6.4(\text{m}) < R = 6.7\text{m}$，在保护半径之内，符合保护半径要求。

（3）在有梁的顶棚上设置点型感烟火灾探测器、感温火灾探测器时，应符合下列规定。

① 当梁突出顶棚的高度小于 200mm 时，可不计梁对探测器保护面积的影响。

② 当梁突出顶棚的高度为 200～600mm 时，应按图 5.8 和表 5-5 确定梁对探测器保护面积的影响及一只探测器能够保护的梁间区域的数量。

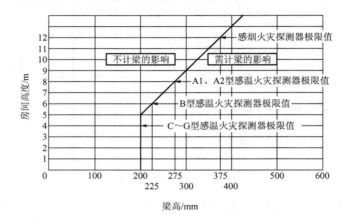

图 5.8　不同高度的房间梁对探测器设置的影响

表 5-5　按梁间区域面积确定一只探测器保护的梁间区域的个数

探测器的保护面积 A/m^2		梁隔断的梁间区域面积 Q/m^2	一只探测器保护的梁间区域的个数/个
感温火灾探测器	20	$Q>12$	1
		$8<Q\leqslant12$	2
		$6<Q\leqslant8$	3
		$4<Q\leqslant6$	4
		$Q\leqslant4$	5
	30	$Q>18$	1
		$12<Q\leqslant18$	2
		$9<Q\leqslant12$	3
		$6<Q\leqslant9$	4
		$Q\leqslant6$	5
感烟火灾探测器	60	$Q>36$	1
		$24<Q\leqslant36$	2
		$18<Q\leqslant24$	3
		$12<Q\leqslant18$	4
		$Q\leqslant12$	5

续表

探测器的保护面积 A/m^2		梁隔断的梁间区域 面积 Q/m^2	一只探测器保护的 梁间区域的个数/个
感温火灾探测器	80	$Q>48$	1
		$32<Q\leqslant 48$	2
		$24<Q\leqslant 32$	3
		$16<Q\leqslant 24$	4
		$Q\leqslant 16$	5

③ 当梁突出顶棚的高度超过 600mm 时，被梁隔断的每个梁间区域应至少设置一只探测器。

④ 当被梁隔断的区域面积超过一只探测器的保护面积时，被隔断的梁间区域应按规定计算探测器的设置数量。

⑤ 当梁间净距小于 1m 时，可不计梁对探测器保护面积的影响。

（4）在宽度小于 3m 的内走道顶棚上设置点型火灾探测器时，宜居中布置。感温火灾探测器的安装间距不应超过 10m；感烟火灾探测器的安装间距不应超过 15m；探测器至端墙的距离，不应大于探测器安装间距的 1/2。

（5）点型火灾探测器至墙壁、梁边的水平距离，不应小于 0.5m。

（6）点型火灾探测器周围 0.5m 内，不应有遮挡物。

（7）房间被书架、设备或隔断等分隔，其顶部至顶棚或梁的距离小于房间净高的 5% 时，每个被隔开的部分应至少安装一只点型火灾探测器。

（8）点型火灾探测器至空调送风口边的水平距离不应小于 1.5m，并宜接近回风口安装。探测器至多孔送风顶棚孔口的水平距离不应小于 0.5m。

（9）当屋顶有热屏障时，点型感烟火灾探测器下表面至顶棚或屋顶的距离，应符合表 5-6 的规定。

表 5-6　点型感烟火灾探测器下表面至顶棚或屋顶的距离

探测器的安装 高度 h/m	点型感烟火灾探测器下表面至顶棚或屋顶的距离 d/mm					
	顶棚或屋顶坡度 θ					
	$\theta\leqslant 15°$		$15°<\theta\leqslant 30°$		$\theta>30°$	
	最小	最大	最小	最大	最小	最大
$h\leqslant 6$	30	200	200	300	300	500
$6<h\leqslant 8$	70	250	250	400	400	600
$8<h\leqslant 10$	100	300	300	500	500	700
$10<h\leqslant 12$	150	350	350	600	600	800

（10）锯齿形屋顶和坡度大于 15° 的人字形屋顶，应在每个屋脊处设置一排点型火灾探

测器，探测器下表面至屋顶最高处的距离，应符合表 5-6 的规定。

（11）点型火灾探测器宜水平安装。当倾斜安装时，倾斜角不应大于 45°。

（12）在电梯井、升降机井设置点型火灾探测器时，其位置宜在井道上方的机房顶棚上。

（13）一氧化碳火灾探测器可设置在气体能够扩散到的任何部位。

（14）火焰探测器和图像型火灾探测器的设置，应符合下列规定。

① 应计及探测器的探测视角及最大探测距离，可通过选择探测距离长、火灾报警响应时间短的火焰探测器，提高保护面积要求和报警时间要求。

② 探测器的探测视角内不应存在遮挡物。

③ 应避免光源直接照射探测器的探测窗口。

④ 单波段的火焰探测器不应设置在平时有阳光、白炽灯等光源直接或间接照射的场所。

（15）线型光束感烟火灾探测器的设置应符合下列规定。

① 探测器的光束轴线至顶棚的垂直距离宜为 0.3～1.0m，距地面高度不宜超过 20m。

② 相邻两组探测器的水平距离不应大于 14m，探测器至侧墙的水平距离不应大于 7m，且不应小于 0.5m，探测器的发射器和接收器之间的距离不宜超过 100m。

③ 探测器应设置在固定结构上。

④ 探测器的设置应保证其接收端避开日光和人工光源直接照射。

⑤ 选择反射式探测器时，应保证在反射板与探测器间的任何部位进行模拟试验时，探测器均能正确响应。

（16）线型感温火灾探测器的设置应符合下列规定。

① 探测器在保护电缆、堆垛等类似保护对象时，应采用接触式布置；在各种皮带输送装置上设置时，宜设置在装置的过热点附近。

② 设置在顶棚下方的线型感温火灾探测器，至顶棚的距离宜为 0.1m。探测器的保护半径应符合点型感温火灾探测器的保护半径要求，探测器至墙壁的距离宜为 1～1.5m。

③ 光栅光纤感温火灾探测器每个光栅的保护面积和保护半径，应符合点型感温火灾探测器的保护面积和保护半径要求。

④ 设置线型感温火灾探测器的场所有联动要求时，宜采用两只不同火灾探测器的报警信号组合。

⑤ 与线型感温火灾探测器连接的模块不宜设置在长期潮湿或温度变化较大的场所。

（17）管路采样式吸气感烟火灾探测器的设置，应符合下列规定。

① 非高灵敏型探测器的采样管网安装高度不应超过 16m；高灵敏型探测器的采样管网安装高度可超过 16m；采样管网安装高度超过 16m 时，灵敏度可调的探测器应设置为高灵敏度，且应减小采样管长度和减少采样孔数量。

② 探测器的每个采样孔的保护面积、保护半径，应符合点型感烟火灾探测器的保护面积、保护半径的要求。

③ 一个探测单元的采样管总长度不宜超过 200m，单管长度不宜超过 100m，同一根采样管不应穿越防火分区。采样孔总数不宜超过 100 个，单管上的采样孔数量不宜超过 25 个。

④ 当采样管道采用毛细管布置方式时，毛细管长度不宜超过 4m。

⑤ 吸气管路和采样孔应有明显的火灾探测器标识。

⑥ 在有过梁、空间支架的建筑中，采样管路应固定在过梁、空间支架上。

⑦ 当采样管道布置形式为垂直采样时，每 2℃ 温差间隔或 3m 间隔（取最小者）应设置一个采样孔，采样孔不应背对气流方向。

⑧ 采样管网应按经过确认的设计软件或方法进行设计。

⑨ 探测器的火灾报警信号、故障信号等信息应传给火灾报警控制器，涉及消防联动控制时，探测器的火灾报警信号还应传给消防联动控制器。

（18）感烟火灾探测器在格栅吊顶场所的设置，应符合下列规定。

① 镂空面积与总面积的比例不大于 15％ 时，探测器应设置在吊顶下方。

② 镂空面积与总面积的比例大于 30％ 时，探测器应设置在吊顶上方。

③ 镂空面积与总面积的比例为 15％～30％ 时，探测器的设置部位应根据实际试验结果确定。

④ 探测器设置在吊顶上方且火警确认灯无法观察时，应在吊顶下方设置火警确认灯。

⑤ 地铁站台等有活塞风影响的场所，镂空面积与总面积的比例为 30％～70％ 时，探测器宜同时设置在吊顶上方和下方。

（19）《火灾自动报警系统设计规范》（GB 50116）未涉及的其他火灾探测器的设置应按企业提供的设计手册或使用说明书进行设置，必要时可通过模拟保护对象火灾场景等方式对探测器的设置情况进行验证。

5.3.3 手动火灾报警按钮的设置

（1）手动报警按钮的设置应满足人员快速报警的要求，每个防火分区或楼层应至少设置一个手动火灾报警按钮。从一个防火分区内的任何位置到最邻近的手动火灾报警按钮的步行距离不应大于 30m。手动火灾报警按钮宜设置在疏散通道或出入口处。列车上设置的手动火灾报警按钮，应设置在每节车厢的出入口和中间部位。

（2）手动火灾报警按钮应设置在明显和便于操作的部位。当采用壁挂方式安装时，其底边距地面高度宜为 1.3～1.5m，且应有明显的标志。

5.3.4 区域显示器的设置

（1）每个报警区域宜设置一台区域显示器（火灾显示盘）；宾馆、饭店等场所应在每个报警区域设置一台区域显示器。当一个报警区域包括多个楼层时，宜在每个楼层设置一台仅显示本楼层的区域显示器。

（2）区域显示器应设置在出入口等明显和便于操作的部位。当采用壁挂方式安装时，其底边距地面高度宜为 1.3～1.5m。

5.3.5 火灾声光警报器的设置

（1）火灾声光警报器应设置在每个楼层的楼梯口、消防电梯前室、建筑内部拐角等处的明显部位，且不宜与安全出口指示标志灯具设置在同一面墙上。

（2）火灾声、光警报器的设置应满足人员及时接受火警信号的要求，每个报警区域内的火灾警报器的声压级应高于背景噪声 15dB，且不应低于 60dB。

（3）当火灾声光警报器采用壁挂方式安装时，其底边距地面高度应大于 2.2m。

5.3.6　消防应急广播的设置

（1）消防应急广播扬声器的设置，应符合下列规定。

① 民用建筑内扬声器应设置在走道和大厅等公共场所。每个扬声器的额定功率不应小于 3W，其数量应能保证从一个防火分区内的任何部位到最近一个扬声器的直线距离不大于 25m，走道末端距最近的扬声器距离不应大于 12.5m。

② 在环境噪声大于 60dB 的场所设置的扬声器，在其播放范围内最远点的播放声压级应高于背景噪声 15dB。

③ 客房设置专用扬声器时，其功率不宜小于 1W。

（2）壁挂扬声器的底边距地面高度应大于 2.2m。

5.3.7　消防专用电话的设置

（1）消防专用电话网络应为独立的消防通信系统。

（2）消防控制室内应设置消防专用电话总机和可直接报火警的外线电话。

（3）多线制消防专用电话系统中的每个电话分机应与总机单独连接。

（4）电话分机或电话插孔的设置，应符合下列规定。

① 消防水泵房、发电机房、配变电室、计算机网络机房、主要通风和空调机房、防排烟机房、灭火控制系统操作装置处或控制室、企业消防站、消防值班室、总调度室、消防电梯机房及其他与消防联动控制有关的且经常有人值班的机房应设置消防专用电话分机。消防专用电话分机应固定安装在明显且便于使用的部位，并应有区别于普通电话的标识。

② 设有手动火灾报警按钮或消火栓按钮等处，宜设置电话插孔，并宜选择带电话插孔的手动火灾报警按钮。

③ 各避难层应每隔 20m 设置一个消防专用电话分机或电话插孔。

④ 电话插孔在墙上安装时，其底边距地面高度宜为 1.3～1.5m。

5.3.8　模块的设置

（1）每个报警区域内的模块宜相对集中设置在本报警区域内的金属模块箱中。

（2）联动控制模块严禁设置在配电柜（箱）内。

（3）一个报警区域内的模块不应控制其他报警区域的设备。

（4）未集中设置的模块附近应有尺寸不小于 100mm×100mm 的标识。

5.3.9　消防控制室图形显示装置的设置

（1）消防控制室图形显示装置应设置在消防控制室内，并应符合火灾报警控制器的安装设置要求。

（2）消防控制室图形显示装置与火灾报警控制器、消防联动控制器、电气火灾监控器、可燃气体报警控制器等消防设备之间，应采用专用线路连接。

5.3.10　火灾报警传输设备或用户信息传输装置的设置

（1）火灾报警传输设备或用户信息传输装置，应设置在消防控制室内；未设置消防控制室时，应设置在火灾报警控制器附近的明显部位。

（2）火灾报警传输设备或用户信息传输装置与火灾报警控制器、消防联动控制器等设备之间，应采用专用线路连接。

（3）火灾报警传输设备或用户信息传输装置的设置，应保证有足够的操作和检修间距。

（4）火灾报警传输设备或用户信息传输装置的手动报警装置，应设置在便于操作的明显部位。

5.3.11　防火门监控器的设置

（1）防火门监控器应设置在消防控制室内，未设置消防控制室时，应设置在有人值班的场所。

（2）电动开门器的手动控制按钮应设置在防火门内侧墙面上，距门不宜超过 0.5m，底边距地面高度宜为 0.9～1.3m。

（3）防火门监控器的设置应符合火灾报警控制器的安装设置要求。

5.4　消防联动控制设计

5.4.1　一般规定

（1）消防联动控制器应能按设定的控制逻辑向各相关的受控设备发出联动控制信号，并接收其联动反馈信号。

（2）消防联动控制器的电压控制输出应采用直流 24V，其电源容量应满足受控消防设备同时启动且维持工作的控制容量要求。

（3）受控设备接口的特性参数应与消防联动控制器发出的联动控制信号匹配。

（4）消防水泵、防烟和排烟风机的控制设备，除应采用联动控制方式外，还应在消防控制室设置手动直接控制装置。

（5）启动电流较大的消防设备宜分时启动。

（6）需要火灾自动报警系统联动控制的消防设备，其联动触发信号应为两个独立的报警触发装置报警信号的"与"逻辑组合。

火灾自动报警及联动控制系统组成

5.4.2　自动喷水灭火系统的联动控制设计

（1）湿式系统和干式系统的联动控制设计，应符合下列规定。

① 联动控制方式，应由湿式报警阀压力开关的动作信号作为触发信号，直接控制启动喷淋消防泵，联动控制不应受消防联动控制器处于自动或手动状态影响。

自动喷水
灭火演示

② 手动控制方式，应将喷淋消防泵控制箱（柜）的启动、停止按钮用专用线路直接连接至设置在消防控制室内的消防联动控制器的手动控制盘，并应直接手动控制喷淋消防泵的启动、停止。

③ 水流指示器、信号阀、压力开关、喷淋消防泵的启动和停止的动作信号应反馈至消防联动控制器。

湿式和干式系统喷淋泵有三种远程启泵方式：第一种是压力开关直接连锁启泵，第二种是消防联动控制器联动控制启泵，第三种是手动控制盘直接启泵。其中第二种启泵方式是作为第一种启泵方式的后备，在压力开关动作信号反馈给消防联动控制器之后，消防联动控制器在"与"逻辑判断后通过输出模块控制启泵。湿式自动喷水灭火系统启泵流程图如图 5.9 所示，湿式自动喷水灭火系统联动控制图如图 5.10 所示。

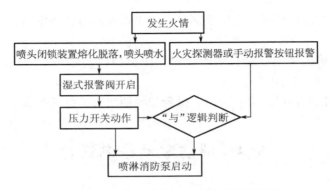

图 5.9　湿式自动喷水灭火系统启泵流程图

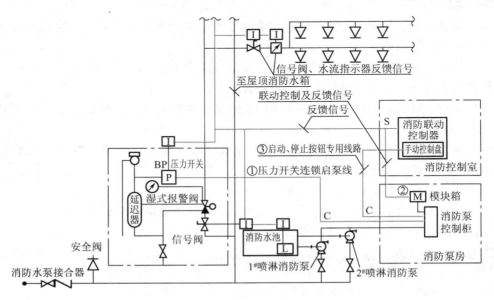

图 5.10　湿式自动喷水灭火系统联动控制图

（2）预作用系统的联动控制设计，应符合下列规定。

① 联动控制方式，应由同一报警区域内两只及以上独立的感烟火灾探测器或一只感烟火灾探测器与一只手动火灾报警按钮的报警信号，作为预作用阀组开启的联动触发信号。消防联动控制器控制预作用阀组的开启，使系统转变为湿式系统；当系统设有快速排气装置时，应联动控制排气阀前的电动阀的开启。湿式系统的联动控制设计应符合规范的规定。

湿式自动喷水灭火系统联动控制设计

② 手动控制方式，应将喷淋消防泵控制箱（柜）的启动和停止按钮、预作用阀组和快速排气阀入口前的电动阀的启动和停止按钮，用专用线路直接连接至设置在消防控制室内的消防联动控制器的手动控制盘，并应直接手动控制喷淋消防泵的启动、停止及预作用阀组和电动阀的开启。

③ 水流指示器、信号阀、压力开关、喷淋消防泵的启动和停止的动作信号，有压气体管道气压状态信号和快速排气阀入口前电动阀的动作信号应反馈至消防联动控制器。

 阅读材料 5-2

预作用系统的工作原理

当预作用系统处于准工作状态时，由消防水箱或稳压泵、气压给水设备等稳压设施维持雨淋阀入口前管道内充水的压力，雨淋阀后的管道内平时无水或充以有压气体。当发生火灾时，由火灾自动报警系统自动开启雨淋报警阀（右图），配水管道开始排气充水，使系统在闭式喷头动作前转换成湿式系统，并在闭式喷头开启后立即喷水。

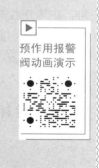

预作用报警阀动画演示

（3）雨淋系统的联动控制设计，应符合下列规定。

① 联动控制方式，应由同一报警区域内两只及以上独立的感温火灾探测器或一只感温火灾探测器与一只手动火灾报警按钮的报警信号，作为雨淋阀组开启的联动触发信号；应由消防联动控制器控制雨淋阀组的开启。

② 手动控制方式，应将雨淋消防泵控制箱（柜）的启动和停止按钮、雨淋阀组的启动和停止按钮，用专用线路直接连接至设置在消防控制室内的消防联动控制器的手动控制盘，并应直接手动控制雨淋消防泵的启动、停止及雨淋阀组的开启。

③ 水流指示器、压力开关、雨淋阀组、雨淋消防泵的启动和停止的动作信号应反馈至消防联动控制器。

阅读材料 5-3

雨淋系统

雨淋系统的工作原理

雨淋系统处于准工作状态时，由消防水箱或稳压泵、气压给水设备等稳压设施维持雨淋阀入口前管道内充水的压力。发生火灾时，由火灾自动报警系统或传动管控制，自动开启雨淋报警阀和供水泵，向系统管网供水，由雨淋阀控制的开式喷头同时喷水。

（4）自动控制的水幕系统的联动控制设计，应符合下列规定。

① 联动控制方式，当自动控制的水幕系统用于防火卷帘的保护时，应由防火卷帘下落到楼板面的动作信号与本报警区域内任一火灾探测器或手动火灾报警按钮的报警信号作为水幕阀组启动的联动触发信号，并应由消防联动控制器联动控制水幕系统相关控制阀组的启动；仅用水幕系统作为防火分隔时，应由该报警区域内两只独立的感温火灾探测器的火灾报警信号作为水幕阀组启动的联动触发信号，并应由消防联动控制器联动控制水幕系统相关控制阀组的启动。

② 手动控制方式，应将水幕系统相关控制阀组和消防泵控制箱（柜）的启动和停止按钮，用专用线路直接连接至设置在消防控制室内的消防联动控制器的手动控制盘，并应直接手动控制消防泵的启动、停止及水幕系统相关控制阀组的开启。

③ 压力开关、水幕系统相关控制阀组和消防泵的启动、停止的动作信号应反馈至消防联动控制器。

 阅读材料 5-4

水幕系统的工作原理

防火分隔
水幕系统

水幕系统处于准工作状态时，由消防水箱或稳压泵、气压给水设备等稳压设施维持管道内充水的压力。发生火灾时，由火灾自动报警系统联动开启雨淋报警阀组和供水泵，向系统管网和喷头供水。左图为武汉新城国际博览中心国内最长防火分隔水幕消防测试。

5.4.3 消火栓系统的联动控制设计

（1）联动控制方式，应由消火栓系统出水干管上设置的低压压力开关、高位消防水箱出水管上设置的流量开关或报警阀压力开关等信号作为触发信号，直接控制启动消火栓泵，联动控制不应受消防联动控制器处于自动或手动状态影响。当设置消火栓按钮时，消火栓按钮的动作信号应作为报警信号及启动消火栓泵的联动触发信号，由消防联动控制器联动控制消火栓泵的启动。

（2）手动控制方式，应将消火栓泵控制箱（柜）的启动、停止按钮，用专用线路直接连接至设置在消防控制室内的消防联动控制器的手动控制盘，并应直接手动控制消火栓泵的启动、停止。

（3）消火栓泵的动作信号应反馈至消防联动控制器。

图 5.11 所示为消火栓系统启泵流程图，图 5.12 所示为消火栓系统联动控制图。

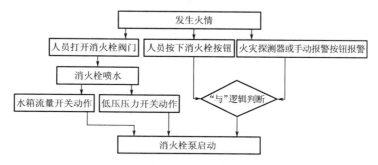

图 5.11　消火栓系统启泵流程图

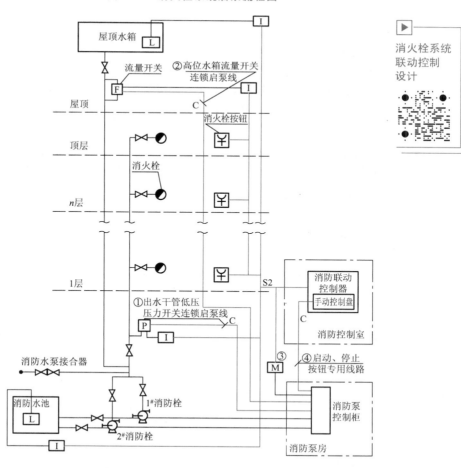

图 5.12　消火栓系统联动控制图

5.4.4 气体灭火系统、泡沫灭火系统的联动控制设计

（1）气体灭火系统、泡沫灭火系统应分别由专用的气体灭火控制器、泡沫灭火控制器控制。

（2）气体灭火控制器、泡沫灭火控制器直接连接火灾探测器时，气体灭火系统、泡沫灭火系统的自动控制方式应符合下列规定。

① 应由同一防护区域内两只独立的火灾探测器的报警信号、一只火灾探测器与一只手动火灾报警按钮的报警信号或防护区外的紧急启动信号，作为系统的联动触发信号。探测器的组合宜采用感烟火灾探测器和感温火灾探测器，各类探测器应按规范的规定分别计算保护面积。

② 气体灭火控制器、泡沫灭火控制器在接收到满足联动逻辑关系的首个联动触发信号后，应启动设置在该防护区内的火灾声光警报器，且联动触发信号应为任一防护区域内设置的感烟火灾探测器、其他类型火灾探测器或手动火灾报警按钮的首次报警信号；在接收到第二个联动触发信号后，应发出联动控制信号，且联动触发信号应为同一防护区域内与首次报警的火灾探测器或手动火灾报警按钮相邻的感温火灾探测器、火焰探测器或手动火灾报警按钮的报警信号。

③ 联动控制信号应包括下列内容。

a. 关闭防护区域的送（排）风机及送（排）风阀门。

b. 停止通风和空气调节系统及关闭设置在该防护区域的电动防火阀。

c. 联动控制防护区域开口封闭装置的启动，包括关闭防护区域的门、窗。

d. 启动气体灭火装置、泡沫灭火装置，气体灭火控制器、泡沫灭火控制器可设定不大于30s的延迟喷射时间。

④ 平时无人工作的防护区，可设置为无延迟的喷射，应在接收到满足联动逻辑关系的首个联动触发信号后按上面第③条联动控制信号的规定执行除启动气体灭火装置、泡沫灭火装置外的联动控制；在接收到第二个联动触发信号后，应启动气体灭火装置、泡沫灭火装置。

⑤ 气体灭火防护区出口外上方应设置表示气体喷洒的火灾声光警报器，指示气体释放的声信号应与该保护对象中设置的火灾声警报器的声信号有明显区别。在启动气体灭火装置、泡沫灭火装置的同时，应启动设置在防护区入口处表示气体喷洒的火灾声光警报器；组合分配系统应首先开启相应防护区域的选择阀，然后启动气体灭火装置、泡沫灭火装置。

气体灭火系统灭火流程图如图5.13所示，流程图中未表示延迟喷射时间，实际工程中应根据防护区具体情况进行设定。气体灭火系统联动控制图如图5.14所示。

（3）气体灭火控制器、泡沫灭火控制器不直接连接火灾探测器时，气体灭火系统、泡沫灭火系统的自动控制方式应符合下列规定。

① 气体灭火系统、泡沫灭火系统的联动触发信号应由火灾报警控制器或消防联动控制器发出。

② 气体灭火系统、泡沫灭火系统的联动触发信号和联动控制均应符合规范的规定。

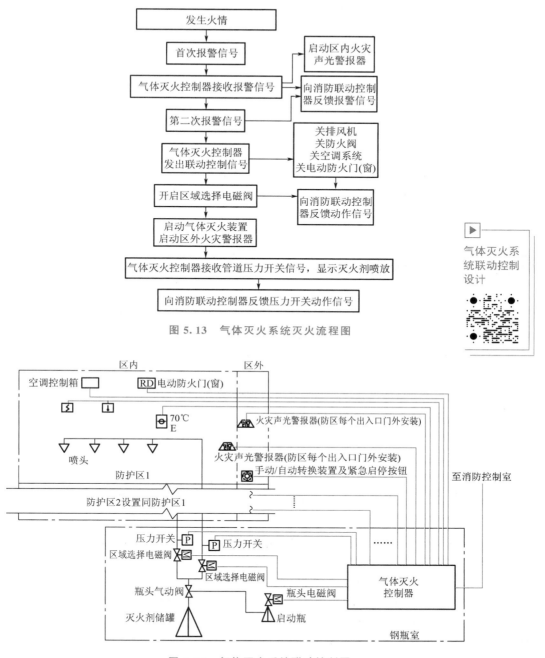

图 5.13　气体灭火系统灭火流程图

气体灭火系统联动控制设计

图 5.14　气体灭火系统联动控制图

（4）气体灭火系统、泡沫灭火系统的手动控制方式应符合下列规定。

① 在防护区疏散出口的门外应设置气体灭火装置、泡沫灭火装置的手动启动和停止按钮。按下手动启动按钮时，气体灭火控制器、泡沫灭火控制器应执行符合规范规定的联动操作；按下手动停止按钮时，气体灭火控制器、泡沫灭火控制器应停止正在执行的联动操作。

② 气体灭火控制器、泡沫灭火控制器上应设置对应于不同防护区的手动启动和停止按钮。按下手动启动按钮时，气体灭火控制器、泡沫灭火控制器应执行符合规范规定的联动操作；按下手动停止按钮时，气体灭火控制器、泡沫灭火控制器应停止正在执行的联动操作。

（5）气体灭火装置、泡沫灭火装置启动和喷放各阶段的联动控制及系统的反馈信号，应反馈至消防联动控制器。系统的联动反馈信号应包括下列内容。

① 气体灭火控制器、泡沫灭火控制器直接连接的火灾探测器的报警信号。

② 选择阀的动作信号。

③ 压力开关的动作信号。

（6）在防护区域内设有手动与自动控制转换装置的系统，其手动或自动控制方式的工作状态应在防护区内外的手动和自动控制状态显示装置上显示，该状态信号应反馈至消防联动控制器。

5.4.5 防烟排烟系统的联动控制设计

（1）防烟系统的联动控制方式应符合下列规定。

① 应由加压送风口所在防火分区内的两只独立的火灾探测器或一只火灾探测器与一只手动火灾报警按钮的报警信号，作为送风口开启和加压送风机启动的联动触发信号，并应由消防联动控制器联动控制相关层前室等需要加压送风场所的加压送风口开启和加压送风机启动。

② 应由同一防烟分区内且位于电动挡烟垂壁附近的两只独立的感烟火灾探测器的报警信号，作为电动挡烟垂壁降落的联动触发信号，并应由消防联动控制器联动控制电动挡烟垂壁的降落。

（2）排烟系统的联动控制方式应符合下列规定。

① 应由同一防烟分区内的两只独立的火灾探测器的报警信号，作为排烟口、排烟窗或排烟阀开启的联动触发信号，并应由消防联动控制器联动控制排烟口、排烟窗或排烟阀的开启，同时停止该防烟分区的空气调节系统。

② 应由排烟口、排烟窗或排烟阀开启的动作信号，作为排烟风机启动的联动触发信号，并应由消防联动控制器联动控制排烟风机的启动。

（3）防烟系统、排烟系统的手动控制方式，应能在消防控制室内的消防联动控制器上手动控制送风口、电动挡烟垂壁、排烟口、排烟窗、排烟阀的开启或关闭，以及防烟风机、排烟风机等设备的启动或停止；防烟风机、排烟风机的启动和停止按钮应采用专用线路直接连接至设置在消防控制室内的消防联动控制器的手动控制盘，并应直接手动控制防烟风机、排烟风机的启动和停止。

（4）送风口、排烟口、排烟窗或排烟阀开启和关闭的动作信号，防烟风机、排烟风机启动和停止及电动防火阀关闭的动作信号，均应反馈至消防联动控制器。

（5）排烟风机入口处的总管上设置的280℃排烟防火阀在关闭后应直接联动控制风机停止，排烟防火阀及风机的动作信号应反馈至消防联动控制器。防排烟系统联动控制图如图5.15所示。

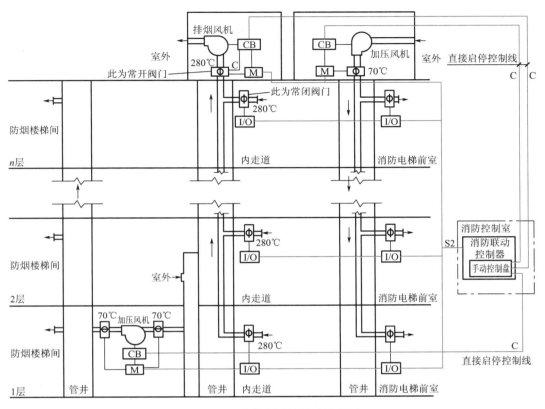

图 5.15 防排烟系统联动控制图

5.4.6 防火门及防火卷帘系统的联动控制设计

（1）防火门系统的联动控制设计，应符合下列规定。

① 应由常开防火门所在防火分区内的两只独立的火灾探测器或一只火灾探测器与一只手动火灾报警按钮的报警信号，作为常开防火门关闭的联动触发信号，联动触发信号应由火灾报警控制器或消防联动控制器发出，并应由消防联动控制器或防火门监控器联动控制防火门关闭。

② 疏散通道上各防火门的开启、关闭及故障状态信号应反馈至防火门监控器。

（2）防火卷帘的升降应由防火卷帘控制器控制。

（3）疏散通道上设置的防火卷帘的联动控制设计，应符合下列规定。

① 联动控制方式，防火分区内任两只独立的感烟火灾探测器或任一只专门用于联动防火卷帘的感烟火灾探测器的报警信号应联动控制防火卷帘下降至距楼板面 1.8m 处；任一只专门用于联动防火卷帘的感温火灾探测器的报警信号应联动控制防火卷帘下降到楼板面；在卷帘的任一侧距卷帘纵深 0.5～5m 内应设置不少于两只专门用于联动防火卷帘的感温火灾探测器。

防排烟系统联动控制设计

地下车库防火卷帘

② 手动控制方式，应由防火卷帘两侧设置的手动控制按钮控制防火卷帘的升降。

（4）非疏散通道上设置的防火卷帘的联动控制设计，应符合下列规定。

① 联动控制方式，应由防火卷帘所在防火分区内任两只独立的火灾探测器的报警信号，作为防火卷帘下降的联动触发信号，并应联动控制防火卷帘直接下降到楼板面。

② 手动控制方式，应由防火卷帘两侧设置的手动控制按钮控制防火卷帘的升降，并应能在消防控制室内的消防联动控制器上手动控制防火卷帘的降落。

（5）防火卷帘下降至距楼板面 1.8m 处、下降到楼板面的动作信号和防火卷帘控制器直接连接的感烟、感温火灾探测器的报警信号，应反馈至消防联动控制器。

5.4.7　电梯的联动控制设计

（1）消防联动控制器应具有发出联动控制信号强制所有电梯停于首层或电梯转换层的功能。

（2）电梯运行状态信息和停于首层或转换层的反馈信号，应传送给消防控制室显示，轿厢内应设置能直接与消防控制室通话的专用电话。

 阅读材料 5-5

生命滑梯

生命滑梯

　　如何在火灾、地震等重大灾难发生时做好高层救援，一直是困扰全世界的难题，每多浪费一秒就意味着生命受到多一点威胁，有时纵然消防人员拼尽全力，依然只能眼睁睁看着悲剧的发生。

　　但是一位来自湖南大学设计艺术学院的 90 后研究生范石钟，用自己的创意设计提供了一个可行性操作！这个名为《生命滑梯》的设计，还获得了美国 Core77 设计大奖。

　　范石钟介绍，这个设计吸取了滑梯、起重机械、救援云梯等设计理念，在救援时，人只需要像玩滑梯一样从高楼中滑下来即可。

　　救援滑梯分为三段，每段连接处有一个缓冲区域，人可以站在上面引导和帮助其他人。滑梯使用航天隔热涂料，可以耐受高温；滑梯顶部设有抽风装置，可以阻挡浓烟，此外还能打破窗户伸入房内。

　　谈及如何设计好作品，范石钟称："可以说每设计一个作品，知识面就拓展到那个领域，你学得越多，设计的作品也越好。"

5.4.8　火灾警报和消防应急广播系统的联动控制设计

（1）火灾自动报警系统应设置火灾声、光警报器，在确认火灾后，系统应能启动所有火灾声、光警报器。

（2）未设置消防联动控制器的火灾自动报警系统，火灾声光警报器应由火灾报警控制器控制；设置消防联动控制器的火灾自动报警系统，火灾声光警报器应由火灾报警控制器或消防联动控制器控制。

（3）公共场所宜设置具有同一种火灾变调声的火灾声警报器；具有多个报警区域的保护对象，宜选用带有语音提示的火灾声警报器；学校、工厂等各类日常使用电铃的场所，不应使用警铃作为火灾声警报器。

（4）具有语音提示功能的火灾声警报器应具有语音同步的功能。

（5）系统应同时启动、停止所有火灾声警报器工作。

（6）火灾声警报器单次发出火灾警报时间宜为8～20s，同时设有消防应急广播时，火灾声警报应与消防应急广播交替循环播放。

（7）集中报警系统和控制中心报警系统应设置消防应急广播。

（8）消防应急广播系统的联动控制信号应由消防联动控制器发出。当确认火灾后，应同时向全楼进行广播。

（9）消防应急广播的单次语音播放时间宜为10～30s，应与火灾声警报器分时交替工作，可采取1次火灾声警报器播放、1次或2次消防应急广播播放的交替工作方式循环播放。

（10）在消防控制室应能手动或按预设控制逻辑联动控制选择广播分区、启动或停止应急广播系统，并应能监听消防应急广播。在通过传声器进行应急广播时，应自动对广播内容进行录音。消防应急广播系统联动控制图如图5.16所示。

（11）消防控制室内应能显示消防应急广播的广播分区的工作状态。

（12）具有消防应急广播功能的多用途公共广播系统，应具有强制切入消防应急广播的功能。

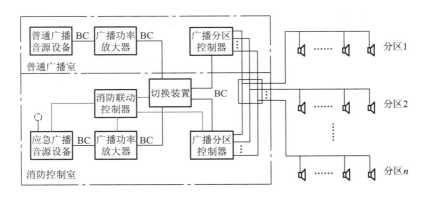

图 5.16　消防应急广播系统联动控制图

5.4.9　消防应急照明和疏散指示系统的联动控制设计

（1）消防应急照明和疏散指示系统的联动控制设计，应符合下列规定。

① 集中控制型消防应急照明和疏散指示系统，应由火灾报警控制器或消防联动控制器启动应急照明控制器实现。集中控制型联动控制图如图5.17所示。

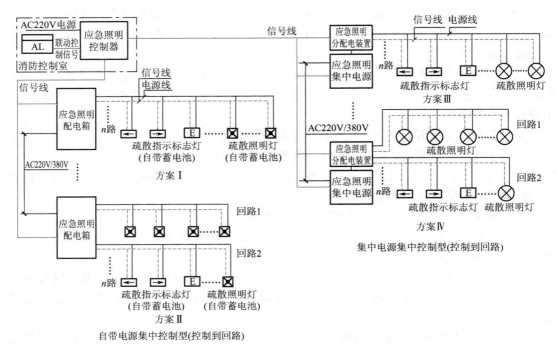

图 5.17　集中控制型联动控制图

② 集中电源非集中控制型消防应急照明和疏散指示系统，应由消防联动控制器联动应急照明集中电源和应急照明分配电装置实现。集中电源非集中控制型联动控制图如图 5.18 所示。

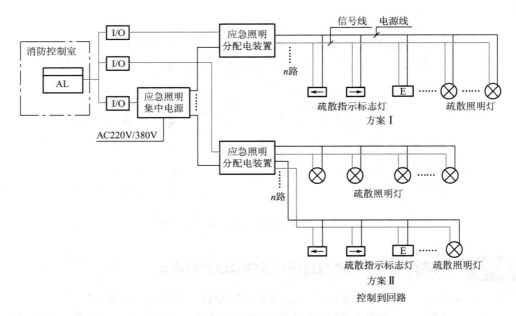

图 5.18　集中电源非集中控制型联动控制图

③ 自带电源非集中控制型消防应急照明和疏散指示系统，应由消防联动控制器联动应急照明配电箱实现。自带电源非集中控制型联动控制图如图 5.19 所示。

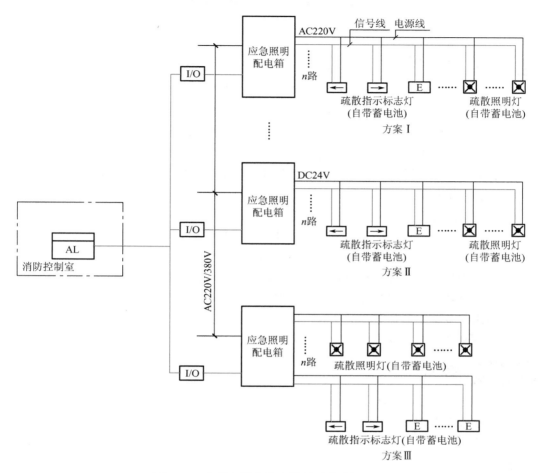

图 5.19 自带电源非集中控制型联动控制图

（2）当确认火灾后，由发生火灾的报警区域开始，顺序启动全楼疏散通道的消防应急照明和疏散指示系统，系统全部投入应急状态的启动时间不应大于 5s。

5.4.10 相关联动控制设计

（1）消防联动控制器应具有切断火灾区域及相关区域的非消防电源的功能，当需要切断正常照明时，宜在自动喷淋系统、消火栓系统动作前切断。

（2）消防联动控制器应具有自动打开涉及疏散的电动栅杆等的功能，宜开启相关区域安全技术防范系统的摄像机监视火灾现场。

（3）消防联动控制器应具有打开疏散通道上由门禁系统控制的门和庭院电动大门的功能，并应具有打开停车场出入口挡杆的功能。

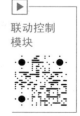

联动控制
模块

5.5 住宅建筑火灾自动报警系统

5.5.1 一般规定

（1）住宅建筑火灾自动报警系统可根据实际应用过程中保护对象的具体情况按下列分类。

① A 类系统可由火灾报警控制器、手动火灾报警按钮、家用火灾探测器、火灾声警报器、应急广播等设备组成。

② B 类系统可由控制中心监控设备、家用火灾报警控制器、家用火灾探测器、火灾声警报器等设备组成。

③ C 类系统可由家用火灾报警控制器、家用火灾探测器、火灾声警报器等设备组成。

④ D 类系统可由独立式火灾探测报警器、火灾声警报器等设备组成。

（2）住宅建筑火灾自动报警系统的选择应符合下列规定。

① 有物业集中监控管理且设有需联动控制的消防设施的住宅建筑应选用 A 类系统。

② 仅有物业集中监控管理的住宅建筑宜选用 A 类或 B 类系统。

③ 没有物业集中监控管理的住宅建筑宜选用 C 类系统。

④ 别墅式住宅和已投入使用的住宅建筑可选用 D 类系统。

5.5.2 系统设计

（1）A 类系统的设计应符合下列规定。

① 系统在公共部位的设计应符合规范的规定。

② 住户内设置的家用火灾探测器可接入家用火灾报警控制器，也可直接接入火灾报警控制器。

③ 设置的家用火灾报警控制器应将火灾报警信息、故障信息等相关信息传输给相连接的火灾报警控制器。

④ 建筑公共部位设置的火灾探测器应直接接入火灾报警控制器。

（2）B 类和 C 类系统的设计应符合下列规定。

① 住户内设置的家用火灾探测器应接入家用火灾报警控制器。

② 家用火灾报警控制器应能启动设置在公共部位的火灾声警报器。

③ B 类系统中，设置在每户住宅内的家用火灾报警控制器应连接到控制中心监控设备，控制中心监控设备应能显示发生火灾的住户。

（3）D 类系统的设计应符合下列规定。

① 有多个起居室的住户，宜采用互连型独立式火灾探测报警器。

② 宜选择电池供电时间不少于 3 年的独立式火灾探测报警器。

（4）采用无线方式将独立式火灾探测报警器组成系统时，系统设计应符合 A 类、B 类或 C 类系统之一的设计要求。

阅读材料 5-6

遇到火灾就自动报警的壁纸

遇到火灾就
自动报警的
壁纸

2018 年，中国科学院上海硅酸盐研究所成功地研制出新型火灾自动报警耐火壁纸。

市场上很多壁纸容易燃烧，具有安全隐患。而火灾报警系统对于火灾预警和救援至关重要，如果能将火灾报警系统集成在壁纸上，就能够及时地发出火灾警报，避免造成人员和财产损失。

这种新型火灾自动报警耐火壁纸是由羟基磷灰石超长纳米线作为原料制成的耐火纸及氧化石墨烯温敏传感器两部分构成的。氧化石墨烯在室温下不导电，但遇到火灾后，火焰产生的高温可去除氧化石墨烯中的含氧基团，使其由不导电转变为导电状态，这样就可以触发报警装置，在发生火灾的第一时间自动发出火灾警报。

这种新型火灾自动报警耐火壁纸具有优异的耐高温和耐火性能，可耐 1000℃以上的高温，在一般的火灾中不管灼烧多长时间都不会燃烧。

5.5.3　火灾探测器的设置

（1）每间卧室、起居室内应至少设置一只感烟火灾探测器。

（2）可燃气体探测器在厨房设置时，应符合下列规定。

火灾探测器
的相关提问

① 使用天然气的用户应选择甲烷探测器，使用液化气的用户应选择丙烷探测器，使用煤制气的用户应选择一氧化碳探测器。

② 连接燃气灶具的软管及接头在橱柜内部时，探测器宜设置在橱柜内部。

③ 甲烷探测器应设置在厨房顶部，丙烷探测器应设置在厨房下部，一氧化碳探测器可设置在厨房下部，也可设置在其他部位。

④ 可燃气体探测器不宜设置在灶具正上方。

⑤ 宜采用具有联动关断燃气关断阀功能的可燃气体探测器。

⑥ 探测器联动的燃气关断阀宜为用户可以自己复位的关断阀，并应具有胶管脱落自动保护功能。

5.5.4　家用火灾报警控制器的设置

（1）家用火灾报警控制器应独立设置在每户内，且应设置在明显和便于操作的部位。当采用壁挂方式安装时，其底边距地面高度宜为 1.3～1.5m。

（2）具有可视对讲功能的家用火灾报警控制器宜设置在进户门附近。

5.5.5　火灾声警报器的设置

（1）住宅建筑公共部位设置的火灾声警报器应具有语音功能，且应能接受联动控制或由手动火灾报警按钮信号直接控制发出警报。

（2）每台警报器覆盖的楼层不应超过3层，且首层明显部位应设置用于直接启动火灾声警报器的手动火灾报警按钮。

5.5.6　应急广播的设置

（1）住宅建筑内设置的应急广播应能接受联动控制或由手动火灾报警按钮信号直接控制进行广播。

（2）每台扬声器覆盖的楼层不应超过3层。

（3）广播功率放大器应具有消防电话插孔，消防电话插入后应能直接讲话。

（4）广播功率放大器应配有备用电池，电池持续工作不能达到1h时，应能向消防控制室或物业值班室发送报警信息。

（5）广播功率放大器应设置在首层内走道侧面的墙上，箱体面板应有防止非专业人员打开的措施。

5.6　可燃气体探测报警系统

5.6.1　一般规定

（1）可燃气体探测报警系统应由可燃气体报警控制器、可燃气体探测器和火灾声光警报器等组成。

（2）可燃气体探测报警系统应独立组成，可燃气体探测器不应直接接入火灾报警控制器的报警总线；当可燃气体的报警信号需接入火灾自动报警系统时，应由可燃气体报警控制器接入。

（3）石化行业涉及过程控制的可燃气体探测器，可按现行国家标准《石油化工可燃气体和有毒气体检测报警设计规范》（GB 50493）的有关规定设置，但其报警信号应接入消防控制室。

（4）可燃气体报警控制器的报警信息和故障信息，应在消防控制室图形显示装置或起集中控制功能的火灾报警控制器上显示，但该类信息与火灾报警信息的显示应有区别。

（5）可燃气体报警控制器发出报警信号时，应能启动保护区域的火灾声光警报器。

（6）可燃气体探测报警系统保护区域内有联动和警报要求时，应由可燃气体报警控制器或消防联动控制器联动实现。

（7）可燃气体探测报警系统设置在有防爆要求的场所时，尚应符合有关防爆要求。

5.6.2　可燃气体探测器的设置

（1）探测气体密度小于空气密度的可燃气体探测器应设置在被保护空间的顶部，探测气体密度大于空气密度的可燃气体探测器应设置在被保护空间的下部，探测气体密度与空气密度相当时，可燃气体探测器可设置在被保护空间的中间部位或顶部。

（2）可燃气体探测器宜设置在可能产生可燃气体部位附近。

（3）点型可燃气体探测器的保护半径，应符合现行国家标准《石油化工可燃气体和有毒气体检测报警设计规范》（GB 50493）的有关规定。

（4）线型可燃气体探测器的保护区域长度不宜大于 60m。

5.6.3 可燃气体报警控制器的设置

（1）当有消防控制室时，可燃气体报警控制器可设置在保护区域附近；当无消防控制室时，可燃气体报警控制器应设置在有人值班的场所。

（2）可燃气体报警控制器的设置应符合火灾报警控制器的安装设置要求。

5.7 电气火灾监控系统

5.7.1 一般规定

（1）电气火灾监控系统应独立组成，可用于具有电气火灾危险的场所。

（2）电气火灾监控系统应由下列部分或全部设备组成。

① 电气火灾监控器。

② 剩余电流式电气火灾监控探测器。

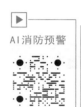

AI消防预警

③ 测温式电气火灾监控探测器。

（3）电气火灾监控系统应根据建筑物的性质及电气火灾危险性设置，并应根据电气线路敷设和用电设备的具体情况，确定电气火灾监控探测器的形式与安装位置。在无消防控制室且电气火灾监控探测器设置数量不超过 8 只时，可采用独立式电气火灾监控探测器。

（4）非独立式电气火灾监控探测器不应接入火灾报警控制器的探测器回路。

（5）在设置消防控制室的场所，电气火灾监控器的报警信息和故障信息应在消防控制室图形显示装置或起集中控制功能的火灾报警控制器上显示，但该类信息与火灾报警信息的显示应有区别。

（6）电气火灾监控探测器的设置不应影响所在场所供配电系统的正常工作。

（7）当线型感温火灾探测器用于电气火灾监控时，可接入电气火灾监控器。

5.7.2 剩余电流式电气火灾监控探测器的设置

（1）剩余电流式电气火灾监控探测器应以设置在低压配电系统首端为基本原则，宜设置在第一级配电柜（箱）的出线端。在供电线路泄漏电流大于 500mA 时，宜在其下一级配电柜（箱）设置。剩余电流式电气火灾监控探测器系统示意图如图 5.20 所示。

（2）剩余电流式电气火灾监控探测器不宜设置在 TT 系统的配电线路和消防配电线路中。

（3）选择剩余电流式电气火灾监控探测器时，应计及供电系统自然漏电流的影响，并应选择参数合适的探测器；探测器报警值宜为 300～500mA。

（4）具有探测线路故障电弧功能的电气火灾监控探测器，其保护线路的长度不宜大于100m。

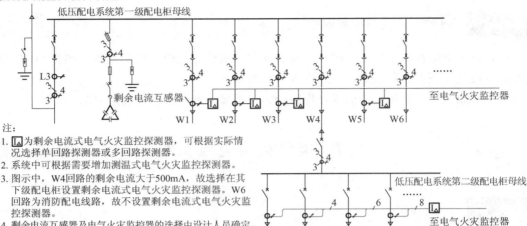

注：
1. [IΔ]为剩余电流式电气火灾监控探测器，可根据实际情况选择单回路探测器或多回路探测器。
2. 系统中可根据需要增加测温式电气火灾监控探测器。
3. 图示中，W4回路的剩余电流大于500mA，故选择在其下级配电柜设置剩余电流式电气火灾监控探测器。W6回路为消防配电线路，故不设置剩余电流式电气火灾监控探测器。
4. 剩余电流互感器及电气火灾监控器的选择由设计人员确定。

图5.20　剩余电流式电气火灾监控探测器系统示意图

5.7.3　测温式电气火灾监控探测器的设置

（1）测温式电气火灾监控探测器应设置在电缆接头、端子、重点发热部件等部位。

（2）保护对象为1000V及以下的配电线路，测温式电气火灾监控探测器应采用接触式布置。

（3）保护对象为1000V以上的供电线路，测温式电气火灾监控探测器宜选择光栅光纤测温式或红外测温式电气火灾监控探测器，光栅光纤测温式电气火灾监控探测器应直接设置在保护对象的表面。

5.7.4　独立式电气火灾监控探测器的设置

（1）独立式电气火灾监控探测器的设置应符合规范的规定。

（2）设有火灾自动报警系统时，独立式电气火灾监控探测器的报警信息和故障信息应在消防控制室图形显示装置或集中火灾报警控制器上显示，但该类信息与火灾报警信息的显示应有区别。

（3）未设火灾自动报警系统时，独立式电气火灾监控探测器应将报警信号传至有人值班的场所。

5.7.5　电气火灾监控器的设置

（1）设有消防控制室时，电气火灾监控器应设置在消防控制室内或保护区域附近；设置在保护区域附近时，应将报警信息和故障信息传入消防控制室。

（2）未设消防控制室时，电气火灾监控器应设置在有人值班的场所。

5.8 火灾自动报警系统供电

5.8.1 一般规定

（1）火灾自动报警系统应设置交流电源和蓄电池备用电源。

（2）火灾自动报警系统中控制与显示类设备的主电源应直接与消防电源连接，不应使用电源插头，备用电源可采用火灾报警控制器和消防联动控制器自带的蓄电池电源或消防设备应急电源。当备用电源采用消防设备应急电源时，火灾报警控制器和消防联动控制器应采用单独的供电回路，并应保证在系统处于最大负载状态下不影响火灾报警控制器和消防联动控制器的正常工作。

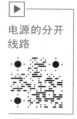

▶ 电源的分开线路

（3）消防控制室图形显示装置、消防通信设备等的电源，宜由 UPS（不间断电源）装置或消防设备应急电源供电。火灾自动报警系统供电系统框图如图 5.21 所示。

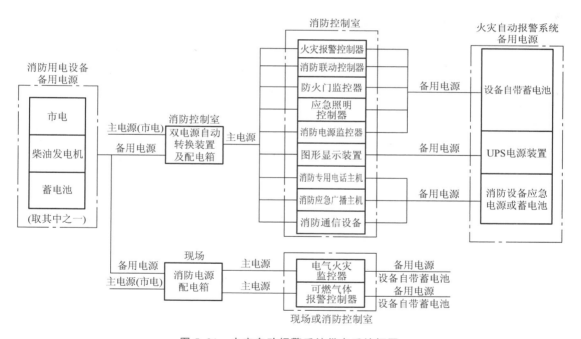

图 5.21 火灾自动报警系统供电系统框图

（4）火灾自动报警系统主电源不应设置剩余电流动作保护装置和过负荷保护装置。

（5）消防设备应急电源输出功率应大于火灾自动报警及联动控制系统全负荷功率的 120%，蓄电池组的容量应保证火灾自动报警及联动控制系统在火灾状态同时工作负荷条件下连续工作 3h 以上。

（6）消防用电设备应采用专用的供电回路，其配电设备应设有明显标志。其配电线路和控制回路宜按防火分区划分。

5.8.2 系统接地

（1）火灾自动报警系统接地装置的接地电阻值应符合下列规定。

① 采用共用接地装置时，接地电阻值不应大于 1Ω。

② 采用专用接地装置时，接地电阻值不应大于 4Ω。

（2）消防控制室内的电气和电子设备的金属外壳、机柜、机架和金属管、槽等，应采用等电位连接。

（3）由消防控制室接地板引至各消防电子设备的专用接地线应选用铜芯绝缘导线，其线芯截面面积不应小于 $4mm^2$。

（4）消防控制室接地板与建筑接地体之间，应采用线芯截面面积不小于 $25mm^2$ 的铜芯绝缘导线连接。

5.9 火灾自动报警系统布线

5.9.1 一般规定

电缆的选择

（1）火灾自动报警系统的传输线路和 50V 以下供电的控制线路，应采用电压等级不低于交流 $300V/500V$ 的铜芯绝缘导线或铜芯电缆。采用交流 $220V/380V$ 的供电和控制线路，应采用电压等级不低于交流 $450V/750V$ 的铜芯绝缘导线或铜芯电缆。

（2）火灾自动报警系统传输线路的线芯截面选择，除应满足自动报警装置技术条件的要求外，还应满足机械强度的要求。铜芯绝缘导线和铜芯电缆线芯的最小截面面积，不应小于表 5-7 的规定。

表 5-7 铜芯绝缘导线和铜芯电缆线芯的最小截面面积

序 号	类 别	线芯的最小截面面积/mm²
1	穿管敷设的绝缘导线	1.00
2	线槽内敷设的绝缘导线	0.75
3	多芯电缆	0.50

（3）火灾自动报警系统的供电线路和传输线路设置在室外时，应埋地敷设。

（4）火灾自动报警系统的供电线路和传输线路设置在地（水）下隧道或湿度大于 90% 的场所时，线路及接线处应做防水处理。

（5）采用无线通信方式的系统设计，应符合下列规定。

① 无线通信模块的设置间距不应大于额定通信距离的 75%。

② 无线通信模块应设置在明显部位，且应有明显标识。

5.9.2 室内布线

（1）火灾自动报警系统的传输线路应采用金属管、可挠（金属）电气导管、B_1 级以上的刚性塑料管或封闭式线槽保护。

（2）火灾自动报警系统的供电线路、消防联动控制线路应采用燃烧性能不低于 B2 级的耐火铜芯电线电缆，报警总线、消防应急广播和消防专用电话等传输线路应采用燃烧性能不低于 B2 级的铜芯电线电缆。

（3）线路暗敷设时，应采用金属管、可挠（金属）电气导管或 B_1 级以上的刚性塑料管保护，并应敷设在不燃烧体的结构层内，且保护层厚度不宜小于 30mm；线路明敷设时，应采用金属管、可挠（金属）电气导管或金属封闭线槽保护。矿物绝缘类不燃性电缆可直接明敷。

 阅读材料 5-7

矿物绝缘电缆

矿物绝缘电缆（Mineral Insulated Cable），简称 MI 电缆。矿物绝缘电缆按结构特性可以分为刚性和柔性两种。

刚性矿物绝缘电缆发明较早，19 世纪末瑞士工程师 Arnold Francois Borel 就提出矿物绝缘电缆的设想，并于 1896 年获得专利权，1934—1936 年在法、英投入生产以后发展很快。我国于 20 世纪 60 年代研制刚性矿物绝缘电缆，开始用于军事领域，80 年代中期开始工业化生产，并逐步被建筑领域全面接受。由于刚性矿物绝缘电缆在结构设计上的天然不足，造成其在性能、生产及敷设等方面都存在一定的缺陷。在发达国家特别是欧盟国家中，柔性矿物绝缘防火电缆的崛起，使刚性矿物绝缘电缆已逐渐被替代。

柔性矿物绝缘电缆的发明较晚，大约是在 20 世纪 70 年代诞生于瑞士斯图特电缆公司，国内最早的柔性矿物绝缘防火电缆于 21 世纪推出。

相对传统的刚性矿物绝缘电缆，柔性矿物绝缘电缆是由铜绞线、矿物化合物绝缘和铜质材料，经特殊加工而成，其有良好的弯曲特性护套并作为 PE 线。由于其主要材料为无机材料，因此弥补了刚性矿物绝缘电缆结构硬、易燃烧、有毒等缺陷，并且具有一些其他电缆不具有的优点，如耐火、载流量大、耐冲击电压、耐机械损伤、无卤无毒、防爆、耐腐蚀、使用寿命长、安全、耐过载、耐高温等。

由于一般的电线电缆绝缘使用的都是有机高分子材料，因此在火焰条件下极易碳化从而失去绝缘作用。柔性矿物绝缘防火电缆的主要材料由无机矿物或矿物化合物组成，它本身不会引起火灾，不可能燃烧或助燃。而这些材料一般都具有 1300℃ 以上的较高熔点（铜的熔点为 1085℃），因此防火电缆即使用于火焰条件下也能正常发挥输电功能，是一种真正意义上的防火电缆。

绞合铜导体
矿石绝缘层
耐燃高分子填充物
铜护套
外护套(可选)

（4）火灾自动报警系统用的电缆竖井，宜与电力、照明用的低压配电线路电缆竖井分别设置。受条件限制必须合用时，应将火灾自动报警系统用的电缆和电力、照明用的低压配电线路电缆分别布置在竖井的两侧。

（5）火灾自动报警系统应单独布线，且系统内不同电压等级、不同电流类别的线路应敷设在不同线管内或同一线槽的不同槽孔内。

（6）采用穿管水平敷设时，除报警总线外，不同防火分区的线路不应穿入同一根管内。

（7）从接线盒、线槽等处引到探测器底座盒、控制设备盒、扬声器箱的线路，均应加金属保护管保护。

（8）火灾探测器的传输线路，宜选择不同颜色的绝缘导线或电缆。正极"＋"线应为红色，负极"－"线应为蓝色或黑色。同一工程中相同用途导线的颜色应一致，接线端子应有标号。

5.10 典型场所的火灾自动报警系统

5.10.1 道路隧道

隧道火灾

（1）城市道路隧道、特长双向公路隧道和道路中的水底隧道，应同时采用线型光纤感温火灾探测器和点型红外火焰探测器（或图像型火灾探测器）；其他公路隧道应采用线型光纤感温火灾探测器或点型红外火焰探测器。

（2）线型光纤感温火灾探测器应设置在车道顶部距顶棚100～200mm处，线型光栅光纤感温火灾探测器的光栅间距不应大于10m；每根分布式线型光纤感温火灾探测器和线型光栅光纤感温火灾探测保护车道的数量不应超过2条；点型红外火焰探测器或图像型火灾探测器应设置在行车道侧面墙上距行车道地面高度2.7～3.5m处，并应保证无探测盲区；在行车道两侧设置时，探测器应交错设置。

（3）火灾自动报警系统需联动消防设施时，其报警区域长度不宜大于150m。

（4）隧道出入口及隧道内每隔200m处应设置报警电话，每隔50m处应设置手动火灾报警按钮和闪烁红光的火灾声光警报器。隧道入口前方50～250m内应设置指示隧道内发生火灾的声光警报装置。

（5）隧道用电缆通道宜设置线型感温火灾探测器，主要设备用房内的配电线路应设置电气火灾监控探测器。

隧道火灾
探测

（6）隧道中设置的火灾自动报警系统宜联动隧道中设置的视频监视系统确认火灾。

（7）火灾自动报警系统应将火灾报警信号传输给隧道中央控制管理设备。

（8）消防应急广播可与隧道内设置的有线广播合用，其设置应符合规范的规定。

（9）消防专用电话可与隧道内设置的紧急电话合用，其设置应符合规范的规定。

（10）消防联动控制器应能手动控制与正常通风合用的排烟风机。

（11）隧道内设置的消防设备的防护等级不应低于 IP65。

5.10.2 油罐区

（1）外浮顶油罐宜采用线型光纤感温火灾探测器，且每只线型光纤感温火灾探测器应只能保护一个油罐，并应设置在浮盘的堰板上。

（2）除浮顶和卧式油罐外的其他油罐宜采用火焰探测器。

（3）采用光栅光纤感温火灾探测器保护外浮顶油罐时，两个相邻光栅间距离不应大于 3m。

（4）油罐区可在高架杆等高位处设置点型红外火焰探测器或图像型火灾探测器做辅助探测。

（5）火灾报警信号宜联动报警区域内的工业视频装置确认火灾。

5.10.3 电缆隧道

（1）隧道外的电缆接头、端子等发热部位应设置测温式电气火灾监控探测器，探测器的设置应符合规范的有关规定；除隧道内所有电缆的燃烧性能均为 A 级外，隧道内应沿电缆设置线型感温火灾探测器，且在电缆接头、端子等发热部位应保证有效探测长度；隧道内设置的线型感温火灾探测器可接入电气火灾监控器。

（2）无外部火源进入的电缆隧道应在电缆层上表面设置线型感温火灾探测器；有外部火源进入可能的电缆隧道在电缆层上表面和隧道顶部，均应设置线型感温火灾探测器。

（3）线型感温火灾探测器采用"S"形布置或有外部火源进入可能的电缆隧道内，应采用能响应火焰规模不大于 100mm 的线型感温火灾探测器。

（4）线型感温火灾探测器应采用接触式的敷设方式对隧道内的所有的动力电缆进行探测；缆式线型感温火灾探测器应采用"S"形布置在每层电缆的上表面，线型光纤感温火灾探测器应采用一根感温光缆保护一根动力电缆的方式，并应沿动力电缆敷设。

（5）在电缆接头、端子等发热部位敷设分布式线型光纤感温火灾探测器时，其感温光缆的延展长度不应少于探测单元长度的 1.5 倍；线型光栅光纤感温火灾探测器在电缆接头、端子等发热部位应设置感温光栅。

（6）其他隧道内设置动力电缆时，除隧道顶部可不设置线型感温火灾探测器外，探测器设置均应符合规范的规定。

5.10.4 高度大于 12m 的空间场所

火灾自动报
警系统实况
模拟

（1）高度大于 12m 的空间场所宜同时选择两种及以上火灾参数的火灾探测器。

（2）火灾初期产生大量烟的场所，应选择线型光束感烟火灾探测器、管路吸气式感烟火灾探测器或图像型感烟火灾探测器。

（3）线型光束感烟火灾探测器的设置应符合下列要求。

① 探测器应设置在建筑顶部。

② 探测器宜采用分层组网的探测方式。

③ 建筑高度不超过 16m 时，宜在 6～7m 增设一层探测器。

④ 建筑高度超过 16m 但不超过 26m 时，宜在 6～7m 和 11～12m 处各增设一层探测器。

⑤ 由开窗或通风空调形成的对流层为 7～13m 时，可将增设的一层探测器设置在对流层下面 1m 处。

⑥ 分层设置的探测器保护面积可按常规计算，并宜与下层探测器交错布置。

（4）管路吸气式感烟火灾探测器的设置应符合下列要求。

① 探测器的采样管宜采用水平和垂直结合的布管方式，并应保证至少有两个采样孔在 16m 以下，并宜有两个采样孔设置在开窗或通风空调对流层下面 1m 处。

② 可在回风口处设置起辅助报警作用的采样孔。

（5）火灾初期产生少量烟并产生明显火焰的场所，应选择 1 级灵敏度的点型红外火焰探测器或图像型火焰探测器，并应降低探测器设置高度。

（6）电气线路应设置电气火灾监控探测器，照明线路上应设置具有探测故障电弧功能的电气火灾监控探测器，如图 5.22 所示。

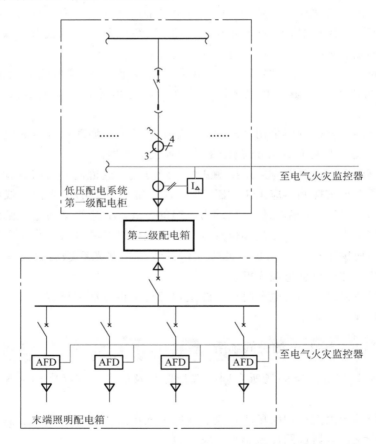

图 5.22　高度大于 12m 的空间场所电气火灾监控探测器系统示意图

阅读材料 5-8

一店铺深夜突发大火，为何还被点赞

贵州安顺市紫云县一村民自建房发生了火灾，为何消防部门还点了赞，还被称为"教科书式操作"？

近年来，全国发生了多起小型经营性场所和"下店上宅、前店后宅"村民自建房较大亡人火灾，教训十分深刻，损失十分惨重！而贵州安顺市紫云县的这起火灾，建筑物内被困人员全部成功逃生！而发生火灾的建筑物正是典型的"下店上宅、前店后宅"的村民自建房。

消防部门对火灾事故进行调查时发现，该村民自建房主体为地上三层建筑，一层为汽车轮胎经营店铺，二、三层为人员居住区域，各楼层平均高度3～4m。

火灾发生时间是凌晨3点，起火原因是一层租户电器使用不当。由于燃烧物是橡胶和润滑油一类的易燃物品，燃烧时火势和浓烟较大，被困人员能够逃生并不是偶然！

下面来看看什么是"教科书式操作"。

（1）房主在房屋设计时进行了消防安全设计，建造了独立的敞开楼梯间，并且对进入楼上住户区的通道部分进行了实体墙分隔，火灾发生时，有效阻止了浓烟扩散和火灾蔓延。

（2）整个建筑设置了两个逃生通道。当其中一个通道被浓烟和大火阻隔时，被困人员可迅速通过另一个通道进行逃生。

（3）房主要求租户不能在店内搭建夹层居住，并在后院使用不含可燃泡沫的夹心彩钢板搭建生活区无偿提供给租户使用，实现了人店分离。

（4）房主在室外空地设置了电动自行车的充电停放区域，要求家人及住户不得在楼道和室内对电动自行车进行充电。

（5）房主在装修时采用安全系数较高的防火电线，并对所有电气线路进行了穿管保护。

（6）房主平时关注消防安全知识，通过消防部门宣传和自己的学习，对消防安全有深刻的认识。

（7）发现火灾时，房主第一时间拨打119电话报警。

这起火灾未造成人员伤亡，未发生恶性事故，源于房主消防安全意识较强、具备自防自救能力、自建房屋消防安全条件较好等因素。整个建筑从设计到建造到装修到租用都符合消防规范，用严格的消防标准保障了房主和租客的生命财产安全，堪称"教科书式操作"！

综 合 习 题

一、填空题

1. 在宽度小于＿＿＿＿＿＿m的内走道顶棚上设置点型火灾探测器时，宜居中布置。感温

火灾探测器的安装间距不应超过 _____ m；感烟火灾探测器的安装间距不应超过 _____ m；探测器至端墙的距离，不应大于探测器安装间距的 _____。

2. 点型火灾探测器至空调送风口边的水平距离不应小于 _____ m，并宜接近回风口安装，探测器至多孔送风顶棚孔口的水平距离不应小于 _____ m。

3. 线型光束感烟火灾探测器相邻两组探测器的水平距离不应大于 _____ m，探测器至侧墙的水平距离不应大于 _____ m，且不应小于 _____ m，探测器的发射器和接收器之间的距离不宜超过 _____ m。

4. 每个防火分区应至少设置一个手动火灾报警按钮，从一个防火分区内的任何位置到最邻近的手动火灾报警按钮的步行距离不应大于 _____ m。

5. 民用建筑内扬声器应设置在走道和大厅等公共场所。每个扬声器的额定功率不应小于 _____ W，其数量应能保证从一个防火分区内的任何部位到最近一个扬声器的直线距离不大于 _____ m，走道末端距最近的扬声器距离不应大于 _____ m。

6. 疏散通道上设置的防火卷帘的联动控制设计规定：防火分区内任两只独立的感烟火灾探测器或任一只专门用于联动防火卷帘的感烟火灾探测器的报警信号应联动控制防火卷帘下降至距楼板面 _____ 处；任一只专门用于联动防火卷帘的感温火灾探测器的报警信号应联动控制防火卷帘下降到 _____。

7. 火灾自动报警系统接地装置的接地电阻值应符合规定：采用共用接地装置时，接地电阻值不应大于 _____ Ω；采用专用接地装置时，接地电阻值不应大于 _____ Ω。

二、名词解释

1. 报警区域；

2. 探测区域；

3. 保护面积；

4. 保护半径；

5. 联动控制信号；

6. 联动反馈信号。

三、单项选择题

1. 对于火灾初期有阴燃阶段，产生大量的烟和少量的热，很少或没有火焰辐射的场所，应选择（　　）。

A. 感温火灾探测器　　　　　　　　B. 感烟火灾探测器

C. 火焰探测器　　　　　　　　　　D. 感温和感烟火灾探测器组合

2. 消防电话、电话插孔、带电话插孔的手动报警按钮宜安装在明显、便于操作的位置；当在墙面上安装时，其底边距地（楼）面高度宜为（　　）m。

A. 1.5～1.8　　　B. 1.1～1.3　　　C. 1.3～1.5　　　D. 1.6～1.8

3. 气体灭火控制器的延时功能，其延时时间应在（　　）s内可调。

A. 0～10　　　B. 0～20　　　C. 0～30　　　D. 0～60

4. 消防应急广播系统的联动控制信号应由消防联动控制器发出。当确认首层发生火灾后，应同时向（　　）进行广播。

A. 本层、地下各层　　　　　　　　B. 本层、二层

C. 本层、二层及地下各层　　　　　D. 全楼

5. 在有梁的顶棚上设置点型感烟火灾探测器、感温火灾探测器时，当梁突出顶棚的高度小于（　　　）时，可不计梁对探测器保护面积的影响。

A. 100mm　　　　　B. 200mm　　　　　C. 400mm　　　　　D. 600mm

6. 消防控制室在确认火灾后，对电梯的控制以下（　　　）描述正确。

A. 全部电梯停于地下室，并接受反馈信号

B. 全部消防电梯停于首层或电梯转换层，并接受反馈信号

C. 全部电梯停于首层或电梯转换层

D. 全部电梯停于首层或电梯转换层，并接受反馈信号

四、判断题

1. 无遮挡大空间或有特殊要求的场所，如大型库房、博物馆、档案馆、飞机库等宜选择红外光束感烟火灾探测器。（　　　）

2. 符合下列条件之一的场所，不宜选择点型光电感烟火灾探测器。（　　　）

（1）有大量粉尘、水雾滞留。　　　　（2）可能产生蒸气和油雾。

（3）高海拔地区。　　　　　　　　　（4）在正常情况下有烟滞留。

3. 下列场所宜选择点型感温火灾探测器。（　　　）

（1）饭店、旅馆、教学楼、办公楼的厅堂、卧室、办公室、商场、列车载客车厢等。

（2）计算机房、通信机房、电影或电视放映室等。

（3）楼梯、走道、电梯机房、车库等。

（4）书库、档案库等。

4. 电气火灾监控探测器是探测被保护线路中的剩余电流、温度等电气火灾危险参数变化的探测器。（　　　）

五、简答题

1. 任一台火灾报警控制器所连接的火灾探测器、手动火灾报警按钮和模块等设备总数及地址总数，均不应超过多少点？其中每一总线回路连接设备的总数不宜超过多少点？

2. 任一台消防联动控制器地址总数或火灾报警控制器（联动型）所控制的各类模块总数不应超过多少点？每一联动总线回路连接设备的总数不宜超过多少点？

3. 系统总线上应设置总线短路隔离器，每只总线短路隔离器保护的火灾探测器、手动火灾报警按钮和模块等消防设备的总数不应超过多少点？

4. 火灾自动报警系统形式的选择是如何规定的？

5. 哪些场所宜选择点型感烟火灾探测器？

6. 哪些场所不宜选择点型光电感烟火灾探测器？

7. 哪些场所宜选择点型感温火灾探测器？

8. 哪些场所宜选择可燃气体探测器？

9. 哪些场所宜选择线型光束感烟火灾探测器？哪些场所不宜选择线型光束感烟火灾探测器？

10. 哪些场所或部位宜选择缆式线型感温火灾探测器？

11. 在有梁的顶棚上设置点型感烟火灾探测器、感温火灾探测器时，应符合哪些规定？

12. 哪些场所应设置消防专用电话分机？

13. 湿式系统和干式系统的联动控制设计应符合哪些规定？

14. 消火栓系统的联动控制如何设计？

15. 气体灭火系统、泡沫灭火系统的联动控制如何设计？

16. 防烟排烟系统的联动控制设计应符合哪些规定？

17. 消防应急照明和疏散指示系统的联动控制设计应符合哪些规定？

18. 可燃气体探测器可以接入火灾报警控制器的探测器回路吗？当可燃气体的报警信号需接入火灾自动报警系统时，应由哪里接入？

19. 剩余电流式电气火灾监控探测器如何设置？测温式电气火灾监控探测器如何设置？

20. 火灾自动报警系统主电源可以设置剩余电流动作保护和过负荷保护装置吗？

21. 火灾自动报警系统传输线路的线芯截面如何选择？

六、计算题

1. 如果书库地面面积为 40m²，房间高度为 3m，书库内安有两个书架，书架高度为 2.9m，问应选用几只感烟火灾探测器？

2. 已知某锅炉房房间高度为 4m，房间地面尺寸为 10m×20m，房顶坡度为 10°，属于二级保护对象。（1）确定探测器种类；（2）确定探测器的数量；（3）布置探测器。

七、案例分析题

1. 某电信楼，共 34 层，建筑高度 106m，火灾自动报警系统采用总线制方式布线，其传输线路采用铜芯绝缘导线沿桥架明敷。试分析：

（1）该建筑应采用何种火灾自动报警系统形式？

（2）线路敷设方式是否恰当？为什么？

（3）设置了火灾警报装置后是否还应设置火灾应急广播装置？

2. 对火灾探测器设置的下列问题做出正确选择。

（1）一地下电影院，放映厅面积为 1800m²，平屋顶建筑高度为 8.5m。当采用点型感烟火灾探测器时，其数量不应少于（　　）只。

A. 23　　　　　B. 25　　　　　C. 28　　　　　D. 32

（2）有一栋建筑高度为 200m 的酒店，其地上二层有一个会议厅，长 30m，宽 20m，平顶棚净高为 7m，安装点型感烟火灾探测器，至少应设（　　）只。

A. 13　　　　　B. 10　　　　　C. 6　　　　　D. 22

（3）某一单层展厅的锯齿形屋顶坡度为 25°，顶棚高度为 11m，长 40m，宽 30m，若安装点型感烟火灾探测器，至少应设（　　）只（修正系数取 1）。

A. 12　　　　　B. 13　　　　　C. 14　　　　　D. 15

（4）某车间的锯齿形屋顶坡度为 30°，顶棚高度为 8～10m，长 80m，宽 30m，若采用点型感烟火灾探测器，则单个探测器的保护半径不应大于（　　）m。

A. 4.9　　　　　B. 7.2　　　　　C. 8.0　　　　　D. 9.9

第6章
安全技术防范系统概述

 本章教学要点

知识要点	掌握程度	相关知识
安全技术防范系统	熟悉安全技术防范系统的主要功能； 掌握安全技术防范系统的组成； 了解安全技术防范系统的构建模式	安全防范综合管理系统； 入侵报警系统； 视频安防监控系统； 出入口控制系统； 电子巡查管理系统； 访客对讲系统； 停车库（场）管理系统

📖 导入案例

中国安防的
前世今生

基于物联网的智能安防应用

智能安防就是利用电子信息技术进行安全防护，它实现了局部的智能、局部的共享和局部的特征感应。正是因为现在的局部性，这种局部的信息才为物联网技术在智能安防领域提供了一个施展的空间。数据采集是智能安防和物联网最基本的工作，如何在物物相连环境下使采集的数据具备智能感知是现在安防领域的一个热门话题。

从现阶段物联网主要的应用方向来看，智能家居、智能交通、远程医疗、智能校园等都有安防产品应用的情况，甚至许多应用就是通过传统的安防产品来实现的。例如，智能交通，目前物联网主要应用于车辆缴费，而车流管理及汽车违规管理，都是通过安防系统的视频监控系统来实现的。现阶段，视频监控在智能交通应用中处于主要地位，物联网只是辅助，但它是未来的趋势，随着车联网的普及，物联网将会在智能交通中逐渐占据主要地位，而视频监控则会转换为重要的辅助角色。

在安防方面应用物联网的智能家居业务功能涉及：与智能手机联动的物联无线智能锁、保护门窗的无线窗磁和门磁、保护重要抽屉的无线智能抽屉锁、防止非法闯入的无线红外探测器、防燃气泄漏的无线可燃气体探测器、防火灾损失的无线烟雾火灾探测器、防围墙翻越的太阳能全无线电子栅栏、防漏水的无线漏水探测器等。

至于楼宇的智能安防，物联网更是大有作为。根据国家安防中心统计，目前已有不少城市开始将物联网技术安防系统用于新型防盗窗上。与传统的栅栏式防盗窗不同，普通人在15m距离外基本看不见该防盗窗，走近时才会发现窗户上罩着一层薄网。该防盗窗由一根根相隔5cm的细钢丝组成，并与小区安防系统监控平台连接。一旦钢丝被大力冲击或被剪断，系统就会立即报警。从消防角度来说，这一新型防盗窗也便于居民逃生和获得救助。

物联网将开启安防智能化的深度应用，其市场前景十分广阔。

随着我国经济的发展，人们的生活水平明显提高。人们在改善自己生活条件的同时，对居住环境的安全问题也日益关注，加强建筑安全防范设施的建设和管理，提高建筑安全防范功能，已成为当前城市建设和管理工作中的重要内容。

安全技术防范系统简称安防系统，是建筑中重要的组成部分。它以维护社会公共安全和预防重大治安事故为目的，通过综合应用计算机网络技术、通信技术和自动控制技术等现代科学技术，来实现安全防范的各种功能和自动化管理。它将逐步向安全技术防范的数字化、网络化、智能化、集成化、规范化方向发展。

6.1 安全技术防范系统的功能

安全技术防范系统的基本功能是设防、发现和处置，主要包括以下几个方面。

1. 预防犯罪

利用安全技术防范系统对防护区域和防护目标进行布防，利用防盗报警探测器、摄像机等物理设施来探测、监视罪犯作案，防患于未然，对犯罪分子有一种威慑作用，使其望而生畏，不敢轻易作案，对预防犯罪有重要的作用。

2. 及时发现犯罪，及时报警

采用自动化监控、报警等防范技术措施进行管理，再配以保安人员值班和巡逻，当出现入侵、盗窃等犯罪活动时，安全技术防范系统能及时发现、及时报警，并可及时快速查处。视频安防监控系统能自动记录下犯罪现场及犯罪分子的犯罪过程，以便及时破案，节省了大量人力、物力。重要单位和要害部门安装了多功能、多层次的安防监控系统后，大大减少了巡逻值班人员，提高了效率，减少了开支。

3. 避免重大火灾事故发生

安装防火的安全技术防范报警系统能使火灾在发生的萌芽状态及时得到扑灭，以避免重大火灾事故的发生。

安全防范工作应实行"人防、物防、技防"的有机配合才能达到最佳安全防范效果。对于保护建筑目标来说，人力防范主要有保安站岗、人员巡更、报警按钮、有线和无线内部通信；物理防范主要是实体的防护，如周界的栅栏、围墙、入口门栏等；技术防范则是以运用技防产品、实施技防工程为手段，以各种技术设备、集成系统和网络来构成安全保证的屏障。

将防入侵、防盗窃、防抢劫、防破坏、防暴安全检查和通信联络等各分系统进行联合设计，组成一个综合的、多功能的安全技术防范系统，是从事安全技术防范工作的管理人员和工程技术人员的努力方向。

6.2　安全技术防范系统的组成

一个安全技术防范系统是多个子系统有机的结合，而绝不是各种设备系统的简单堆砌。安全技术防范系统包括安全防范综合管理系统、入侵报警系统、视频安防监控系统、出入口控制系统、电子巡查管理系统、访客对讲系统、停车库（场）管理系统及各类建筑物业务功能所需的其他相关安全技术防范系统。

1. 安全防范综合管理系统

对入侵报警、视频安防监控、出入口控制等子系统进行组合或集成，实现对各子系统的有效联动、管理和监控的电子系统。

2. 入侵报警系统

利用传感器技术和电子信息技术探测并指示非法进入或试图非法进入设防区域（包括主观判断面临被劫持或遭抢劫或其他危急情况时，故意触发紧急报警装置）的行为、处理报警信息、发出报警信息的电子系统或网络。

3. 视频安防监控系统

利用视频技术探测、监视设防区域并实时显示和记录现场图像的电子系统或网络。

4. 出入口控制系统

利用自定义符识别和/或生物特征等模式识别技术对出入口目标进行识别，并控制出入口执行机构启闭的电子系统或网络。

5. 电子巡查管理系统

对巡查人员的巡查路线、方式及过程进行管理和控制的电子系统。

6. 访客对讲系统

采用（可视）对讲方式确认访客，对建筑物（群）出入口进行访客控制与管理的电子系统。住户可遥控开启防盗门，有效地防止非法人员、不速之客进入住宅楼内（室内）。

7. 停车库（场）管理系统

对进出停车库（场）的车辆进行自动登录、监控和管理的电子系统或网络。

6.3 安全技术防范系统的构建模式

安全技术防范系统的结构模式按其规模大小、复杂程度可有多种构建模式。按照系统集成度的高低，安全技术防范系统分为集成式、组合式、分散式三种类型。

1. 集成式

（1）安全管理系统设置在禁区内（监控中心），能通过统一的通信平台和管理软件将监控中心设备与各子系统设备联网，实现由监控中心对各子系统的自动化管理与监控。安全管理系统的故障应不影响各子系统的运行，某一子系统的故障应不影响其他子系统的运行。

（2）应能对各子系统的运行状态进行监测和控制，能对系统运行状况和报警信息数据等进行记录和显示；应设置足够容量的数据库。

（3）应建立以有线传输为主、无线传输为辅的信息传输系统；应能对信息传输系统进行检验，并能与所有重要部位进行有线和/或无线通信联络。

（4）应设置紧急报警装置，应留有向接处警中心联网的通信接口。

（5）应留有多个数据输入、输出接口，能连接各子系统的主机，能连接上位管理计算机，以实现更大规模的系统集成。

2. 组合式

（1）安全管理系统设置在禁区内（监控中心），能通过统一的管理软件实现监控中心对各子系统的联动管理与控制。安全管理系统的故障应不影响各子系统的运行，某一子系统的故障应不影响其他子系统的运行。

（2）应能对各子系统的运行状态进行监测和控制，能对系统运行状况和报警信息数据等进行记录和显示；可设置必要的数据库。

（3）应能对信息传输系统进行检验，并能与所有重要部位进行有线和/或无线通信联络。

（4）应设置紧急报警装置，应留有向接处警中心联网的通信接口。

（5）应留有多个数据输入、输出接口，能连接各子系统的主机。

3. 分散式

（1）相关子系统独立设置、独立运行。系统主机设置在禁区内（值班室），系统设置联动接口，以实现与其他子系统的联动。

（2）各子系统能单独对其运行状态进行监测和控制，并能提供可靠的监测数据和管理所需要的报警信息。

（3）各子系统能对其运行状况和重要报警信息进行记录，并能向管理部门提供决策所需的主要信息。

（4）应设置紧急报警装置，应留有向接处警中心报警的通信接口。

 阅读材料 6-1

你知道美国的白宫藏着什么秘密吗

你知道美国的白宫藏着什么秘密吗

今天我们就来揭秘白宫深处鲜为人知的一面。首先映入眼帘的是这座6层楼的庞大建筑，其中包含132间客房，35间浴室，但深受外界关注的就是可以抵御核爆战争、自然灾害的总统秘密藏身之处。

首先我们看到的是地堡第一道防线，装有尖刺的3m高防护栏，进入之后，你将接受附近区域1200名持枪特警与安保特工人员的实时监控，并且在北部区域的草坪中有红外传感触发装置监测着每一个热源信号的靠近，同时还有比利时马蒂诺护卫犬的灵敏嗅觉，监测里面的一举一动。在这里每隔几米就安装有夜视摄像头，在严密监视着各个角落，另外还有监测无人机在这片区域负责立体监控。

除了这些外面的防线，白宫内部更隐藏着极为坚固的堡垒，如果遇到紧急情况，总统将会被秘密护送到总统紧急行动中心，也称世界末日掩体。当进入这道笨重的门后，会听到沉重的关门声，此门可将被污染的空气密封到门外，接着再进入另一道门时，就需要提供指纹和通过视网膜扫描仪等生物识别系统来访问，这时通过电梯下到地下5层，环顾四周就会发现这里是一个拥有完善设施的公寓，里面有总统用来及时更新实时动态的电视屏幕和用来与五角大楼联络的卫星电话，在这个地下300m的掩体中，不用担心任何安全问题。

与此同时还有第二个现代化的掩体深埋底下，其中包含一些医疗单位和餐饮部，下面装有独立空气供应系统和紧急氧气瓶。在这里面，甚至有专有农田，持续不断供应有机食物。这个深层完整的网络隧道，不仅与白宫地下房间相连，还遍及整个华盛顿特区各个军事营地的重要部分及五角大楼。来到这，你还会以为白宫只是简简单单的一栋建筑吗？

综合习题

一、填空题

1. 安全技术防范系统的基本功能主要包括＿＿＿＿＿＿、＿＿＿＿＿＿和＿＿＿＿＿＿三个方面。

2. 安全技术防范系统的结构模式分为＿＿＿＿＿＿、＿＿＿＿＿＿和＿＿＿＿＿＿三种类型。

二、简答题

1. 安全技术防范系统由哪几部分组成？

2. 安全防范系统的发展趋势是什么？

第 7 章 入侵报警系统

本章教学要点

知识要点	掌握程度	相关知识
入侵报警系统概述	掌握入侵报警系统的组成； 熟悉入侵报警系统的功能	入侵报警系统的组成； 入侵报警系统的功能
入侵探测器	了解入侵探测器的分类； 熟悉入侵探测器的工作原理	点型入侵探测器； 线型入侵探测器； 面型入侵探测器； 空间入侵探测器
入侵报警控制器	熟悉入侵报警控制器的性能要求	小型入侵报警控制器； 区域入侵报警控制器； 集中入侵报警控制器
系统信号的传输	熟悉系统信号的传输方式	有线传输（多线制、总线制、混合式）； 无线传输
入侵报警系统工程设计	掌握基本规定； 掌握入侵报警系统构成； 掌握入侵报警系统设计； 掌握设备选型与设置； 掌握入侵报警系统的传输方式、线缆选型与布线	基本规定； 入侵报警系统构成； 入侵报警系统设计； 探测设备； 控制设备； 无线设备； 管理软件； 传输方式； 线缆选型； 布线设计

导入案例

法国博物馆安保系统弱如"纸"

法国博物馆
安保系统弱
如"纸"

2010年5月20日早晨6时50分，巴黎现代艺术博物馆的工作人员发现5幅名画不翼而飞。据悉，丢失的这5幅名画之所以价值连城，是因为其中包括了西班牙画家毕加索的《鸽子与豌豆》、意大利画家莫迪利亚尼的《持扇的女人》、法国画家马蒂斯的《田园曲》等。

该博物馆的监控录像显示，当时只有一名盗贼破窗进入博物馆。巴黎市市长德拉诺埃承认，该博物馆的警报系统自2010年3月底就一直处于"部分失灵"状态，到这5幅名画被盗之前一直等待技工来维修。

7.1 概　　述

意大利博物
馆失窃价值
千万名画
盘点全球博
物馆著名失
窃案

入侵报警系统是指利用传感器技术和电子信息技术探测并指示非法进入或试图非法进入设防区域（包括主观判断面临被劫持或遭抢劫或其他危急情况时，故意触发紧急报警装置）的行为、处理报警信息、发出报警信息的电子系统或网络。

7.1.1　入侵报警系统的组成

入侵报警系统组成示意图如图7.1所示，通常由入侵探测器（又称防盗报警器）、传输通道和报警控制主机三部分组成。

无线智能报
警系统

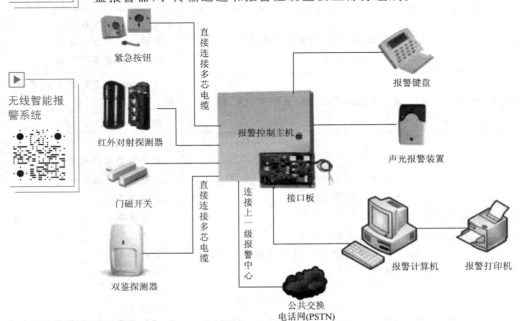

图 7.1　入侵报警系统组成示意图

7.1.2 入侵报警系统的功能

1. 探测

入侵报警系统应对下列可能的入侵行为进行准确、实时的探测并产生报警状态。

（1）打开门、窗、空调百叶窗等。

（2）用暴力通过门、窗、天花板、墙及其他建筑结构。

（3）破碎玻璃。

（4）在建筑物内部移动。

（5）接触或接近保险柜或重要物品。

（6）紧急报警装置的触发。

2. 指示

入侵报警系统应能对下列状态的事件来源和发生的时间给出指示。

（1）正常状态。

（2）试验状态。

（3）入侵行为产生的报警状态。

（4）防拆报警状态。

（5）故障状态。

（6）主电源掉电、备用电源欠电压状态。

（7）调协警戒（布防）/解除警戒（撤防）状态。

（8）传输信息失败状态。

3. 控制

入侵报警系统应能对下列功能进行编程设置。

（1）瞬时防区和延时防区。

（2）全部或部分探测回路设备警戒（布防）与解除警戒（撤防）。

（3）向远程中心传输信息或取消。

（4）向辅助装置发激励信号。

（5）系统试验应在系统的正常运转受到最小中断的情况下进行。

4. 记录和查询

入侵报警系统应能对下列事件记录和事后查询。

（1）上述入侵报警系统控制功能中所列事件、上述入侵报警系统指示功能中所列编程设置。

（2）操作人员的姓名、开关机时间。

（3）警情的处理。

（4）维修。

5. 传输

（1）报警信号的传输可采用有线和/或无线传输方式。

（2）报警传输系统应具有自检、巡检功能。

（3）入侵报警系统应有与远程中心进行有线和/或无线通信的接口，并能对通信线路故障进行监控。

（4）报警信号传输系统的技术要求应符合相关规范标准的要求。

7.2 入侵探测器

入侵探测器用来探测入侵者的入侵行为。需要防范入侵的地方可以是某些特定的部位，如门、窗、柜台、展览厅的展柜；也可以是条线，如边防线、警戒线、边界线；有时要求防范范围是个面，如仓库、重要建筑物的周界围网（铁丝网或围墙）；有时又要求防范范围是个空间，如档案室、资料室、武器室、珍贵物品的展厅等，它不允许入侵者进入其空间的任何地方。因此入侵报警系统在设计时就应根据被防范场所的不同地理特征、外部环境及警戒要求选用合适的入侵探测器，以达到安全防范的目的。

入侵探测器应有防拆、防破坏等保护功能，当入侵者企图拆开入侵探测器外壳或信号传输线断路、短路或接其他负载时，入侵探测器应能发出报警信号。入侵探测器还要有较强的抗干扰能力。

7.2.1 入侵探测器的分类

入侵探测器通常按其传感器种类、探测器工作方式、警戒范围、报警器材用途和探测电信号传输信道来分类。

1. 按传感器种类分类

按传感器种类分类（即按传感器探测的物理量来区分），入侵探测器通常有开关入侵探测器、振动入侵探测器、超声波入侵探测器、次声波入侵探测器、红外入侵探测器、微波入侵探测器、激光入侵探测器等。

2. 按探测器工作方式分类

按探测器工作方式分类，入侵探测器分为被动入侵探测器和主动入侵探测器。

（1）被动入侵探测器。在工作时无须向探测现场发出信号，而是根据被测物体自身存在的能量进行检测。在接收传感器上平时输出一个稳定的信号，当出现危险情况时，稳定信号被破坏，形成携有报警信息的探测信号，由传感器接收，经处理发出报警信号。

（2）主动入侵探测器。工作时，入侵探测器要向探测现场发出某种形式的能量，经反向或直射在传感器上形成一个稳定信号。当出现危险情况时，稳定信号被破坏，形成携有报警信息的探测信号，由传感器接收，经处理发出报警信号。

3. 按警戒范围分类

按警戒范围分类，入侵探测器可分为点型入侵探测器、线型入侵探测器、面型入侵探测器和空间入侵探测器。

（1）点型入侵探测器。警戒范围是某一个点，如门窗、柜台、保险柜，当警戒点出现危险情况时，即发出报警信号。通常由微动开关方式或磁控开关方式进行报警控制。

（2）线型入侵探测器。警戒范围是一条线，当警戒线上出现危险情况时，即发出报警信号。如光电入侵探测器或激光入侵探测器，先由光源或激光器发出一束光或激光，被接收器接收。当光和激光被遮挡时，入侵探测器即发出报警信号。

（3）面型入侵探测器。警戒范围是一个面，当警戒面上出现危险情况时，即发出报警信号。如振动入侵探测器装在一面墙上，当墙面上任何一点受到振动时即发出报警信号。

（4）空间入侵探测器。警戒范围是一个空间，当警戒空间的任意处出现危险情况时，即发出报警信号。如在多普勒式微波入侵探测器所警戒的空间内，入侵者从门窗、天花板或地板的任何一处入侵都会发出报警信号。

4. 按报警器材用途分类

按报警器材用途不同，入侵探测器可分为防盗防破坏入侵探测器、防火入侵探测器和防爆炸入侵探测器等。

5. 按探测电信号传输信道分类

按探测电信号传输信道的不同，入侵探测器可分为有线入侵探测器和无线入侵探测器。

7.2.2　入侵探测器的工作原理

入侵探测器是由传感器和信号处理器组成的，用来探测入侵者入侵行为的，由电子和机械部件组成的装置。入侵探测器根据不同的防范场所选用不同的信号传感器，如气压、温度、振动和幅度传感器等，来探测和预报各种危险情况。下面按警戒范围来分类介绍各种入侵探测器的工作原理。

盘点全球博物馆著名失窃案

1. 点型入侵探测器

对门窗、柜台、保险柜等防范范围仅是某一特定部位使用的入侵探测器为点型入侵探测器，点型入侵探测验器通常分开关入侵探测器和振动入侵探测器两种。

（1）开关入侵探测器。

开关入侵探测器是由开关型传感器构成的。开关型传感器可以是干簧继电器、压力垫、微动开关、易断金属导线等。无论是常开型还是常闭型开关入侵探测器，当其状态改变时均可直接向入侵报警控制器发出报警信号，由入侵报警控制器发出声光警报信号。下面主要介绍干簧继电器和压力垫两种传感器。

智慧墙入侵探测系统

① 干簧继电器又称舌簧继电器，是一种将磁场力转化为电信号的传感器，由干簧管和线圈组装而成。其实物图和结构图如图 7.2 所示。

干簧管的触点常做成常开、常闭或转换三种不同形式。干簧管中的簧片用铁镍合金制成，具有很好的导磁性能，与线圈或磁块配合，构成了干簧继电器状态的变换控制器，簧片上的触点镀金、银、铑等贵金属，以保证通断能力。常开式干簧继电器的两个簧片在外磁场作用下其自由端产生的磁极极性正好相反，两触点相互吸合，外磁场不作用时触点是断开的。常闭式干簧继电器的结构正好与常开式干簧继电器相反，是无磁场作用时吸合，有磁场作用时断开。转换式干簧继电器有常开、常闭两对触点，在外磁场作用下状态发生转换。

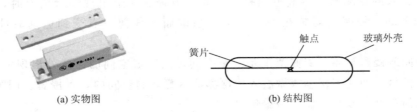

(a) 实物图　　　　　　　　　　　(b) 结构图

图 7.2　干簧继电器的实物图和结构图

　　使用时通常把磁铁安装在被防范物体（如门、窗等）的活动部位（门扇、窗扇），干簧管安装在固定部位（门框、窗框），如图 7.3 所示。

　　② 压力垫也可以作为开关入侵探测器的一种传感器。压力垫通常放在防范区域的地毯下面，如图 7.4 所示。将两长条形金属带相对平行地分别放在地毯背面和地板之间，两条金属带之间有几个位置使用绝缘材料支撑，使两条金属带互不接触，此时相当于传感器开关断开，当入侵者进入防范区域时，踩踏地毯而使相应部位受力凹陷，两条金属带接触，此时相当于传感器开关闭合而发出报警信号。

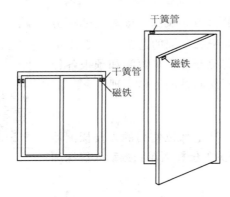
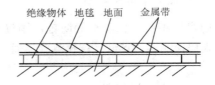

图 7.3　安装在门窗上的磁铁和干簧管　　　　图 7.4　压力垫使用示意图

　　（2）振动入侵探测器。

　　当入侵者进入防范区域实施犯罪时，总会引起地面、墙壁、门窗、保险柜等产生振动，我们可以采用压电传感器、电磁感应传感器或其他可感受振动信号的传感器来感受入侵时产生的振动信号，我们称这种入侵探测器为振动入侵探测器。

　　压电式振动入侵探测器及导电簧片开关型玻璃破碎入侵探测器是典型的振动入侵探测器，这种探测器常使用压电传感器或导电簧片开关传感器。

　　压电传感器是利用压电材料的压电效应制成的，当压电材料受到某个方向的压力时，会在一特定方向的两个相对电极上分别感应出电荷，电荷量的大小与压力成正比。我们把压电传感器贴在玻璃上，当玻璃受到振动时，压电传感器相应的两个电极上会感应出电荷，形成一微弱的电位差，通过采用高放大倍数、高输入阻抗的集成放大电路进行放大而产生报警信号。采用半导体压力传感器的压电电阻效应制成的压电式振动入侵探测器，当半导体材料硅片受外力作用时，晶体便处于扭曲状态，载流子的迁移率也随之发生变化，使结晶电阻的阻抗发生变化，从而引起输出电压的变化，此输出电压加到烧结在同一硅片上的集成放大电路而发出报警信号。

导电簧片开关型玻璃破碎入侵探测器（图 7.5）的上簧片横向略呈弯曲的形状，它对噪声频率有吸收作用。绝缘体、定位螺钉将上下金属导电簧片绝缘固定在底座上，而右端触头处可靠接触。

导电簧片开关型玻璃破碎入侵探测器的外壳黏附在需防范的玻璃的内侧。环境温度和湿度的变化及轻微振动产生的低频振动，甚至敲击玻璃所产生的振动都能被上簧片的弯曲部分吸收，并不会改变上下电极的接触状态，只有当入侵探测器探测到玻璃破碎或足以使玻璃破碎的强冲击力时，产生的特殊频率范围的振动才能使上下簧片振动并处于不断开闭状态，从而触发控制电路发出报警信号。

图 7.5 导电簧片开关型玻璃破碎入侵探测器结构图

近年来，随着数字信号处理技术的发展，一种采用微处理器的新型声音分析式玻璃破碎入侵探测器已经出现，它是利用微处理器的声音分析技术来分析与破碎相关的特定声音频率后进行准确的报警。传感器接收防范范围内的各种声频信号并发送给微处理器，微处理器对其进行分析和处理，以识别出玻璃破碎的入侵信号，这种探测器的误报率极低。

为减少误报率，人们还采用一种超低频检测和音频识别技术的双技术入侵探测器。如果超低频探测技术探测到玻璃被敲击时所发出的超低频波，而在随后的一段特定时间间隔内，音频识别技术也捕捉到玻璃被敲碎后发出的高频声波，那么双技术入侵探测器就会确认发生玻璃破碎，并触发报警。

电动式振动入侵探测器是利用电动传感器将振动转换为线圈两端的感应电动势输出。将电动式振动入侵传感器与保险柜、贵重物体固定在一起，当入侵者搬动或触动保险柜等物体产生振动时，电动传感器随之振动，线圈与电动传感器是固定在一起的，而磁铁通过弹簧与壳体连接在一起，壳体振动后，磁铁也随之运动，并在线圈上感应出电动势（输出电压与振动速度成正比）。电动传感器具有较高的灵敏度，输出电动势较高，不需要高增益的放大器，而且电动传感器输出阻抗低、噪声干扰小。

2. 线型入侵探测器

线型入侵探测器是指警戒范围为一条线束的探测器，当在这条警戒线上的警戒状态被破坏时发出报警信号。最常见的线型入侵探测器为红外入侵探测器、激光入侵探测器。线型入侵探测器的发射机发射出一束红外线或激光，经反射或直接射到接收器上，如光束被遮挡，则发出报警信号。

（1）红外入侵探测器。

红外入侵探测器分为被动红外入侵探测器和主动红外入侵探测器两种形

红外入侵探测器

式。红外入侵探测器实物图如图 7.6 所示。

(a) 被动红外入侵探测器　　(b) 主动红外入侵探测器

图 7.6　红外入侵探测器实物图

① 被动红外入侵探测器只有红外线接收器，当被防范范围内有目标入侵并移动时，将引起该区域内红外辐射的变化，而被动红外入侵探测器能探测出这种红外辐射的变化并发出报警信号。实际上除入侵物体会发出红外辐射外，被探测范围内的其他物体如室外的建筑物、地形、树木、山和室内的墙壁、课桌、家具等都会发出热辐射，但因为这些物体是固定不变的，所以其热辐射也是稳定的。当入侵物体进入被监控区域后，稳定不变的热辐射被破坏，因而产生了一个变化的热辐射，而探测器中的红外线接收器能接收到这种变化的辐射，并经放大处理后报警。在使用中，把被动红外入侵探测器放置在所要防范的区域里，那些固定的景物就成为不动的背景，背景辐射的微小信号变化为噪声信号，由于被动红外入侵探测器的抗噪能力较强，噪声信号一般不会引起误报。被动红外入侵探测器一般用在背景不动或防范区域内无活动物体的场合。

② 主动红外入侵探测器由红外线发射器和红外线接收器两个部件构成。红外线发射器发出一束经调制的红外线束，投向红外线接收器，形成一条警戒线。当目标侵入该警戒线时，红外线束被部分或全部遮挡，红外线接收器因接收信号发生变化而报警。

主动红外入侵探测器的发射光源通常为红外发光二极管。其特点是体积小，质量轻，使用寿命长，功耗小，交、直流供电都能工作，晶体管、集成电路都能直接推动。

（2）激光入侵探测器。

激光是单一频率的单色光，与一般光源相比具有方向性好、亮度高、单色性和相干性好的特点。激光入侵探测器十分适用于远距离的线控报警装置。由于激光能量集中，可以在光路上加装反射镜，围绕成光墙，从而可以用一套激光器来封锁场地的四周，或封锁几个主要通道路口。

由于激光入侵探测器采用半导体激光器的波长在红外线波段时，处于不可见范围，便于隐蔽，因此不易被犯罪分子发现。激光入侵探测器采用脉冲调制，抗干扰能力较强，稳定性能好，一般不会因机器本身而产生误报。如果采用双光路系统，可靠性将会更高。

3. 面型入侵探测器

精准定位型
光缆振动探
测报警系统

面型入侵探测器的警戒范围为一个面，当警戒面上出现入侵目标时即能发出报警信号。常见的面型入侵探测器包括电场畸变入侵探测器、振动传感电缆型入侵探测器、电子围栏式入侵探测器和微波墙式入侵探测器等。

（1）电场畸变入侵探测器。

电场畸变入侵探测器是一种电磁感应入侵探测器。当目标侵入防范区域时，会引起传感器线路周围电磁场分布的变化，我们把能响应这种畸变并进入报警状态的装置称为电场畸变入侵探测器。这种电场畸变入侵探测器有平行线电场畸变入侵探测器、泄漏电缆电场畸变入侵探测器等。

① 平行线电场畸变入侵探测器。

平行线电场畸变入侵探测器由传感器导线、支撑杆、跨接件和传感器电场信号发生接
收装置构成，如图 7.7 所示。传感器由一些
平行导线（2～10 条）构成，在这些导线中一
部分为场线，它们与振荡频率为 1～40kHz 的
信号发生器相连接，工作时场线向周围空间
辐射电磁场能量；另一部分为感应线，场线
辐射的电磁场在感应线上产生感应电流，当
入侵者靠近或穿越平行导线时，就会改变周
围电磁场的分布状态，相应地使感应线中的
感应电流发生变化，并由信号处理器分析后
发出报警信号。

平行线电场畸变入侵探测器主要用于户
外周界报警。通常沿着防范周界安装数套平

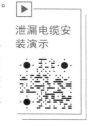

图 7.7 平行线电场畸变入侵探测器

行线电场畸变入侵探测器，组成周界防范系统。信号处理器常采用微处理器，信号处理程
序可以分析出入侵者和小动物引起的场变化的不同，从而将误报率降到最低。

② 泄漏电缆电场畸变入侵探测器。

泄漏电缆（图 7.8）是一种特制的同轴电缆，其中心是铜导线，外面包
围着绝缘层（如聚乙烯），绝缘层外面用两条金属屏蔽层以螺旋方式交叉缠
绕并留有空隙，电缆最外面为聚乙烯保护层。当电缆传输电磁能量时，屏蔽
层的空隙处便将部分电磁能量向外辐射。为了使电缆在一定长度范围内能够
均匀地向空间泄漏能量，电缆空隙的尺寸大小是沿电缆变化的。

(a) 实物图

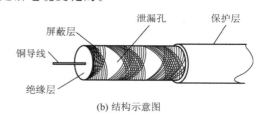

(b) 结构示意图

图 7.8 泄漏电缆

把平行安装的两根泄漏电缆分别接到高
强信号发生器和接收器上就组成了泄漏电缆
电场畸变入侵探测器。泄漏电缆分成发射电
缆和接收电缆，当高强信号发生器产生的脉
冲电磁能量沿发射电缆传输并通过泄漏孔向
空间辐射时，在电缆周围会形成空间电磁
场，同时与发射电缆平行的接收电缆通过泄
漏孔接收空间电磁能量并沿电缆送入接收
器。泄漏电缆可埋入地下，图 7.9 所示为埋
地的泄漏电缆产生的空间电磁场示意图。当
入侵者进入探测区时，会使空间电磁场的分

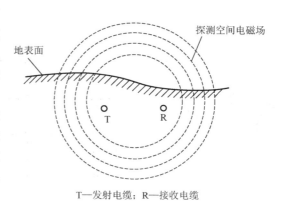

T—发射电缆；R—接收电缆

图 7.9 埋地的泄漏电缆产生的空间电磁场示意图

布状态发生变化，因而接收电缆收到的电磁能量发生变化，这个变化量就是入侵信号，经过分析处理后可使探测器动作。

泄漏电缆电场畸变入侵探测器可全天候工作，抗干扰能力强，误报率和漏报率都较低，适用于高保安、长周界的安全防范场所。

（2）振动传感电缆型入侵探测器。

这种入侵探测器是在一根塑料护套内装有三芯导线的振动传感电缆，电缆的两端分别接上发送装置与接收装置，并将电缆呈波浪状或其他曲折形状固定在网状的围墙上，如图 7.10所示。一般用这样有一定长度的电缆构成一个防区，每 2 个、4 个或 6 个防区共用一个控制器（称为多通道控制器），由控制器将各防区的报警信号传送至控制中心。当有入侵者触动网状围墙或破坏网状围墙等行为而使振动传感电缆型入侵探测器振动并达到一定强度时（安装时强度可调，以确定其报警灵敏度），就会发出报警信号。这种入侵探测器精度极高，漏报率为零，误报率极低，且可全天候使用，它特别适合围网状的周界围墙使用。

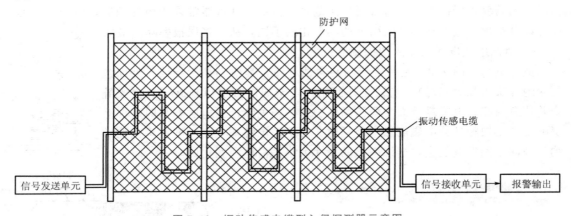

图 7.10　振动传感电缆型入侵探测器示意图

（3）电子围栏式入侵探测器。

电子围栏式入侵探测器也是一种用于周界防范的探测器。它由脉冲电压发生器、报警信号检测器及前端的电子围栏三大部分组成。其示意图如图 7.11 所示。

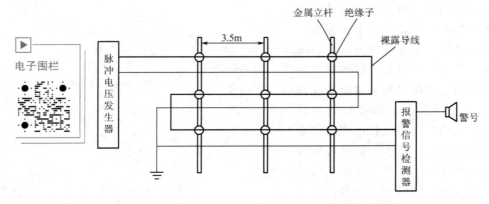

图 7.11　电子围栏式入侵探测器示意图

当有入侵者入侵，触碰到前端的电子围栏或试图剪断前端的电子围栏时，该入侵探测器都会发出报警信号。

这种入侵探测器的电子围栏上的裸露导线，接通由脉冲电压发生器发出的高达10000V的脉冲电压（但能量很小，一般在 4J 以下，对人体不会构成生命危害），所以即使入侵者戴上绝缘手套，也会产生脉冲感应信号，使其报警。如果在市区或来往人群多的场合使用这种电子围栏，安装前应事先征得当地公安等部门的同意。

 阅读材料 7-1

精准识别、实时监测、智能学习，"电子围栏"为国家级自然保护区建设提供科技保障

"滴、滴、滴……监控点发现人员入侵，请速处理"，记者走进海南尖峰岭国家级自然保护区大样地核心区，触发了尖峰岭"电子围栏"系统的报警功能。系统在识别拍摄到人脸时，还通过与公安系统联网，精准快速地弹出了记者的姓名和身份证号码，这让留在值班室的另一路采访团成员直观感受到了"电子围栏"的威力。

除人员监控外，"电子围栏"的监控系统还可对区域内出现的野生动物进行监测，通过后台系统的人工智能识别算法，对拍摄到的野生动物视频进行分类识别，为动物科学研究做数据支撑。并且，系统通过智能学习，拍摄的资料图像越多，未来识别的精准度会越高、分析能力也会更强。

国家级自然保护区里的"电子围栏"主要是指在保护区内的核心区、缓冲区、一般控制区等关键地点安装先进的视频监控设备，利用 GIS（地理信息系统）地图、图像识别、大数据分析、人工智能等技术对需控制区域进行实时监控和记录的电子信息工程。

当前，尖峰岭、吊罗山、霸王岭等国家级自然保护区均已试点建设"电子围栏"，为海南热带雨林国家级自然保护区体制试点区域的建设提供了保障。

（4）微波墙式入侵探测器。

微波墙式入侵探测器主要也是用于周界防范。它的工作方式类似于主动红外入侵探测器，不同的是用于探测的波束是微波而不是红外线。另外，这种入侵探测器的波束更宽、呈扁平状、像一面墙壁的形状，所以其防范的面积更大。其原理图如图 7.12 所示。

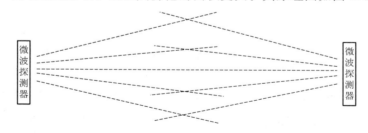

图 7.12　微波墙式入侵探测器原理图

使用这种入侵探测器时，应注意使墙式微波波束控制在防范区域内，不向外扩展，以免引起误报。另外，在防范区域（波束）内，不应有花草树木等物体，以免当有风吹动时产生误报。

4. 空间入侵探测器

空间入侵探测器是指警戒范围是一个空间的探测器。当这个警戒空间任意处的警戒状态被破坏时，即发生报警信号。声入侵探测器、微波入侵探测器等都属于空间入侵探测器。

（1）声入侵探测器。

声入侵探测器是常用的空间入侵探测器。常用的声入侵探测器有声控入侵探测器、声发射入侵探测器、次声波入侵探测器、超声波入侵探测器等。

① 声控入侵探测器。声控入侵探测器是用声传感器把声音信号变成电信号，经前置放大器放大后送报警控制器处理并发出报警信号，也可将报警信号经放大传至扬声器和录音机，以便监听和录音。驻极体传感器被广泛地应用在声控入侵探测器中。

② 声发射入侵探测器。声发射入侵探测器是监控某一频带的声音并发出报警信号，而对其他频带的声音信号则不予响应。它主要监控玻璃破碎声、凿墙声、锯钢筋声等入侵时的破坏行为所发出的声音，玻璃破碎声发射探测器通常也用驻极体传感器作声电传感器。当玻璃破碎时，发出的破碎声由多种频率的声响构成，据测定，主要频率为 $10 \sim 15\text{kHz}$ 的高频声响信号。当墙壁或天花板的砖、混凝土被凿时，会产生一个频率为 1kHz 左右、持续时间约 5ms 的声音信号；当钢筋被锯时会产生频率约 3.5kHz、持续时间约 15ms 的声音信号。采用带通滤波器滤去高于或低于探测声信号的干扰信号，经放大后发出报警信号。

③ 次声波入侵探测器。次声波为频率很低的音频信号。次声波入侵探测器的工作原理与声发射入侵探测器相同，不过它是采用低通滤波器滤去高频和中频的音频信号，而放大次低频信号报警。

房间通常由墙、天花板、门、窗、地板同外界隔离，由于房间内外环境不同，强度、气压等均有一定差异，某个人若想闯入房间就要破坏这个空间屏障，如打开门窗、打碎玻璃、凿墙开洞等，由于房间内外存在气压差，因此在缺口处会产生气流扰动，产生一个次声波；另外由于开门、碎窗、凿墙会产生加速度，因此房间内表面空气会被压缩产生另一个次声波，而这个次声波频率约为 1Hz。两个次声波在房间内向四周扩散，先后传入次声波入侵探测器，只有当这个次声波强度达到一定阈值后才能报警，所以只要外部屏障不被破坏，在覆盖区域内部开关门窗、移动家具、人员走动都低于阈值，因而不会报警。但是这种特定环境下如果采用其他超声波、微波或红外入侵探测器则都会导致误报。

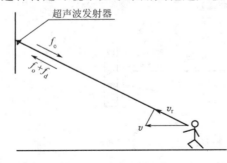

图 7.13　多普勒效应示意图

④ 超声波入侵探测器。所谓超声波是指频率在 20kHz 以上的音频信号，这种音频信号人的耳朵是听不到的。超声波入侵探测器是利用超声波技术构造的入侵探测器，通常分为多普勒式超声波入侵探测器和超声波声场型入侵探测器两种。

a. 多普勒式超声波入侵探测器是利用超声波对运动目标产生的多普勒效应构成的报警装置。通常，多普勒式超声波入侵探测器是将超声波发射器与接收器装在一个装置内。所谓多普勒效应是指当辐射源（超声波发射器）与探测目标之间有相对运动时，接收的回波信号频率会发生变化，如图 7.13 所示。目标以径向速度 v_r 向超声波发射器运动，使接收到的信号频率不再是发射频率 f_0，而是 f_0+f_d，这种现象称为多普勒效应，f_d 称为多普勒频率。当目标背向探测器运动时，v_r 为负值，则所接收到的回波信号频率为 f_0-f_d。

超声波发射器发射 $25\sim40\,\text{kHz}$ 的超声波充满室内空间，超声波接收器接收从墙壁、天花板、地板及室内其他物体反射回来的超声能量，并不断地与发射波的频率加以比较。当室内没有移动物体时，反射波与发射波的频率相同，不报警；当入侵者在探测区内移动时，超声波反射波会产生大约 $\pm100\,\text{Hz}$ 的多普勒频移，接收器检测出发射波与反射波之间的频率差异后，即发出报警信号。

b. 超声波声场型入侵探测器是将发射器和接收器分别安装在不同位置。超声波在密闭的室内经固定物体（如墙、地板、天花板、家具）多次反射，布满各个角落。由于多次反射，室内的超声波会形成复杂的驻波状态，有许多波腹点和波节点。波腹点能量密度高，波节点能量密度低，造成室内超声波能量分布不均匀。当没有物体移动时，超声波能量处于一种稳定状态；当改变室内固定物体分布时，超声波能量的分布将发生改变。而当室内有移动物体时，室内超声波能量会发生连续变化，而接收器接收到该连续变化的信号后，就能探测出移动物体的存在，连续变化信号的幅度与超声波的频率和物体移动的速度成正比。

（2）微波入侵探测器。

微波是一种频率很高的无线电波，其波长很短，一般在 $0.001\sim1\,\text{m}$ 之间，由于微波的波长与一般物体的几何尺寸相当，所以很容易被物体反射。微波入侵探测器按工作原理可分为移动型微波入侵探测器和阻挡型微波入侵探测器。

① 移动型微波入侵探测器。移动型微波入侵探测器又称多普勒式微波入侵探测器。其工作原理与多普勒式超声波入侵探测器相同，只不过探测器发射和接收的是微波而不是超声波。

由于多普勒效应告诉我们，偏移的多普勒频率 f_d 与目标径向的移动速度成正比，而与工作波长成反比，所以移动型微波入侵探测器较多普勒式超声波入侵探测器有更高的灵敏度。

② 阻挡型微波入侵探测器。阻挡型微波入侵探测器由发射器、接收器和信号处理器组成。使用时将发射天线和接收天线相对放置在监控场地的两端，发射天线发射的微波束直接送达接收天线。当没有运动目标遮挡微波束时，微波能量能被接收天线接收，该入侵探测器发出正常工作信号；当有运动目标遮挡微波束时，天线接收到的微波能量会减弱或消失，此时该入侵探测器发出报警信号。

7.3　入侵报警控制器

入侵报警控制器的作用是对探测器传来的信号进行分析、判断和处理，当入侵报警发生时，它将接通声光报警信号震慑犯罪分子，避免其采取进一步的入侵破坏；显示入侵部位以通知保安值班人员去做紧急处理；自动关闭和封锁相应通道；启动电视监控系统中入侵部位和相关部位的摄像机对入侵现场进行监视并录像，以便事后进行备案与分析。

入侵报警控制器按其容量可分为单路报警控制器和多路报警控制器。多路报警控制器常为 2、4、8、16、24、32、64 路等。

入侵报警控制器结构有盒式、挂壁式及柜式三种。

根据用户的管理机制及对报警的要求，入侵报警控制器可分为独立的小型入侵报警控制器、区域互联互防的区域入侵报警控制器和大规模的集中入侵报警控制器。

7.3.1　小型入侵报警控制器

对于一般的小用户，其防护的部位少，如银行储蓄所，学校的财务室、档案室，较小的仓库等，可采用小型入侵报警控制器。

这种小型入侵报警控制器一般功能如下。

（1）能提供 4～8 路报警信号、4～8 路声控复核信号、2～4 路电视复核信号，功能扩展后，能从接收天线接收无线传输的报警信号。

（2）能在任何一路信号报警时，发出声光报警信号，并能显示报警部位和时间。

（3）有自动/手动声音复核和电视、录像复核功能。

（4）对系统有自查能力。

（5）市电正常供电时能对备用电源充电，断电时能自动切换到备用电源上，以保证系统正常工作；另外还有欠电压报警功能。

（6）具有延迟报警功能。

（7）能向区域报警中心发出报警信号。

（8）能存入 2～4 个紧急报警电话号码，发生报警情况时，能自动依次向紧急报警电话发出报警信号。

7.3.2　区域入侵报警控制器

对于一些相对规模较大的工程系统，要求防范区域较大，设置的入侵探测器较多（如高层写字楼、高级住宅小区、大型仓库、货场等），这时应采用区域入侵报警控制器。区域入侵报警控制器具有小型入侵报警控制器的所有功能，结构原理也相似，只是输入、输出端口更多，通信能力更强。区域入侵报警控制器与入侵探测器的接口一般采用总线制，即区域入侵报警控制器采用串行通信方式访问每个入侵探测器，所有的入侵探测器均根据安置的地点实行统一编址，区域入侵报警控制器不停地巡检各入侵探测器的状态。

7.3.3　集中入侵报警控制器

在大型和特大型的报警系统中，由集中入侵报警控制器把多个区域入侵报警控制器联系在一起。集中入侵报警控制器能接收各个区域入侵报警控制器发送来的信息，同时也能向各区域入侵报警控制器发送控制指令，直接监控各区域入侵报警控制器的防范区域。集中入侵报警控制器可以直接切换出任何一个区域入侵报警控制器发送来的声音和图像信号，并根据需要用录像机记录下来。此外，由于集中入侵报警控制器能和多台区域入侵报警控制器联网，因此具有更大的存储容量和先进的联网功能。

7.4　系统信号的传输

系统信号的传输就是把入侵探测器中的探测信号送到入侵报警控制器进行处理、判别，确认有无入侵行为。系统信号的传输通常有两种方法，即有线传输和无线传输。

7.4.1　有线传输

有线传输是将入侵探测器的信号通过导线传送给入侵报警控制器。根据入侵报警控制器与入侵探测器之间是采用并行传输方式还是串行传输方式而选用不同的线制。所谓线制是指入侵探测器和入侵报警控制器之间的传输线的线数，一般有多线制、总线制和混合式三种方式。

1. 多线制

所谓多线制是指每个入侵探测器与入侵报警控制器之间都有独立的信号回路，入侵探测器之间是相对独立的，所有探测信号对于入侵报警控制器都是并行输入的。多线制连接又称点对点连接。多线制的优点是入侵探测器的线路比较简单；缺点是线多，配管直径大，穿线复杂，线路故障不好查找。显然，这种多线制方式只适用于小型报警系统。

2. 总线制

总线制是指采用2～4条导线构成总线回路，所有的入侵探测器都并接在总线上，每只入侵探测器都有自己的独立地址码，入侵报警控制器采用串行通信的方式按不同的地址信号访问每只入侵探测器。总线制用线量少，设计施工方便，因此被广泛使用。

3. 混合式

有些入侵探测器的传感器结构很简单，如开关入侵探测器，如果采用总线制则会使入侵探测器的电路变得复杂起来，势必增加成本；如果采用多线制又会使入侵报警控制器与各入侵探测器之间的连线太多，不利于设计与施工。混合式则是将两种线制相结合的一种方式。一般在某一防范范围内（如某个房间）设一通信模块（或称扩展模块），在该范围内的所有入侵探测器与通信模块之间采用多线制连接，而通信模块与入侵报警控制器之间则采用总线制连接。由于房间内各入侵探测器到通信模块路径较短，入侵探测器数量又有限，故采用多线制合适；由于通信模块到入侵报警控制器的路径较长，故采用总线制合适。

7.4.2　无线传输

无线传输是入侵探测器输出的探测信号经过调制，用一定频率的无线电波向空间发送，由报警中心的控制器接收，再由报警中心处理接收信号后发出报警信号并判断出报警部位。

7.5 入侵报警系统工程设计

7.5.1 基本规定

（1）入侵报警系统工程的设计应综合应用电子传感（探测）、有线/无线通信、显示记录、计算机网络、系统集成等先进而成熟的技术，配置可靠而适用的设备，构成先进、可靠、经济、适用、配套的入侵探测报警应用系统。

（2）入侵报警系统工程的设计遵循的原则如下。

① 根据防护对象的风险等级、防护级别、环境条件、功能要求、安全管理要求和建设投资等因素，确定系统规模、系统模式及应采取的综合防护措施。

② 根据建设单位提供的设计任务书、建筑平面图和现场勘察报告，进行防区的划分，确定入侵探测器、传输设备的设置位置和选型。

③ 根据防区的数量和分布、信号传输方式、集成管理要求、系统扩充要求等，确定控制设备的配置和管理软件的功能。

④ 系统应以规范化、结构化、模块化、集成化的方式实现，以保证设备的互换性。

7.5.2 入侵报警系统构成

入侵报警系统通常由前端设备（包括入侵探测器和紧急报警装置）、传输设备、处理/控制/管理设备和显示/记录设备四部分构成。

根据系统信号传输方式的不同，入侵报警系统的组建模式一般分为以下模式。

1. 多线制

入侵探测器、紧急报警装置通过多芯电缆与报警控制主机之间采用一对一专线相连，如图 7.14 所示。多线制入侵报警系统示意图如图 7.15 所示。

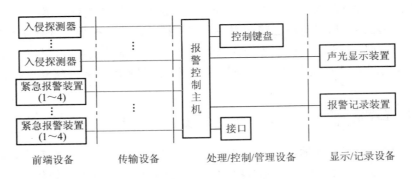

图 7.14 多线制模式

2. 总线制

入侵探测器、紧急报警装置通过其相应的编址模块与报警控制主机之间采用报警总线（专线）相连，如图 7.16 所示。总线制入侵报警系统示意图如图 7.17 所示。

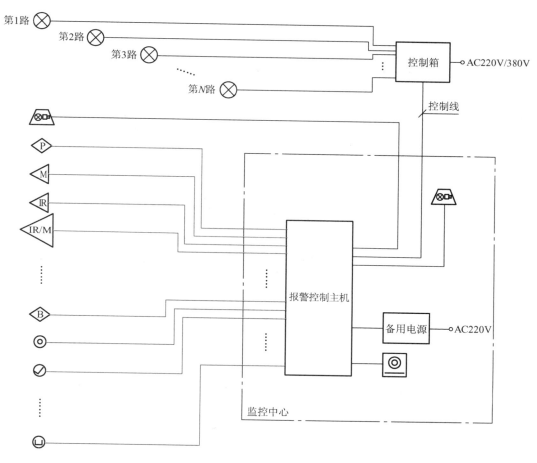

图 7.15　多线制入侵报警系统示意图

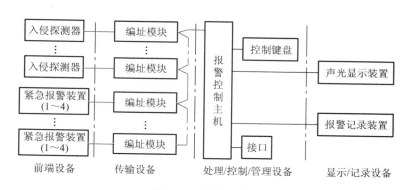

图 7.16　总线制模式

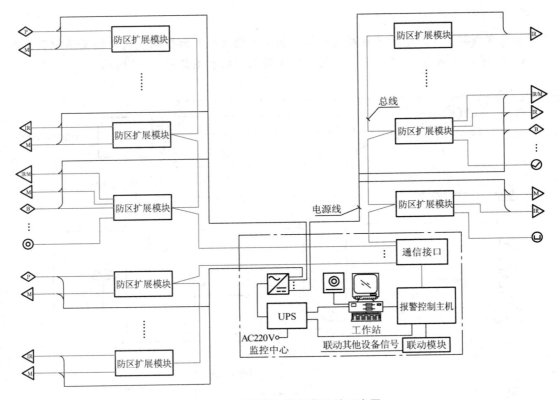

图 7.17　总线制入侵报警系统示意图

3. 无线制

入侵探测器、紧急报警装置通过其相应的无线设备与报警控制主机通信，其中一个防区内的紧急报警装置不得大于 4 个，如图 7.18 所示。

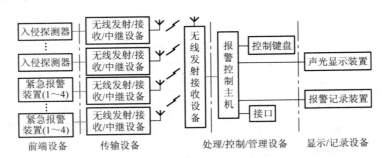

图 7.18　无线制模式

4. 公共网络

入侵探测器、紧急报警装置通过现场报警控制设备和/或网络传输接入设备与报警控制主机之间采用公共网络相连。公共网络可以是有线网络，也可以是有线—无线—有线网络，如图 7.19 所示。

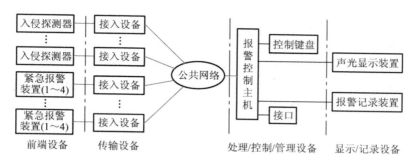

前端设备　传输设备　　　　处理/控制/管理设备　显示/记录设备

图 7.19　公共网络模式

7.5.3　入侵报警系统设计

1. 纵深防护体系设计

纵深防护是从里到外或从外到里层层设防的设计理念。纵深防护体系的周界、监视区、防护区、禁区四个区域的防护措施要逐渐加强，各区域之间的交界面也要采取一定的防护措施。

（1）入侵报警系统的设计应符合整体纵深防护和局部纵深防护的要求，纵深防护体系包括周界、监视区、防护区和禁区。

（2）周界可根据整体纵深防护和局部纵深防护的要求分为外周界和内周界。周界应构成连续无间断的警戒线（面）。周界防护应采用实体防护和/或电子防护措施；采用电子防护时，需设置入侵探测器；当周界有出入口时，应采取相应的防护措施。

（3）监视区可设置警戒线（面），宜设置视频安防监控系统。

（4）防护区应设置紧急报警装置、入侵探测器，宜设置声光显示装置，利用入侵探测器和其他防护装置实现多重防护。

（5）禁区应设置不同探测原理的入侵探测器，应设置紧急报警装置和声音复核装置，通向禁区的出入口、通道、通风口、天窗等应设置入侵探测器和其他防护装置，以实现立体交叉防护。

 阅读材料 7-2

共和国文物第一案的启示

1992 年 9 月 18 日一早，开封博物馆的工作人员像往常一样，打开博物馆明清宫廷用品展厅大门，准备迎接参观者。但厅内场景使他们大吃一惊，一片狼藉之中，共丢失了 69 件文物，经专家鉴定，价值过亿元。

经刑侦专家侦察，犯罪嫌疑人撬开窗户进入展厅便踩在展柜顶上，用预先试验过的反技术防范手段将多个被动红外入侵探测器盖住，使其失去报警功能，从而使盗窃得逞。

从这次文物失窃案可以看出，开封博物馆安防工程没有体现纵深防护体系的思想。它没有周界防范，没有窗户布防，防护栏无防护能力，一撬就开。它只用了单一报警手段，而且入侵探测器的安装位置不符合规范要求。人们从中得到很多启示，意识到周界防范的重要性，要利用博物馆周边的围墙、铁栅栏等屏障建立周界防范，如果没有条件形成大周界，也要利用建筑物的墙体、窗户和门建立小周界，因地制宜地选用入侵探测器构成周界防线，将入侵者拒之于窗外、门外和建筑物之外。

2. 系统功能性能设计

（1）入侵报警系统的误报警率应符合设计任务书和/或工程合同书的要求。

（2）入侵报警系统不得有漏报警。

（3）入侵报警功能设计应符合下列规定。

① 紧急报警装置应设置为不可撤防状态，应有防误触发措施，被触发后应自锁。

② 当下列任何情况发生时，报警控制设备应发出声光报警信号，报警信号应能保持到手动复位，报警信号应无丢失。

a. 在设防状态下，当入侵探测器探测到有入侵发生或触动紧急报警装置时，报警控制设备应显示出报警发生的区域或地址。

b. 在设防状态下，当多路入侵探测器同时报警（含紧急报警装置报警）时，报警控制设备应依次显示出报警发生的区域或地址。

③ 报警发生后，系统应能手动复位，不应自动复位。

④ 在撤防状态下，系统不应对入侵探测器的报警状态做出响应。

（4）防破坏及故障报警功能设计应符合下列规定。

当下列任何情况发生时，报警控制设备上应发出声光报警信号，报警信号应能保持到手动复位，报警信号应无丢失。

① 在设防或撤防状态下，当入侵探测器机壳被打开时。

② 在设防或撤防状态下，当入侵报警控制器机盖被打开时。

③ 在有线传输系统中，当报警信号传输线被断路、短路时。

④ 在有线传输系统中，当入侵探测器电源线被切断时。

⑤ 当入侵报警控制器的主电源/备用电源发生故障时。

⑥ 在利用公共网络传输报警信号的系统中，当网络传输发生故障或信息连续阻塞超过30s时。

（5）记录显示功能设计应符合下列规定。

① 系统应具有报警、故障、被破坏、操作（包括开机、关机、设防、撤防、更改等）等信息的显示记录功能。

② 系统记录信息应包括事件发生时间、地点、性质等，记录的信息应不能更改。

（6）系统应具有自检功能。

（7）系统应能手动/自动设防/撤防，应能按时间在全部及部分区域任意设防和撤防，设防、撤防状态应有明显不同的显示。

（8）系统报警响应时间应符合下列规定。

① 多线制、总线制和无线制入侵报警系统不大于 2s。

② 基于局域网、电力网和广电网的入侵报警系统不大于 2s。

③ 基于市话网电话线的入侵报警系统不大于 20s。

（9）系统报警复核功能应符合下列规定。

① 当报警发生时，系统宜能对报警现场进行声音复核。

② 重要区域和重要部位应有报警声音复核。

（10）无线制入侵报警系统的功能设计，还应符合下列规定。

① 当入侵探测器进入报警状态时，发射机应立即发出报警信号，并应具有重复发射报警信号的功能。

② 入侵报警控制器的无线收发设备宜具有同时接收处理多路报警信号的功能。

③ 当出现信道连续阻塞或干扰信号超过 30s 时，监控中心应有故障信号显示。

④ 入侵报警探测器的无线报警发射机，应有电源欠电压本地指示，监控中心应有欠电压报警信息。

7.5.4 设备选型与设置

1. 探测设备

（1）入侵探测器的选型应符合下列规定。

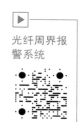

光纤周界报警系统

① 根据防护要求和设防特点选择不同探测原理、不同技术性能的入侵探测器。多技术复合入侵探测器应视为一种技术的入侵探测器。

② 所选用的入侵探测器应能避免各种可能的干扰，减少误报，杜绝漏报。

③ 入侵探测器的灵敏度、作用距离、覆盖面积应能满足使用要求。

（2）周界用入侵探测器的选型应符合下列规定。

① 规则的外周界可选用主动红外入侵探测器、阻挡型微波入侵探测器、振动入侵探测器、激光入侵探测器、光纤式周界入侵探测器、振动电缆入侵探测器、泄漏电缆电场畸变入侵探测器、电场感应式入侵探测器、高压电子脉冲式入侵探测器等。

② 不规则的外周界可选用振动入侵探测器、室外用被动红外入侵探测器、室外用双技术入侵探测器、光纤式周界入侵探测器、振动电缆入侵探测器、泄漏电缆电场畸变入侵探测器、电场感应式入侵探测器、高压电子脉冲式入侵探测器等。

③ 无围墙/栏的外周界可选用主动红外入侵探测器、阻挡型微波入侵探测器、激光入侵探测器、泄漏电缆电场畸变入侵探测器、电场感应式入侵探测器、高压电子脉冲式入侵探测器等。

④ 内周界可选用室内用多普勒式超声波入侵探测器、被动红外入侵探测器、振动入侵探测器、室内用被动式玻璃破碎入侵探测器、声控振动双技术入侵探测器等。

阅读材料 7-3

少年偷渡迪拜，上海机场被罚款8万元

机场拦不住少年，11元轻而易举到迪拜

看了"迪拜乞丐月薪47万元"的新闻之后，很多人都羡慕不已，而一个来自四川的16岁少年却展现了惊人的"行动力"，他爬上了国内某机场旁边的一棵大树，越过约8m高的机场围栏，又找到一架阿联酋航空的飞机，钻进货舱，在9个小时的飞行中睡了一觉，花费最多11元交通费（坐地铁二号线），就这么轻而易举抵达迪拜！

这可不只是一个段子，它导致了民航局首次因为空防安全问题，对相关人员实施了行政约见。

对于普通民众来说，大笑完心里也会冒出一个问号，连小小少年都拦不住的机场，还能放心吗？虽然许多机场的安检力度都进行了升级，但是安防隐患处处有，在航站楼以外，安防难度更大。机场按区域通常分为航站楼、陆侧、空侧。空侧区域面积非常大，出没人员复杂，监控目标分散，面临的入侵多种多样，一直是机场安防的难点。空侧又分为周界区域和跑道区域，这位16岁少年的奇幻之旅就是以周界区域为突破口的。

（3）出入口部位用入侵探测器的选型应符合下列规定。

① 外周界出入口可选用主动红外入侵探测器、阻挡型微波入侵探测器、激光入侵探测器、泄漏电缆电场畸变入侵探测器等。

② 建筑物内对人员、车辆等有通行时间界定的正常出入口（如大厅、车库出入口等）可选用室内用多普勒式微波入侵探测器、室内用被动红外入侵探测器、微波和被动红外复合入侵探测器、磁开关入侵探测器等。

③ 建筑物内非正常出入口（如窗户、天窗等）可选用室内用多普勒式微波入侵探测器、室内用被动红外入侵探测器、室内用多普勒式超声波入侵探测器、微波和被动红外复合入侵探测器、磁开关入侵探测器、室内用被动式玻璃破碎入侵探测器、振动入侵探测器等。

（4）室内用入侵探测器的选型应符合下列规定。

① 室内通道可选用室内用多普勒式微波探测器、室内用被动红外入侵探测器、室内用多普勒式超声波入侵探测器、微波和被动红外复合入侵探测器等。

② 室内公共区域可选用室内用移动型微波入侵探测器、室内用被动红外入侵探测器、室内用多普勒式超声波入侵探测器、微波和被动红外复合入侵探测器、室内用被动式玻璃破碎入侵探测器、振动入侵探测器、紧急报警装置等；而且宜设置两种以上不同探测原理的入侵探测器。

③ 室内重要部位可选用室内用移动型微波入侵探测器、室内用被动红外入侵探测器、室内用多普勒式超声波入侵探测器、微波和被动红外复合入侵探测器、磁开关入侵探测器、室内用被动式玻璃破碎入侵探测器、振动入侵探测器、紧急报警装置等；而且宜设置两种以上不同探测原理的入侵探测器。

（5）入侵探测器的设置应符合下列规定。

① 每个/对探测器应设为一个独立防区。

② 周界的每一个独立防区长度不宜大于 200m。

③ 需设置紧急报警装置的部位宜不少于 2 个独立防区，每一个独立防区的紧急报警装置数量不应大于 4 个，且不同单元空间不得作为一个独立防区。

④ 防护对象应在入侵探测器的有效探测范围内，入侵探测器覆盖范围内应无盲区，覆盖范围边缘与防护对象间的距离宜大于 5m。

⑤ 当多个入侵探测器的探测范围有交叉覆盖时，应避免相互干扰。

2. 控制设备

（1）控制设备的选型应符合下列规定。

① 应根据系统规模、系统功能、信号传输方式及安全管理要求等选择报警控制设备的类型。

② 宜具有可编程和联网功能。

③ 接入公共网络的报警控制设备应满足相应网络的入网接口要求。

④ 应具有与其他系统联动或集成的输入、输出接口。

（2）控制设备的设置应符合下列规定。

① 现场报警控制设备和传输设备应采取防拆、防破坏措施，并应设置在安全可靠的场所。

② 不需要人员操作的现场报警控制设备和传输设备宜采取电子/实体防护措施。

③ 壁挂式报警控制设备在墙上的安装位置，其底边距地面的高度不应小于 1.5m，当靠门安装时，宜安装在门轴的另一侧；当靠近门轴安装时，靠近其门轴的侧面距离不应小于 0.5m。

④ 台式报警控制设备的操作、显示面板和管理计算机的显示器屏幕应避开阳光直射。

3. 无线设备

（1）无线报警的设备选型应符合下列规定。

① 载波频率和发射功率应符合国家相关管理规定。

② 入侵探测器的无线发射机使用的电池应保证有效使用时间不少于 6 个月，在发出欠电压报警信号后，电源应能支持发射机正常工作 7 天。

③ 无线紧急报警装置应能在整个防范区域内触发报警。

④ 无线报警发射机应有防拆报警和防破坏报警功能。

（2）接收机安装位置应由现场试验确定，保证能接收到防范区域内任意发射机发出的报警信号。

4. 管理软件

（1）系统管理软件的选型应具有以下功能。

① 电子地图显示，能局部放大报警部位，并发出声光报警提示。

② 实时记录系统开机、关机、操作、报警、故障等信息，并具有查询、打印、防篡改功能。

③ 设定操作权限，对操作（管理）员的登录、交接进行管理。

（2）系统管理软件应汉化。

（3）系统管理软件应有较强的容错能力及备份和维护保障能力。

（4）系统管理软件发生异常后，应能在 3s 内发出故障报警。

7.5.5　传输方式、线缆选型与布线设计

1. 传输方式

（1）传输方式的确定应取决于前端设备分布、传输距离、环境条件、系统性能要求及信息容量等，宜采用有线传输为主、无线传输为辅的传输方式。

（2）防区较少，且报警控制设备与各入侵探测器之间的距离不大于 100m 的场所，宜选用多线制模式。

（3）防区数量较多，且报警控制设备与所有入侵探测器之间的连线总长度不大于 1500m 的场所，宜选用总线制模式。

（4）布线困难的场所，宜选用无线制模式。

（5）防区数量很多，且现场与监控中心距离大于 1500m，或现场要求具有设防、撤防等分控功能的场所，宜选用公共网络模式。

（6）当出现无法独立构成系统时，传输方式可采用多线制模式、总线制模式、无线制模式、公共网络模式等方式的组合。

2. 线缆选型

（1）系统应根据信号传输方式、传输距离、系统安全性、电磁兼容性等要求，选择传输介质。

（2）当系统采用多线制时，宜采用不少于 5 芯的通信电缆，每芯截面面积不宜小于 $0.5mm^2$。

（3）当系统采用总线制时，总线电缆宜采用不少于 6 芯的通信电缆，每芯截面面积不宜小于 $1.0mm^2$。

（4）当现场与监控中心距离较远或电磁环境较恶劣时，可选用光缆。

（5）采用集中供电时，前端设备的供电传输线路宜采用耐压不低于交流 500V 的铜芯绝缘多股电线或电缆，线径的选择应满足供电距离和前端设备总功率的要求。

3. 布线设计

（1）布线设计应符合以下规定。

① 应与区域内其他弱电系统线缆的布设综合考虑，合理设计。

② 报警信号线应与 220V 交流电源线分开敷设。

（2）室内管线敷设设计应符合下列规定。

① 室内线路应优先采用金属管，可采用阻燃硬质或半硬质塑料管、塑料线槽及附件等。

② 竖井内布线时，应设置在弱电竖井内。如受条件限制强弱电竖井必须合用时，报警系统线路和强电线路应分别布置在竖井两侧。

（3）室外管线敷设设计应满足下列规定。

① 线缆防潮性及施工工艺应满足国家现行标准的要求。

② 线缆敷设路径上有可利用的线杆时可采用架空方式。当采用架空敷设时，与共杆架设的电力线（1kV 以下）的间距不应小于 1.5m，与广播线的间距不应小于 1m，与通信线的间距不应小于 0.6m，线缆最低点的高度应符合有关规定。

③ 线缆敷设路径上有可利用的管道时可优先采用管道敷设方式。

④ 线缆敷设路径上有可利用的建筑物时可优先采用墙壁固定敷设方式。

⑤ 线缆敷设路径上没有管道和建筑物可利用，也不便立杆时，可采用直埋敷设方式。引出地面的出线口，宜选在相对隐蔽地点，并宜在出口处设置从地面计算高度不低于 3m 的出线防护钢管，且周围 5m 内不应有易攀登的物体。

⑥ 线缆由建筑物引出时，宜避开避雷针引下线，不能避开处两者平行距离应不小于 1.5m，交叉间距应不小于 1m，并宜防止长距离平行走线。

在间距不能满足上述要求时，可对电缆加缠铜皮屏蔽，屏蔽层要有良好的就近接地装置。

综合习题

一、填空题

1. 入侵探测器和入侵报警控制器之间传输线的线制一般有_____、_____和_____三种方式。

2. 入侵报警系统通常由_____、_____、_____和_____四部分构成。

二、名词解释

1. 报警状态；

2. 设防；

3. 撤防；

4. 周界；

5. 报警响应时间。

三、单项选择题

1. 下列选项中属于线型入侵探测器的是（   ）。

A. 振动入侵探测器　　　　　　　　　B. 主动红外入侵探测器

C. 双技术入侵探测器　　　　　　　　D. 超声波入侵探测器

2. 下列选项中属于点型入侵探测器的是（   ）。

A. 被动红外入侵探测器　　　　　　　B. 开关入侵探测器

C. 声控入侵探测器　　　　　　　　　D. 振动入侵探测器

3. 在入侵报警系统中，通常所用的双技术入侵探测器是利用了以下哪两种技术？（   ）

A. 红外探测技术和光波探测技术

B. 微波探测技术和无线电探测技术

C. 红外热能感应技术和微波探测技术

D. 热能感应技术和电场传感技术

4. 住宅安防系统中具有防灾功能的对讲设备的功能不包括（   ）。

A. 防盗报警　　　　　　　　　　　　B. 火灾报警

C. 紧急求救报警　　　　　　　　　　　　D. 氧气泄漏报警

5. 防盗报警主机的可靠性是指在布防状态下，对非法侵入（　　　）。

A. 及时报警，不应误报

B. 及时报警，不应漏报

C. 及时报警，不应误报和漏报

D. 及时报警，误报和漏报率在限定范围内

6. 振动入侵探测器适用于对（　　　）的保护。

A. 银行金库　　　　　　　　　　　　　B. 监狱中的监房

C. 自助银行（内设自助取款机）　　　　D. 超市

7. 安防监控中心应（　　　）。

A. 设在一层，并设直通室外的安全出口　　B. 设为禁区

C. 设在防护区内　　　　　　　　　　　　D. 设在监视区内

8. 以下（　　　）不属于入侵探测器。

A. 微波/红外入侵探测器　　　　　　　　B. 玻璃破碎入侵探测器

C. 振动入侵探测器　　　　　　　　　　　D. CO_2 探测器

四、判断题

1. 主动式红外入侵探测器是由发射和接收装置两部分组成的。从发射机到接收机之间的红外线束构成了一道人眼看不见的封锁线，当有人穿越或阻挡这条红外线束时，入侵报警控制器发出报警信号。（　　　）

2. 在撤防状态下，当防范现场有异常情况发生时，入侵探测器受到触发，向入侵报警控制器发出报警信号。（　　　）

3. 双技术入侵探测器又称为双鉴入侵探测器或复合式入侵探测器，它是将两种探测技术结合在一起，只有当两种入侵探测器同时或相继在短暂的时间内都探测到目标时，才可发出报警信号。（　　　）

五、简答题

1. 简述干簧继电器的工作原理。

2. 简述压电式振动入侵探测器的工作原理。

3. 简述被动红外入侵探测器和主动红外入侵探测器的工作原理。

4. 简述泄漏电缆电场畸变入侵探测器的工作原理。

5. 简述电子围栏式入侵探测器的工作原理。

6. 简述微波入侵探测器的工作原理。

7. 简述超声波入侵探测器的工作原理。

8. 简述入侵报警系统工程的设计原则。

9. 简述周界用入侵探测器的选型规定。

10. 简述出入口部位用入侵探测器的选型规定。

11. 简述室内用入侵探测器的选型规定。

12. 简述入侵报警系统控制设备的选型规定。

13. 简述入侵报警系统线缆选型的要求。

第8章
视频安防监控系统

 本章教学要点

知识要点	掌握程度	相关知识
视频安防监控系统概述	了解系统的定义； 掌握系统的组成； 了解系统的发展历程； 熟悉系统的功能	系统的定义； 系统的组成； 系统的发展历程； 系统的功能
视频安防监控系统的设备	熟悉系统的前端设备； 熟悉系统的传输设备； 熟悉系统的处理/控制设备； 熟悉系统的记录/显示设备	摄像机； 镜头； 防护罩、云台和解码器； 一体球形摄像机； 传输设备（同轴电缆、双绞线、光纤、无线）； 视（音）频切换器； 矩阵控制主机； 矩阵控制器键盘； DVR 和 NVR； 监视器； 多画面处理器
视频安防监控系统的设计	掌握系统的基本规定； 掌握系统的构成模式； 掌握系统的功能及性能设计； 掌握系统的设备选型与设置； 掌握系统的传输方式、线缆选型； 掌握系统的供电、防雷与接地	系统的基本规定； 系统的构成模式； 系统的功能及性能设计； 系统的设备选型与设置； 系统的传输方式、线缆选型； 系统的供电、防雷与接地

导入案例

美国警方引入云技术

云技术与城市安全的关系最早是 2009 年 IBM（国际商业机器公司）提出"智慧城市"目标后，开始为各国安全部门和警方所普遍重视的。

在 2014 年一次云计算大会上，荷兰一家公司给现场记者分享了一段荷兰当地警方抓捕小偷的视频。视频显示，当地超市员工发现小偷后报警，没有应用云技术时，当警察赶到现场后，小偷早已逃之夭夭，警察只能安慰超市员工"下次小心点"。运用云技术之后，警方在接到超市报警后，立即实时和超市联网，监控超市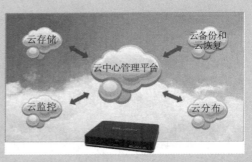及小偷动态，在小偷逃出超市后，可以通过云技术追踪小偷逃跑路线，并及时通知离小偷最近的警察将其抓获。一位专家告诉记者，这项云技术叫视频云技术。当刑侦人员需要调用视频缉拿犯罪嫌疑人时，视频云技术的应用能够极为有效地缩减时间成本与金钱成本。

云技术在识别犯罪嫌疑人方面也有独特作用。从 2010 年起，美国加利福尼亚州、纽约州等地相继普及"执法机构计算机化人脸识别系统"，可通过云技术在几分钟内进行大量比对，并最终锁定犯罪嫌疑人身份。2012 年 1 月，美国加利福尼亚州警署利用该系统，在短时间内锁定一名连环抢劫案主要犯罪嫌疑人，并将其捉拿归案。

云技术在打击帮派犯罪方面也卓有成效。《管理》报道称，美国"帮派之都"芝加哥 2013 年通过引入云技术，将本地多达 1.4 万个帮派及其团伙纳入网络分析监控体系，并向可能进行犯罪活动的帮派及其成员发出警告，同时调动警力进行预防和打击。

8.1　概　　述

安防视频联网报警服务

视频安防监控系统，简称视频监控系统，也叫电视监控系统。

8.1.1	视频安防监控系统的定义和组成

视频安防监控系统是利用视频技术探测、监视设防区域并实时显示和记录现场图像的电子系统或网络。它是安全技术防范体系中的一个重要组成部分，是一种先进的、防范能力极强的综合系统，它可以通过遥控摄像机及其辅助设备（镜头、云台等）直接观看被监视场所的一切情况，可以使被监视场所的情况一目了然。同时，视频安防监控系统还可以与防盗报警系统等其他安全技术防范体系联动运

行，使其防范能力更加强大。

视频安防监控系统能在人们无法直接观察的场合，实时、形象、真实地反映被监视控制对象的画面，并已成为人们在现代化管理中监控的一种极为有效的观察工具。由于它具有只需一人在控制中心操作就可观察许多区域，甚至远距离区域的独特功能，被认为是安保工作的必要手段。系统的视频记录和存储功能，也为一些案件的取证、侦破提供了强有力的保证。视频安防监控系统的组成如图 8.1 所示。

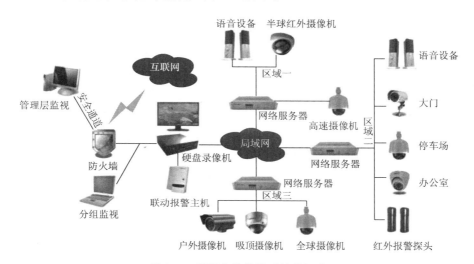

图 8.1 视频安防监控系统的组成

8.1.2 视频安防监控系统的发展历程

视频安防监控技术自 20 世纪 80 年代在我国兴起以来，先后经历了模拟视频与近距离监控、模拟视频与远距离联网监控、数字视频与 IP 网络监控、数字视频与光纤网络监控四个发展阶段。根据视频信号特征，可以将视频安防监控系统分为模拟视频安防监控系统、硬盘录像机视频安防监控系统、智能网络视频安防监控系统。

1. 模拟视频安防监控系统

模拟视频安防监控系统由模拟**摄像机**、多画面分割器、视频矩阵、模拟监视器和磁带**录像机（Video Cassette Recorder，VCR）**等构成，摄像机的图像经过同轴电缆（或其他介质）传输，并由 VCR 进行录像存储。视频信号传输距离小，可通过光端机实现远距离传输和联网监控，但是视频多级传输多次 A/D 转换带来了视频损耗问题，加上中间设备多，因此已逐渐被淘汰。

2. 硬盘录像机视频安防监控系统

硬盘录像机视频安防监控系统产生于 20 世纪 90 年代，以硬盘录像机（Digital Video Recorder，DVR）为核心，模拟的视频信号由 DVR 实现数字化编码压缩并进行存储。DVR 对 VCR 实现了全面取代，在视频存储、检索、浏览等方面实现了飞跃，并且能够实现网络传输，提供内置 Web 管理器。

3. 智能网络视频安防监控系统

智能网络视频安防监控系统主要由网络摄像机、视频编码器、高清摄像机、网络录像机、海量存储系统及视频内容分析技术构成，可以实现视频网络传输、远程播放、存储、视频分发、远程控制、视频内容分析与自动报警等多种功能。

8.1.3 视频安防监控系统的功能

美国监控
系统

随着建筑智能化程度的提高，建筑智能化系统的运作模式也愈发接近人的行为模式，视频安防监控系统的作用和地位也越来越重要，因为它是整个智能系统的"眼睛"。不论视频安防监控系统的技术如何发展，其主要的功能都是将监控区域的音频和图像信号传输到监控中心，为安保人员监控和管理大面积防区提供方便。同时监控中心设有录像设备，可以将所采集的信号记录下来，所记录的数据也往往会成为事后分析和侦测的重要依据。

不同类型的视频安防监控系统，在功能上的区别在于所提供的音视频信号的质量、使用的便捷性和一些辅助的分析功能。

（1）模拟视频安防监控系统基本不具备分析的能力，所有的分析和判断都是由安保人员来完成的，这就决定了这种类型的视频安防监控系统在整个安防自动化系统中的地位只能是辅助分析的地位。

（2）到了硬盘录像机视频安防监控系统时代，图像分析和处理技术的大量应用，使得视频安防监控系统具有了分析功能。分析能力的增强，大大提高了视频安防监控系统的性能和地位，使得视频安防监控系统真正迈入了智能化时代。

（3）对数字视频内容进行分析，然后识别出一些典型的模式这是智能网络视频安防监控系统智能化的主要表现。以校园监控为例，在没有分析功能的视频安防监控系统下，如果出现小偷行窃、聚众斗殴等现象，就只能靠安保人员来发现；然而如果应用了智能网络视频安防监控系统，就可以将小偷行窃、聚众斗殴等行为模式识别出来，并发出警告通知安保人员。这大大降低了安保人员的工作强度，提高了工作效率。

智能网络视频安防监控系统除了在安防领域的应用外，还可以与消防系统、中央空调、照明等其他智能建筑子系统进行联动。例如，智能网络视频安防监控系统可以和消防炮配合使用，如果防区内发生火灾，系统就可以将火灾区域的坐标反馈给控制中心，控制中心可以根据坐标控制消防炮自动定位火源进行准确灭火。在一些大型的物流仓库，这种系统有较多应用。

利用视频内容分析功能，可以将人的着装情况（比如是否穿短袖、短裤等）识别出来，着装情况会直接影响服装表面积、人体热平衡及送风感受，这些可以为设计舒适性空调的送风参数提供一定的依据。如果将室内人员的分布情况识别出来，就可以为照明系统控制提供一定的依据，从而选择更合理、节能和智能化的照明模式。

8.2 视频安防监控系统的设备

视频安防监控系统的设备种类多，一般按照功能和作用可以分为前端设备、传输设备、处理/控制设备和记录/显示设备四类。

8.2.1　前端设备

超远距离智能监管系统

1. 摄像机

摄像机是将现场图像转换成视频信号的设备。

 阅读材料 8-1

CCD 的诞生

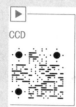

CCD

CCD 是于 1969 年由美国贝尔实验室的维拉·波义耳（Willard S. Boyle）和乔治·史密斯（George E. Smith）发明的。当时贝尔实验室正在发展影像电话和半导体气泡式内存，将这两种新技术结合起来后，波义耳和史密斯发明出一种装置，他们将这种装置命名为"电荷'气泡'元件"（Charge Bubble Devices）。这种装置的特性就是它能沿着一片半导体的表面传递电荷，他们便尝试将它用作记忆装置，但当时只能从暂存器用"注入"电荷的方式输入记忆。但他们随即发现光电效应能使此种元件表面产生电荷，而组成数位影像。到了 20 世纪 70 年代，贝尔实验室的研究人员已经能用简单的线性装置捕捉影像，CCD 就此诞生。

 阅读材料 8-2

全景摄像机

全景摄像机，顾名思义，是能对一个较大场景进行全局监控、全程监视与全角度拍摄的摄像产品。一般而言有两种方式可达到全景效果：一是采用鱼眼镜头（大广角镜头），二是一台摄像机中采用多个镜头拼接来实现。

不论使用何种方式，所谓的全局监控，即摄像机在静止状态下（无须云台辅助转动），就可以进行 180°（安装在墙上）或 360°（安装在天花板上）的监控。

全景摄像机画面演示

监视时，摄像机无须切换画面，就能实现对同一个较大场景的无间断拍摄，解决了普通摄像机多方位监控时画面不连贯的问题，也使监控人员的作业更加方便。而且全景摄像机具有最高可达 360° 的拍摄角度，能全面捕捉场景，避免死角产生，因而在某些项目中，其可以达到一台替代多台普通监控摄像机的效果，并且能顺利达到耗电量低、布线简单、隐秘性高、施工维护费用低廉等目的。

（1）摄像机分类。

① 按成像色彩划分为彩色摄像机和黑白摄像机。

a. 彩色摄像机：适用于景物细部辨别，如辨别衣着或景物的颜色。

b. 黑白摄像机：适用于光线不充足的地区及夜间无照明设备的地区，在仅监视景物的位置或移动时，可选用黑白摄像机。

② 按分辨率划分为一般型摄像机和高分辨率型摄像机。

a. 一般型摄像机：影像像素在 38 万以下的为一般型摄像机，其中尤以 25 万像素、分辨率为 400 线的产品最为普遍。

b. 高分辨率型摄像机：影像像素在 38 万以上的为高分辨率型摄像机。

③ 按摄像机靶面大小划分，摄像机芯片已经开发出 1/2in、1/3in、2/3in、1in、1/4in 等多种尺寸。在同样的像素条件下，摄像机面积的不同，直接决定了感光点大小的不同。感光点的功能是负责光电转换，其体积越大，能够容纳电荷的极限值也就越高，对光线的敏感性也就越强，描述的图像层次也就越丰富。

④ 按扫描制式划分为 **PAL** 制式和 **NTSC** 制式。中国采用 PAL 制式（黑白为 CCIR 制式），标准为 625 行、50 场，只有医疗或其他专业领域才用到一些非标准制式。美国、日本等国家和地区采用 NTSC 制式（黑白为 EIA 制式），标准为 525 行、60 场。

⑤ 按供电电源划分为交流 110 V（NTSC 制式多属此类）、220V 和 24V，以及直流 12V 和 9V（微型摄像机多属此类）。

⑥ 按同步方式划分为内同步、外同步、功率同步、外 VD 同步、多台摄像机外同步五种。

⑦ 按照度划分为如下四种。

a. 普通型：正常工作所需照度为 1～3lx。

b. 月光型：正常工作所需照度在 0.1lx 左右。

c. 星光型：正常工作所需照度在 0.01lx 以下。

d. 红外型：采用红外灯照明，在没有光线的情况下也可以成像。

⑧ 按外形划分为枪式摄像机、半球摄像机、云台摄像机和一体化球形摄像机，如图 8.2 所示。

(a) 枪式摄像机　　　　　(b) 半球摄像机　　　　　(c) 云台摄像机　　　　　(d) 一体化球形摄像机

图 8.2　不同外形的摄像机实物图

（2）摄像机常用的性能指标。

① 摄像机尺寸（即摄像机靶面大小）。原多为 1/2in 的，现在 1/3in 的已普及化，1/4in 和 1/5in 的也已商品化。

② 摄像机像素。摄像机像素是摄像机的主要性能指标，它决定了显示图像的清晰程度，分辨率越高，图像细节的表现越好。摄像机由面阵感光元素组成，每一个元素称为像

素，像素越多，图像越清晰。现在市场上大多以 25 万和 38 万像素为划界，38 万像素以上者为高清晰度摄像机。

③ 分辨率。分辨率是用电视线（简称线）来表示的。彩色摄像机的典型分辨率在 330～500 线之间，主要有 330 线、380 线、420 线、460 线、500 线等不同档次。分辨率不仅与摄像机和镜头有关，还与摄像机电路通道的频带宽度直接相关，通常规律是 1MHz 的频带宽度相当于清晰度为 80 线。频带越宽，图像越清晰，线数值相对越大。

④ 最小照度。最小照度也称灵敏度，是摄像机对环境光线的敏感程度，或者说是摄像机正常成像时所需要的最暗光线。照度的单位是勒克斯（法定符号 lx），数值越小，表示需要的光线越少，摄像机也越灵敏。黑白摄像机的灵敏度一般为 0.01～0.5lx，彩色摄像机的灵敏度多在 0.1lx 以上。

⑤ 信噪比。信噪比也是摄像机的一个主要参数。其基本定义是信号对于噪声的比值乘以 20log，一般摄像机给出的信噪比值均是在 AGC（自动增益控制）关闭时的值，摄像机的信噪比的典型值一般为 45～55dB。

除了以上几个常用性能指标外，摄像机还具有电子快门、白平衡、背光补偿、宽动态范围和强光抑制等特殊功能，可根据实际需求来选定。

阅读材料 8-3

网络摄像机

网络摄像机只要安置在任何一个具备 IP 网络接口的地点即可独立运行。网络摄像机除了具备一般传统摄像机所有的图像捕捉功能外，机内还内置了数字化压缩控制器和基于 Web 的操作系统（包括 Web 服务器、FTP 服务器等），使得视频数据经压缩加密后，可以通过网络（局域网、互联网或无线网络）送至终端用户，而终端用户可在自己的计算机上使用标准的网络浏览器或客户端软件对网络摄像机进行访问，实时监控目标现场的情况，并可实时存储图像资料；另外还可以通过网络来控制摄像机的云台和镜头，进行全方位的监控。

网络摄像机一般由镜头、图像传感器、声音传感器、A/D 转换器、图像、声音编码器、控制器、网络服务器、外部报警、控制接口等部分组成。

智能高清网络摄像机结构

2. 镜头

镜头是视频安防监控系统中必不可少的部件，如果把摄像机靶面比作人的视网膜，镜头就相当于晶状体。如果没有镜头，摄像机输出的图像就是白茫茫的一片。镜头与摄像机配合，可以将不同距离的目标成像在摄像机靶面上。镜头的种类繁多，镜头选择得合适与否，直接关系到摄像质量的优劣，因此，在实际应用中必须合理选择镜头。

（1）镜头的分类。

一般来讲，镜头的分类有以下几种方式。

① 按镜头（所有的镜头均是螺纹口的）的安装方式分类，镜头安装有两种工业标

准，即 **C** 安装座和 **CS** 安装座。两者螺纹部分相同，但两者从镜头到感光表面的距离不同。

② 按镜头的规格分类，镜头的规格应视摄像机尺寸而定，两者应对应。即摄像机的靶面大小为 1/2in 时，镜头应选 1/2in；摄像机的靶面大小为 1/3in 时，镜头也应选 1/3in；依此类推。

③ 按镜头的光圈分类，镜头有固定光圈、手动光圈和自动光圈之分。配合摄像机使用，手动光圈镜头适合于亮度不变的应用场合；自动光圈镜头因亮度变化时其光圈也做自动调整，故适合于亮度变化的场合。

对于下列应用情况，采用自动光圈镜头是理想的选择。

a. 在诸如太阳光直射等非常亮的情况下，采用自动光圈镜头可有较宽的动态范围。

b. 要求在整个视景有良好的聚焦时，采用自动光圈镜头可有较大的景深。

c. 要求在亮光上因光信号导致的模糊最小时，应使用自动光圈镜头。

④ 按镜头的视场大小分类，镜头可分为如下五类。

a. 标准镜头。标准镜头的视角在 30°左右。在 1/2in 摄像机中，标准镜头焦距定为 12mm；在 1/3in 摄像机中，标准镜头焦距定为 8mm。

b. 广角镜头。广角镜头的视角在 90°以上。其焦距可小于几毫米，可提供较宽广的视景。

c. 远摄镜头。远摄镜头的视角在 20°以内。其焦距可达几米甚至几十米，可在远距离情况下将拍摄的物体影像放大，但会使观察范围变小。

d. 变倍镜头。变倍镜头也称伸缩镜头，有手动变倍镜头和电动变倍镜头两类。

e. 针孔镜头。针孔镜头的直径仅几毫米，可隐蔽安装。

⑤ 按镜头的焦距长短分类，镜头可分为如下四类。

a. 短焦距镜头。因入射角较宽，故该镜头可提供一个较宽广的视景。

b. 中焦距镜头。该镜头为标准镜头，焦距的长度视摄像机的尺寸而定。

c. 长焦距镜头。因入射角较狭窄，故该镜头仅能提供狭窄的视景，适用于长距离监视。

d. 变焦距镜头。该镜头通常为电动式，可作广角镜头、标准镜头或远望镜头等使用。

⑥ 按镜头的外形分类，镜头可分为球面镜头、非球面镜头、针孔镜头、鱼眼镜头。

（2）镜头的主要技术指标。

① 镜头的成像尺寸应与摄像机靶面尺寸一致。如前所述，镜头有 1/2in、1/3in、1/4in、1/5in 等规格。1/2in 镜头可用于 1/3in 摄像机（视角会减少 25%左右），但 1/3in 镜头不能用于 1/2in 摄像机。

② 镜头成像质量的内在指标是镜头的光学传递函数与畸变，但是对用户而言，需要了解的仅仅是镜头的分辨率（以每毫米能够分辨的黑白条纹数为计量单位），其计算公式如下。

$$镜头的分辨率\ N = \frac{180}{画幅格式的高度} \qquad (8-1)$$

由于摄像机靶面大小已经标准化，如 1/2in 摄像机靶面尺寸为 6.4mm×4.8mm，

1/3in摄像机靶面尺寸为 4.8mm×3.6mm。因此，对于 1/2in 摄像机靶面，镜头的最低分辨率应为 38 对线/mm；对于 1/3in 摄像机靶面，镜头的分辨率应大于 50 对线/mm。一般情况下，摄像机的靶面尺寸越小，对镜头的分辨率要求越高。

③ 镜头的光圈（通光量）以镜头的焦距和通光孔径的比值光圈系数来衡量，标记为 F，其计算公式为

$$F = \frac{f}{d^2} \tag{8-2}$$

式中：f——镜头焦距；

　　　d——通光孔径。

④ 焦距。焦距的大小决定着视场角的大小。焦距数值大，视场角小，所观察的范围小，距离远的物体能看得比较清楚；焦距数值小，视场角大，所观察的范围大，但距离远的物体会看得不很清楚。所以如果要看细节，就选择大焦距的长焦距镜头；如果要看近距离大场面，就选择小焦距的短焦距镜头。

（3）镜头光圈的选择与应用范围。

① 手动光圈镜头是最简单的镜头，它适用于光照条件相对稳定的场合。其手动光圈由数片金属薄片构成。光通量靠镜头外径上的一个环来调节，旋转此环可使光圈收小或放大。手动光圈镜头可与电子快门摄像机配套，在各种光线下均可使用。

② 自动光圈镜头适用于照明条件变化大的场合或不是用来监视某个固定目标时。比如在户外或人工照明经常开关的地方，自动光圈镜头的光圈的动作由电动机驱动，而电动机受控于摄像机的视频信号。

自动光圈镜头可与任何摄像机配套，在各种光线下均可使用，特别适用于监视表面亮度变化大、范围较大的场所。

 阅读材料 8-4

间谍卫星可穿透云层拍出"水晶般清晰"的照片

《科技日报》2020 年 12 月 22 日电，据英国《每日邮报》报道，无论阴晴圆缺，一颗环绕地球运行的新卫星可使用雷达在地球任何地方拍摄高分辨率图像。

由凯佩拉空间公司设计的这颗名为"凯佩拉-2"的间谍卫星，使用了美国国家航空航天局（NASA）自 20 世纪 70 年代以来一直使用的合成孔径雷达技术，无论空气能见度如何、是否有云层覆盖，在一天中的任何时间，它都可以观测地球。

合成孔径雷达会发射强大的无线电信号"照亮"一个兴趣点，并收集反射回来的脉冲回波数据，对其进行解析以创建详细的图像。

凯佩拉-2 卫星具有 50cm×50cm 分辨率（50cm×50cm 分辨率是美国法规允许的目前商业市场上可获得的最高的合成孔径雷达成像分辨率）的成像能力，其最新的"聚光灯"模式可在感兴趣的区域进行长达 60s 的长时间曝光，从而获得"水晶般清晰"的图像。

由于功能太过强大，人们质疑该卫星可用于对建筑物内的人员进行成像。不过，凯佩拉空间公司坚持说，该技术不能用于监视建筑物内的人员，尽管雷达波可以穿透墙壁，但其无法对室内任何物体成像。

　　普通商业卫星的相机无法在夜间穿透云层或拍摄出精细的目标图像，但使用合成孔径雷达技术的凯佩拉-2卫星在捕获图像时，可不受天气或光照条件的影响。

　　凯佩拉空间公司表示，公司目前正在努力创建一个由36个设备组成的卫星群，这些设备组合起来可以全天候监测世界任何地方。

　　3. 防护罩、云台和解码器

　　防护罩（图8.3）是用来保护摄像机的设备，主要功能为防尘、防破坏，分为室内防护罩和室外防护罩两种。室外防护罩还要有良好的防水性能，一些还带有排风扇、加热器和雨刷。一些特别场合则需要使用专业的防护罩，除了密封、耐寒、耐热、抗风沙、防雨雪之外，还要防砸、抗冲击、防腐蚀，甚至需要在易爆环境下使用，因此必须使用具有高安全度的特殊防护罩。

图 8.3　防护罩实物图

　　云台（图8.4）是承载摄像机和防护罩的设备，分为手动云台和电动云台两种。视频安防监控系统一般使用电动云台，当需要进行大面积和大范围监控时，可使用电动云台。电动云台可带动摄像机一起做水平和垂直运行，一些先进的云台甚至可以在水平方向和垂直方向都做到360°旋转。

图 8.4　云台实物图

　　解码器是对来自控制主机的控制信号进行解码和驱动的设备，它根据解码后的指令来驱动控制前端设备中的电动调节的机构，如云台的旋转，镜头焦距和光圈的调节，防护罩雨刷、加热器、排风扇的开关等。

　　4. 一体球形摄像机

　　一体球形摄像机是集变焦镜头、摄像机、PTZ（Pan/Tilt/Zoom）云台、解码器、防护罩等多器件于一体的摄像系统，也是集光、机、电多技术于一体的高科技产品。由于它具有安装结构简单、连线少、故障率低、外形美观、体积小巧等特点，被广泛应用于大厅、小区、道路等监控场所。

阅读材料 8-5

PTZ 摄像机

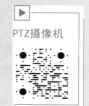
PTZ摄像机

PTZ 摄像机就是视频安防监控系统中一种支持全方位（上下、左右）移动及镜头变倍、变焦控制的摄像机。

PTZ 实际上是 Pan/Tilt/Zoom 的简写。PTZ 摄像机通过有机结合全景摄像机可以观察到 180°或 360°视场角的"看得广"的优点，以及高速球摄像机可以自由转动到感兴趣的区域，并通过光学变倍看清感兴趣区域细节的"看得清"的优点，同时有效克服各自的缺点，从而同时具备了全景摄像机"看得广"的优点和高速球摄像机"看得清"的优点。

8.2.2　传输设备

视频安防监控系统传输的信号主要有视频信号、音频信号和报警及控制信号三类，传输设备将视频安防监控系统的前端设备与终端设备联系起来。前端设备所产生的视频信号、音频信号、各种报警信号通过传输设备传送到控制中心，并将控制中心的控制指令传送到前端设备。视频安防监控系统的传输设备主要起物理通道的作用，是一种传输介质，一般有同轴电缆、双绞线、光纤和无线几种。

1. 同轴电缆

视频信号通过同轴电缆传输有两种方式，即基带传输和射频传输。基带传输是直接对视频信号进行传输，一根同轴电缆只传一路视频；射频传输是利用频率调制技术将多路视频信号调制到不同的频带，然后通过一根同轴电缆来传输，与有线电视的传输方式一样，中小型视频安防监控系统一般较少用到。采用同轴电缆直接传输视频时，常用的有 SYV 型和 SBYFV 型特性阻抗为 75Ω 的两种同轴电缆。

同轴电缆在传输视频信号的同时也可以传输控制信号，这种系统也叫同轴视控系统。它利用一定的调制技术，将视频信号和控制信号在一根电缆上传输，减少了布线数量，在一些场合可以节省开支。实际上同轴视控系统只是共缆传输技术的一种，目前将电源线、视频线和控制线三线合一的共缆传输技术在监控领域已经开始应用。

2. 双绞线

双绞线一般是指网线，是综合布线工程中最常用的一种传输介质。

3. 光纤

同轴电缆由于线材本身特性的问题，其传输距离受到限制，此外，在充斥着电磁波的使用环境中，电磁波的干扰更使同轴电缆传输的效率降低，若安装地点位于多雷区，同轴电缆连接的两端设备还有可能因雷击而遭到破坏。光纤具有同轴电缆无法比拟的优点而成为远距离视频传输的首选设备。光纤传输最大的特点就是通信距离远、抗电子噪声干扰能力强。

阅读材料 8-6

视频安防监控行业的发展趋势

视频安防监控行业正走入智能化时代，应用领域不断扩展、产品技术快速变革、市场规模持续扩大、产业资本积极入场，诸多因素在共同推动视频安防监控行业的竞争不断升级，新赛道、新技术、新模式在快速成熟和迭代。智能化使得视频安防监控系统的安防属性在逐步减弱，而物联网属性却越来越强，家居安防、云端的 AI 服务、AI 算法供应商、产品模组等新业态也在不断涌现，给行业带来了创新和活力。未来的技术发展趋势将会是高分辨率、高对比度、高变倍、多光谱、多维信息感知、多种 AI 分析算法、低照度、低码率、低成本。边缘侧的设备呈现图像分析、录像存储、网络传输、供电管理等多功能融合趋势。在云端，专网建设呈现出云化、分层、解耦的趋势；同时运行在公共云上的 AI 服务、智能化视频数据服务平台、行业性 SaaS 应用等新业态开始茁壮成长。

光纤的数据传输量

4. 无线

无线传输又称开路传输，是将传输信号调制到高频载波上，通过发送设备、发送天线将信号发送至空间，而后由相应的接收机从天线接收到信号并进行解调、处理后再进行显示。

当摄像机或检测点处于经常移动状态，有线连接很不方便甚至不可能时，采用无线传输非常有效。

8.2.3 处理/控制设备

当监控点数多时，没必要进行一对一的显示，通过处理/控制设备，即可实现将任意一台摄像机的图像显示到指定的监视器上，同时通过键盘实现对前端设备的远程操控。

1. 视（音）频切换器

视（音）频切换器是一种将多路摄像机的输出视频信号和音频信号，有选择地切换到一台或者几台显示器和录像机上进行显示及记录的开关切换设备。视（音）频切换器专门用于对视频信号和音频信号进行切换及分配，可将多路信号从输入通道切换输送到输出通道中的任一通道上，并且保持输出通道间彼此独立，部分产品还允许视、音频异步控制。

2. 矩阵控制主机

矩阵控制主机（图 8.5）是大中型视频安防监控系统的核心设备，它通常是将系统控制单元与视频矩阵切换器集成为一体，简称系统主机，而系统主机的核心部件则为嵌入式处理器。系统主机的主要任务是实现多路视/音频信号的选择切换（输出到指定的监视器或录像机），并在视频信号上叠加时间、日期、视频输入号、标题、监视状态等重要信息在监视器上显示，以及通过通信线对指定地址的前端设备（云台、镜头、雨刷、照明灯或摄像机电源等）进行各种控制。

图 8.5　矩阵控制主机实物图

3. 矩阵控制器键盘

矩阵控制器键盘（图 8.6）是集成视频安防监控系统中必不可少的设备。对于摄像机画面的选择切换、云台和镜头的全方位控制、室外防护罩的雨刷及辅助照明灯的控制等必须通过对矩阵控制器键盘的操作来实现。一个视频安防监控系统只有一个矩阵控制器主控键盘，但可以有若干个矩阵控制器分控键盘，也有部分矩阵控制主机已经将矩阵控制器主控键盘集成在操作面板上。

图 8.6　矩阵控制器键盘实物图

4. DVR 和 NVR

相对于传统的模拟视频录像机，数字视频录像机一般采用硬盘录像，故常被称为硬盘录像机（Digital Video Recorder，DVR）。DVR 是一套进行图像存储处理的计算机系统，具有对图像/语音进行长时间录像、录音、远程监视和控制的功能。DVR 集录像机、画面分割器、云台镜头控制、报警控制、网络传输五种功能于一身，用一台设备就能取代模拟视频安防监控系统一大堆设备的功能，而且在价格上也逐渐占有优势。它一般分为普通 DVR、PC 式 DVR 和嵌入式 DVR 等。图 8.7 所示为 DVR 背面设备连接图。

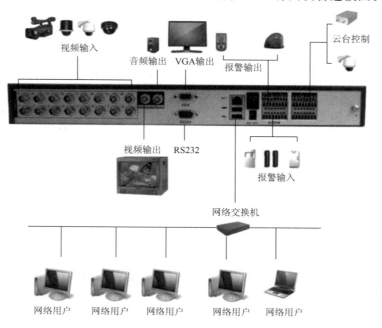

图 8.7　DVR 背面设备连接图

网络录像机（Network Video Recorder，NVR）是智能网络视频安防监控系统的主要设备。NVR 是一种全网络管理的视频安防监控系统，它能实现传输线路、传输网络及所有 IP 前端的全程监控和集中管理，包括系统状态和参数的查询，同时能够做好影像信号的分配与传输管理。

NVR 的主要工作原理就是将网络作为影像数据接受和传送的媒介，通过远程网络摄像机（IP Camera）或网络视频服务器（DVS）进行网络视频编码后将信息传送给 NVR 后端，再进行前端设备管理，以完成影像转发和影像存储等工作。

 阅读材料 8-7

NVR 相比 DVR 的使用优势

（1）NVR 具有影像数据多样化优势。NVR 的前端接入视频影像数据比 DVR 要更为灵活。

（2）NVR 具有宽广的传输与扩充优势。DVR 为模拟信号，因而在影像信号传输方面很大程度上受到距离的约束，会产生一定的损失，监控点与控制中心的距离也会受到很大的制约，无法实现多区域或远程部署。但 NVR 就不同了，基于 NVR 是全网络化架构的影像监控系统的产品，监控点的网络摄像机与 NVR 之间可以通过任意 IP 网络进行互连，因此，监控点可以位于网络的任意位置，不会受到区域及距离的限制。

（3）NVR 具有施工布线优势。DVR 基本采用模拟同轴线路，后端到每个摄像机监控点都需要布设同轴影像线、音频信号线、警报控制线、摄像机云台遥控控制线等线路，布线量大、成本高。相较于 DVR，NVR 只需一条网络线即可进行连接，免去了很多布线的细节工作，施工成本也降低了。

（4）NVR 具有即插即用的便捷优势。NVR 不但具有网络自动 IP 派道、摄像机搜寻及设备管理功能，还具有更多便捷的影像设定安装操作。只需接上网络线、打开电源，系统便会自动搜索 IP 前端、自动分配 IP 地址、自动显示画面，大大凸显了 NVR 即插即用的优势。

（5）NVR 具有可达大量存储及远程调阅备份的优势。过去录像存储常因模拟线中断而无法取得录像数据，加上 DVR 受限于本体存储的容量及缺乏备份机制，因此一旦中心设备或线路出问题，录像就无法完成。而现在采用 NVR 后，由于网络的架构方式，使得系统可以有后端存储及备份存储功能，再加上网络摄像机的前端存储，因此可以获得三重存储的保证。

（6）NVR 的安全性优势。在网络监控中，在 NVR 监控主流下都采用通过 AES 加密、用户认证和授权等手段来确保安全，这也是 NVR 的一大优势。

（7）NVR 的管理优势。NVR 能够实现传输网络及所有 IP 前端的全程监测和集中管理，包括设备状态的监测和参数的浏览，自带域名服务功能，远程监控一键启用。这样的管理机制是其他视频安防监控系统所不及的。

5. 其他视频处理设备

在视频安防监控系统中，还常常用到许多相关的视频处理设备。例如，将微弱视频信号进行放大的视频放大器、将一路视频信号均匀分配为多路视频信号的视频分配器，以及能够在视频画面上叠加时间日期和字符识别信息的时间日期发生器和字符叠加器等。

8.2.4 记录/显示设备

1. 监视器

监视器是用于显示摄像机传送来的图像信息的终端显示设备，用来显示实时监控图像和回放记录的录像。早期视频安防监控系统以 CRT 监视器为主，后来出现了 LCD 监视器、等离子显示器、大屏幕投影仪、拼接屏、数字光处理组合显示器等新型显示设备。监视器与电视机的主要区别是，监视器接收的是基带视频信号，而电视机接收的是经过调制的高频信号，并且监视器的抗电磁干扰能力更强。监视器是监控人员和视频安防监控系统之间的一个窗口，要根据整个系统设备的性能指标及客户需求综合考虑来选择最合适的。

监视器从使用功能上分，有黑白监视器和彩色监视器，有带音频监视器和不带音频监视器；从屏幕尺寸上分，有 9in、14in、17in、18in、20in、21in、25in、29in、34in 等监视器，还有 34in、72in 等投影式监视器；从性能及质量上分，有广播级监视器、专业级监视器、普通级监视器，其中广播级监视器的性能及质量最好。此外，还有便携式微型监视器及超大屏幕投影式、电视墙式组合监视器等。

监视器主要有以下几个性能指标，是选用的主要依据。

（1）分辨率。监视器的分辨率和计算机领域显示器的分辨率概念是一样的，即水平像素数×垂直像素数，如 640×480、800×600、1024×768 等。

（2）灰度等级。它是衡量监视器分辨亮暗层级的一个技术指标，最高为 9 级，一般要求大于或等于 8 级。

（3）通频带。它是衡量监视器通频特性的技术指标，视频信号频带范围为 0～6MHz，所以要求监视器的通频带应大于或等于 6MHz。

2. 多画面处理器

多画面处理器是在一台监视器上或者一台录像机上，同时显示或记录多个摄像机图像的设备。多画面处理器包括画面分割器和画面处理器等产品，画面分割器的根本在于图像拼接技术，而画面处理器的根本在于分时处理技术。

（1）画面分割器。画面分割器的基本原理是采用数字图像压缩处理技术，将多个摄像机的图像信号经过模数转换，并经过适当比例压缩后存入帧存储器，再经过数模转换后显示在同一台监视器屏幕上。画面分割器连接示意图如图 8.8 所示。

（2）画面处理器。画面处理器又称多画面控制器、多画面拼接器、显示墙处理器。它的主要功能是将一个完整的图像信号划分成 N 块后分配给 N 个视频显示单元，完成用多个普通视频单元组成一个超大屏幕动态图像显示屏。它适合用于指挥和控制中心、网络运营中心、视频会议、会议室及其他许多需要同时显示视频和计算机信号的应用环境。

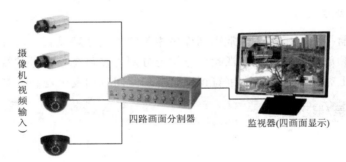

图 8.8　画面分割器连接示意图

8.3　视频安防监控系统设计

8.3.1　系统的基本规定

（1）视频安防监控系统工程的设计应综合应用视频探测、图像处理/控制/显示/记录、多媒体、有线/无线通信、计算机网络、系统集成等先进而成熟的技术，配置可靠而适用的设备，构成先进、可靠、经济、适用、配套的视频安防监控应用系统。

（2）系统的制式应与我国的电视制式一致。

（3）系统的兼容性应满足设备互换性要求，系统的可扩展性应满足简单扩容和集成的要求。

（4）视频安防监控系统工程的设计应满足以下要求。

① 不同防范对象、防范区域对防范需求（包括风险等级和管理要求）的确认。

② 风险等级、安全防护级别对视频探测设备数量和视频显示/记录设备数量的要求；对图像显示及记录和回放的图像质量的要求。

③ 监视目标的环境条件和建筑格局分布对视频探测设备选型及其设置位置的要求。

④ 对控制终端设置的要求。

⑤ 对系统构成和视频切换、控制功能的要求。

⑥ 与其他安防子系统集成的要求。

⑦ 视（音）频和控制信号传输的条件，以及对传输方式的要求。

　阅读材料 8-8

摄像机感知技术让视频监控大数据未来可期

为了在视频监控画面中找到震惊中外的"8·10重庆枪击抢劫案"的犯罪嫌疑人，当地公安部门动用了约两千警力在视频监控后端每天进行长达十几个小时的看图搜寻，总视频浏览量相当于83万部电影，耗费了大量的人力、物力。而随着大数据技术在安防领域的普及应用，基于后端智能分析服务器的大数据技术开始应用于公安行业，在一定程度上实现了基于计算机的目标查找功能。

摄像机感知技术

从技术上分析，这样的解决方案可以实现智能分析，但从商业化应用的角度来看，在对海量的高清视频图像进行智能分析时，对后端服务器的硬件配置、处理性能要求非常高，因此用户的使用成本会大大增加。

在感知型摄像机问世之前，面向视频监控大数据应用的技术从前端的采集，到中间的存储，到后端的应用，都没有很好的闭环。

为了解决视频数据海量存储和应用的难题，使大数据技术更好地服务于公安行业，最佳的解决方案是将后端智能分析功能前移至前端摄像机，即利用具有图像识别、感知能力的摄像机采集并生成三类数据：非结构化的视频数据、图像数据和结构化的文本数据。

这是监控视频大数据在深度应用时，对摄像机技术提出的全新的智能分析理念：将智能分析功能放到前端摄像机中，让摄像机做图像的识别并产生数据。举一个简单的例子，如果将感知型摄像机安装在广场上，那么任何经过的人和车都会被抓拍下来，然后把人脸特征、衣服颜色、车型、车身颜色、车牌等基本特征描述出来并进行文本的存储。也就是说感知型摄像机除了采集、输出视频外，还将产生视频里面运动物体的图片和特征的描述文本这两种数据。而这些海量的高清视频数据和图片存储于云存储中，文本信息则存储于后端服务器的大数据库中，两者之间的数据存储是有索引关联的。比如，当搜索"红色马自达"这一关键词时，系统会同时提供指定场所经过的所有红色马自达车，并同时关联相应的视频录像。

感知型摄像机结合大数据的应用，敲开了视频监控与大数据之间的大门，让各行各业都可以通过它实现基于图像的大数据检索、分析与深度应用。

8.3.2 系统的构成模式

根据对视频图像信号处理/控制方式的不同，视频安防监控系统的构成模式可分为以下几种。

1. 简单对应模式

简单对应模式是指监视器和摄像机简单对应，如图 8.9 所示。

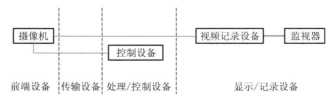

图 8.9 简单对应模式

2. 时序切换模式

时序切换模式是指视频输出中至少有一路可进行视频图像的时序切换，如图 8.10 所示。

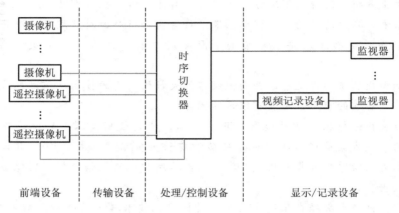

图 8.10　时序切换模式

3. 矩阵时序切换模式

矩阵时序切换模式是指可以通过任一控制键盘，将任意一路前端视频输入信号切换到任意一路输出的监视器上，并可编制各种时序切换程序，如图 8.11 所示。该模式下的视频安防监控系统示意图如图 8.12 所示。

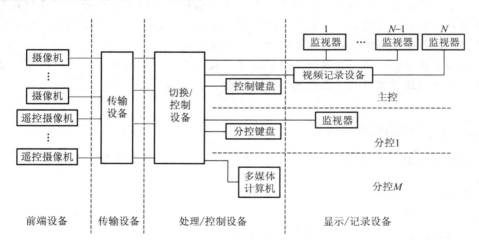

图 8.11　矩阵时序切换模式

4. 数字视频网络虚拟交换/切换模式

数字视频网络虚拟交换/切换模式是指模拟摄像机增加数字编码功能构成网络摄像机，数字视频前端也可以是别的数字摄像机。数字交换传输网络可以是以太网和 DDN、SDH 等传输网络。数字编码设备可采用 DVR 或视频服务器，数字视频的处理、控制和记录措

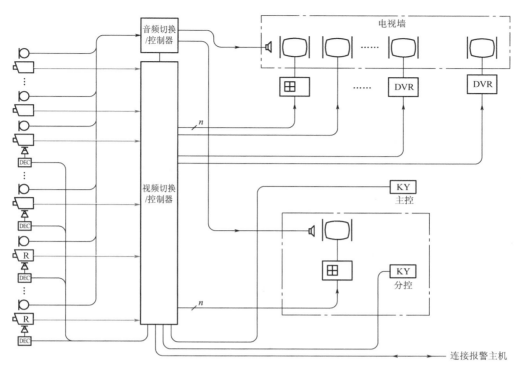

图 8.12 矩阵时序切换模式下的视频安防监控系统示意图

施可以在任何环节实施,如图 8.13 所示。该模式下的视频安防监控系统示意图如图 8.14
所示。

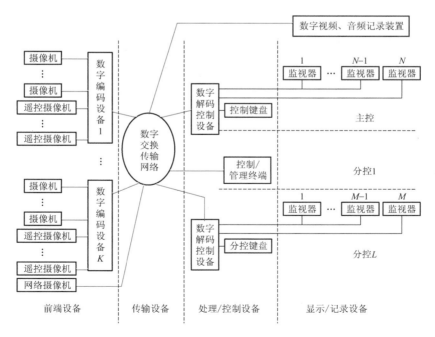

图 8.13 数字视频网络虚拟交换/切换模式

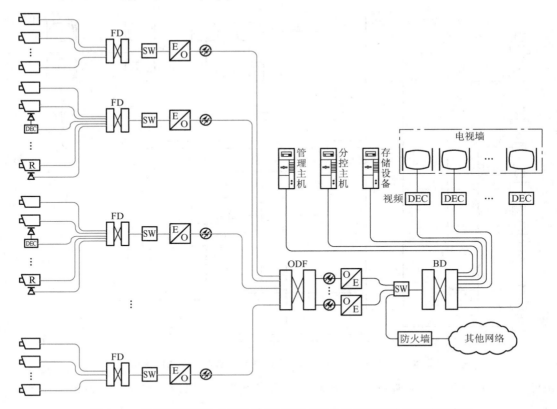

图 8.14　数字视频网络虚拟交换/切换模式下的视频安防监控系统示意图

8.3.3 系统的功能及性能设计

（1）视频安防监控系统应对需要进行监控的建筑物内（外）的主要公共活动场所、通道、电梯（厅）、重要部位和区域等进行有效的视频探测与监视，图像显示、记录与回放。

（2）前端设备的最大视频（音频）探测范围应满足现场监视覆盖范围的要求，摄像机灵敏度应与环境照度相适应，监视和记录图像效果应满足有效识别目标的要求，安装效果宜与环境相协调。

（3）系统的信号传输应保证图像的质量、数据的安全性和控制信号的准确性。

（4）系统控制功能应符合下列规定。

① 系统应能手动或自动操作，对摄像机、云台、镜头、防护罩等的各种功能进行遥控，控制效果平稳、可靠。

② 系统应能手动切换或编程自动切换，对视频输入信号在指定的监视器上进行固定或时序显示，切换图像显示重建时间应能在可接受的范围内。

③ 矩阵时序切换模式和数字视频网络虚拟交换/切换模式的系统应具有系统信息存储功能，在供电中断或关机后，应能保持所有编程信息和时间信息。

④ 系统应具有与其他系统联动的接口。当其他系统向视频系统给出联动信号时，系

统能按照预定的工作模式，切换出相应部位的图像至指定监视器上，并能启动视频记录设备，其联动响应时间不大于 4s。

⑤ 辅助照明联动应与相应联动摄像机的图像显示协调同步。

⑥ 同时具有音频监控能力的系统宜具有视频和音频同步切换的能力。

⑦ 需要多级或异地控制的系统应支持分控的功能。

⑧ 前端设备对控制终端的控制响应和图像传输的实时性应满足安全管理要求。

（5）监视图像信息和声音信息应具有原始完整性。

（6）系统应保证对现场发生的图像、声音信息及时响应，并满足管理要求。

（7）图像记录功能应符合下列规定。

① 记录图像的回放效果应满足资料的原始完整性，视频存储容量和记录/回放带宽与检索能力应满足管理要求。

② 系统应能记录下列图像信息。

a. 发生事件的现场及其全过程的图像信息。

b. 预定地点发生报警时的图像信息。

c. 用户需要掌握的其他现场动态图像信息。

③ 系统记录的图像信息应包含图像编号/地址、记录时的时间和日期。

④ 对于重要的固定区域的报警录像宜提供报警前的图像记录。

⑤ 根据安全管理需要，系统应能记录现场的声音信息。

（8）系统监视或回放的图像应清晰、稳定，显示方式应满足安全管理的要求。显示画面上应有图像编号、地址、时间、日期等。文字显示应采用简体中文。电梯轿厢内的图像显示宜包含电梯轿厢所在楼层信息和运行状态信息。

（9）具有视频移动报警的系统，应能任意设置视频警戒区域和报警触发条件。

（10）在正常工作照明条件下，系统图像质量的性能指标应符合规定。

8.3.4 系统的设备选型与设置

1. 摄像机选型与设置的规定

（1）为确保系统总体功能和总体技术指标，摄像机选型要充分满足监视目标的环境照度、安装条件、传输、控制和安全管理需求等因素的要求。

（2）监视目标的最低环境照度不应低于摄像机靶面最低照度的 50 倍。

（3）监视目标的环境照度不高，而要求图像清晰度较高时，宜选用黑白摄像机；监视目标的环境照度不高，且需安装彩色摄像机时，需设置附加照明装置。附加照明装置的光源光线宜避免直射摄像机镜头，以免产生光晕，并力求环境照度分布均匀，附加照明装置可由监控中心控制。

工厂视频监控系统

（4）在监视目标的环境中可见光照明不足或摄像机隐蔽安装监视时，宜选用红外灯作光源。

（5）应根据现场环境照度变化情况，选择适合的宽动态范围的摄像机。监视目标的照度变化范围大或必须逆光摄像时，宜选用具有自动电子快门的摄像机。

（6）摄像机的镜头安装宜顺光源方向对准监视目标，并宜避免逆光安装；必须逆光安装时，宜降低监视区域的光照对比度或选用具有帘栅作用等具有逆光补偿的摄像机。

（7）摄像机的工作温度、湿度应适应现场气候条件的变化，必要时可采用适应环境条件的防护罩。

（8）摄像机应有稳定牢固的支架。摄像机应设置在监视目标区域附近不易受外界损伤的位置，设置位置不应影响现场设备运行和人员正常活动，同时保证摄像机的视野范围满足监视的要求；设置的高度，室内距地面不宜低于 2.5m，室外距地面不宜低于 3.5m。室外如采用立杆安装，立杆的强度和稳定度应满足摄像机的使用要求。

（9）电梯轿厢内的摄像机应设置在电梯轿厢门侧顶部的左上角或右上角，并能有效监视乘客的体貌特征。

2. 镜头选型与设置的规定

镜头的选型与设置如图 8.15 所示。

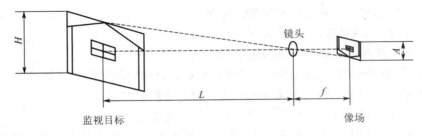

图 8.15　镜头的选型与设置

（1）镜头的成像尺寸应与摄像机的靶面尺寸相适应，镜头的接口与摄像机的接口应配套。

（2）用于固定目标监视的摄像机，可选用固定焦距镜头，监视目标离摄像机距离较大时可选用长焦距镜头；在需要改变监视目标的观察视角或视场范围较大时应选用变焦距镜头；监视目标离摄像机距离近且视角较大时可选用短焦距镜头。

（3）镜头焦距的选择应根据视场大小和镜头到监视目标的距离等来确定，可参照式(8-3)计算。

$$f = \frac{AL}{H} \qquad\qquad (8-3)$$

式中：f——焦距（mm）；

　　　A——像场高/宽（mm）；

　　　L——镜头到监视目标的距离（mm）；

　　　H——视场高/宽（mm）。

（4）监视目标环境照度恒定或变化较小时宜选用手动可变光圈镜头。

（5）监视目标环境照度变化范围高低相差达到 100 倍以上，或昼夜使用的摄像机应选用自动光圈镜头或遥控电动光圈镜头。

（6）变焦镜头应满足最大距离的特写与最大视场角观察的需求，并宜选用具有自动光圈、自动聚焦功能的变焦镜头。变焦镜头的变焦和聚焦响应速度应与移动目标的活动速度和云台的移动速度相适应。

（7）摄像机需要隐蔽安装时应采取隐蔽措施，镜头宜采用小孔镜头或棱镜镜头。

3. 云台/支架选型与设置的规定

（1）根据使用要求选用云台/支架，并与现场环境相协调。

（2）监视对象为固定目标时，摄像机宜配置手动云台（即万向支架）。

（3）监视场景范围较大时，摄像机应配置电动遥控云台，所选云台的负荷能力应大于实际负荷的 1.2 倍；云台的工作温度、湿度范围应满足现场环境的要求。

（4）云台转动停止时应具有良好的自锁性能，水平和垂直转角回差不应大于 1°。

（5）云台的运行速度（转动角速度）和转动的角度范围，应与跟踪的移动目标和搜索范围相适应。

（6）室内型电动云台在承受最大负载时，机械噪声声强级不应大于 50dB。

（7）根据需要可配置快速云台或一体化遥控摄像机（含内置云台等）。

4. 防护罩选型与设置的规定

（1）根据使用要求选用防护罩，并应与现场环境相协调。

（2）防护罩尺寸规格应与摄像机、镜头等相配套。

5. 传输设备选型与设置的规定

（1）传输设备应确保传输带宽、载噪比和传输时延满足系统整体指标的要求，接口应适应前后端设备的连接要求。

（2）传输设备应有自身的安全防护措施，并宜具有防拆报警功能；对于需要保密传输的信号，设备应支持加/解密功能。

（3）传输设备应设置在易于检修和保护的区域，并宜靠近前后端的视频设备。

6. 视频切换控制设备选型与设置的规定

（1）视频切换控制设备的功能配置应满足使用和冗余要求。

（2）视频输入接口的最低路数应留有一定的冗余量。

（3）视频输出接口的最低路数应根据安全管理需求和记录/显示设备的配置数量确定。

（4）视频切换控制设备应能手动或自动操作，对镜头、电动云台等的各种动作（如转向、变焦、聚焦、光圈等动作）进行遥控。

（5）视频切换控制设备应能手动或自动编程切换，对所有输入视频信号在指定的监视器上进行固定或时序显示。

（6）视频切换控制设备应具有配置信息存储功能，在供电中断或关机后，对所有编程设置、摄像机号、地址、时间等均可记忆，在开机或电源恢复供电后，系统应恢复正常工作。

（7）视频切换控制设备应具有与外部其他系统联动的接口。当与报警控制设备联动时，应能切换出相应部位摄像机的图像，并显示记录。

（8）具有系统操作密码权限设置和中文菜单显示。

（9）具有视频信号丢失报警功能。

（10）当系统有分控要求时，应根据实际情况分配控制终端，如控制键盘及视频输出接口等，并根据需要确定操作权限功能。

（11）大型综合安防系统宜采用多媒体技术，做到文字、动态报警信息、图表、图像、系统操作在同一台计算机上完成。

7. 记录与回放设备选型与设置的规定

（1）宜选用数字录像设备，并宜具备防篡改功能；其存储容量和回放的图像（和声音）质量应满足相关标准和管理使用要求。

（2）在同一系统中，磁带录像机和记录介质的规格应一致。

（3）录像设备应具有联动接口。

（4）当需要在录像的同时记录声音时，记录设备应能同步记录图像和声音，并可同步回放。

（5）图像记录与查询检索设备宜设置在易于操作的位置。

8. 数字视频、音频设备选型与设置的规定

（1）视频探测、传输、显示和记录等数字视频设备应符合相关规定。

（2）宜具有联网和远程操作、调用的能力。

（3）数字视频、音频处理设备，其分析处理的结果应与原有视频、音频信号对应特征保持一致。其误判率应在可接受的范围内。

9. 显示设备选型与设置的规定

（1）选用满足现场条件和使用要求的显示设备。

（2）显示设备的清晰度不应低于摄像机的清晰度，一般宜高出 100 线。

（3）操作者与显示设备屏幕之间的距离宜为屏幕对角线的 4～6 倍，显示设备的屏幕尺寸宜为 230～635mm。根据使用要求可选用大屏幕显示设备等。

（4）显示设备的数量，由实际配置的摄像机数量和管理要求来确定。

（5）在满足管理需要和保证图像质量的情况下，可进行多画面显示。当采用多台显示设备同时显示时，显示设备宜安装在显示设备柜或电视墙内，以获取较好的观察效果。

（6）显示设备的设置位置应使屏幕不受外界强光直射。当有不可避免的强光入射时，应采取相应的避光措施。

（7）显示设备的外部调节旋钮/按键应方便操作。

（8）显示设备的设置应与监控中心的设计统一考虑，合理布局，方便操作，易于维修。

10. 控制台选型与设置的规定

（1）控制台应根据现场条件和使用要求，选用适合的形式。

（2）控制台的设计应满足人机工程学要求；控制台的布局、尺寸、台面及座椅的高度应符合国家相关标准的规定。

8.3.5 传输方式、线缆选型

（1）对有安全保密要求的传输方式应采取信号加密措施。

（2）线缆选型应符合下列规定。

① 模拟视频信号宜采用同轴电缆，根据视频信号的传输距离、端接设备的信号适应范围和电缆本身的衰耗指标等确定同轴电缆的型号、规格；信号经差分处理，也可采用不劣于五类线性能的双绞线传输。

② 数字视频信号的传输按照数字系统的要求选择线缆。

③ 线缆的型号、规格应根据线缆的敷设方式和途经环境的条件确定。

 阅读材料 8-9

光端机让安防变得更美好

目前安防领域出现两大趋势：一方面，视频采集已经由模拟转向数字，视频采集清晰度越来越高，随之而来需要传输和存储的数据量也越来越大；另一方面，安防工程的建设也越来越科学、规范，各类解决方案尤其是大型项目都会设计一个高集中度的监控中心来集中管理安防。因此，数据量不断增大和远距离传输就成了我们目前需要解决的问题。而无论是模拟传输的同轴电缆还是网络传输的网线，在传输速率和传输距离上都难以达到要求。目前而言，用光纤来做传输介质已是公认的最佳选择。

光纤的概念几乎家喻户晓，但很少有人知道光端机。光端机的主要作用是将各类输入信号转换成光信号用于传输。光端机一般来说是成对使用的，不需要前端的摄像机或后端的设备做技术上的改变。

在安防施工中，前方的布点，即监控摄像机，会有一部分与监控中心有很远的距离，比如一个大型厂房，最远处的监控摄像机可能会距离监控中心超过 2km。这样，无论选用模拟传输还是网络传输（同轴电缆的最远传输距离只有 500m，网线的传输距离只有 100m），最后在监控中心得到的视频图像效果都非常差，甚至会出现视频图像丢失的情况。此外，如果摄像机采用同轴电缆作为传输，同轴电缆的传输速率只有 10Mbps，因此对于一个片区的摄像机必须每一个都配一根同轴电缆连接到监控中心。要解决上述问题，在不使用光纤的情况下，我们只能使用各种中继器，从而导致出现复杂的级联和设计方案，无论是施工成本还是施工难度都会大幅增加。若用光纤作为传输介质，则可以很好地解决上述问题。光纤的传输距离可以达到 10km 以上，传输能力也能达到 1000Mbps 级别以上，一根光纤便可以传输高达 100 路 1080P 视频图像。在布线成本上，长距离光纤的布线成本甚至低于我们传统的布线成本，非常适用于小区、楼宇、厂区等多布点、长距离布线的安防工程。

视频光端机应用示意图

8.3.6 供电、防雷与接地

1. 系统供电的规定

（1）摄像机供电宜由监控中心统一供电或由监控中心控制的电源供电。

（2）异地的本地供电，摄像机和视频切换控制设备的供电宜为同相电源，或采取措施以保证图像同步。

（3）电源供电方式应采用 TN-S 制式。

2. 系统防雷与接地的规定

（1）采取相应隔离措施，防止地电位不等引起图像干扰。

（2）室外安装的摄像机连接电缆宜采取防雷措施。

8.3.7 系统安全性、可靠性

系统安全性、可靠性应符合以下规定。

（1）具有视频丢失检测示警能力。

（2）系统选用的设备不应引入安全隐患和对防护对象造成损害。

8.3.8 监控中心

监控中心应符合以下规定。

（1）对监控中心的门窗应采取防护措施。

（2）监控中心宜设置独立设备间，保证监控中心的散热、降噪。

（3）监控中心宜设置视频监控装置和出入口控制装置。

综 合 习 题

一、填空题

1. 按照度划分，摄像机分为_____、_____、_____和_____四种。

2. 以镜头的视场大小分类，可分为 _____、_____、_____、_____和
_____五类。

3. 视频安防监控系统包括_____、_____、_____和_____四部分。

二、名词解释

1. 前端设备；

2. 视频监控；

3. 视频主机；

4. 实时性；

5. 报警联动。

三、单项选择题

1. 在需要改变监视目标的观察视角或视场范围较大时应选用（   ）镜头。

A. 固定焦距镜头　　　B. 长焦距镜头　　　C. 变焦距镜头　　　D. 短焦距镜头

2. 长焦距镜头的视场角相对短焦距镜头的视场角要（　　）。

A. 宽广　　　　　　　B. 窄小　　　　　　　C. 一样

3. 下列说法不正确的是（　　）。

A. 监视器是用来将前端摄像机的视频信号再现的终端显示设备

B. 监视器的技术指标主要有电视制式、清晰度、屏幕尺寸等

C. 控制台与电视墙的距离与监视器屏幕无关，可任意设定

D. 控制台与电视墙的距离为监视器屏幕对角线尺寸的 4～6 倍较为适宜

4. 解码器的功能是（　　）。

A. 通过入侵报警控制主机发出的控制信号，实现对前端云台、镜头等设备的控制

B. 通过接收矩阵控制主机发出的控制信号，实现对前端的云台、镜头等设备的控制

C. 通过入侵报警控制主机发出的控制信号，实现对终端显示、供电等设备的控制

D. 通过矩阵控制主机发出的控制信号，实现对终端显示、供电等设备的控制

5. 按照摄取图像种类可将摄像机分为（　　）两类。

A. 彩色摄像机和低照度摄像机　　　　　B. 普通摄像机和低照度摄像机

C. 广角摄像机和微光摄像机　　　　　　D. 黑白摄像机和彩色摄像机

6. 以下关于视频光端机的描述中准确的是（　　）。

A. 发射光端机的作用是将光信号转化为电信号

B. 接收光端机的作用是将电信号转化为光信号

C. 数字视频光端机是将模拟视频电信号转化为数字光信号传输，再通过光电转换和数模转换输出模拟视频信号的一种光电设备

D. 利用多模光纤传输时，光端机可将信号传输至 2km 以外

7. 当监视目标照度有变化时，应采用（　　）。

A. 电动聚焦镜头　　　B. 自动光圈镜头　　　C. 可变焦镜头

8. 视频安防监控系统一般不包括（　　）功能。

A. 摄像　　　　　　　B. 传输　　　　　　　C. 图像存储　　　D. 图像编辑

9. 电梯轿厢内宜设置具有（　　）的摄像机。

A. 手动光圈及电动变焦镜头　　　　　　B. 自动光圈及固定焦距的镜头

C. 手动光圈及固定焦距的镜头　　　　　D. 自动光圈及电动变焦的镜头

10. 假设监视用摄像机离被监视物体的水平距离为 5000mm，被监视物高度为 5000mm，像场高度为 8mm，则摄像机镜头的焦距应为（　　）。

A. 200mm　　　　　　B. 85mm　　　　　　C. 25mm　　　　　D. 8mm

四、判断题

1. 摄像机的最低照度的数值越小，摄像机的灵敏度就越高。（　　）

2. 镜头应根据目标物的大小来选择焦距的尺寸。（　　）

3. 智能化数字硬盘录像监控系统是指以计算机硬盘为图像录媒体，集画面分割、切换、云镜控制、录像、网络传输、视频报警及报警联动等多功能为一体的，高度智能化的监控系统。（　　）

4. 景物在摄像器件上成像的大小，与景物的大小有关，与物距、焦距无明显关系。
（   ）

5. 摄像机摄像器件的像素越多，图像的分辨率就越高，灵敏度也相应增加。（   ）

五、简答题

1. 简述摄像机的工作原理。

2. 云台和防护罩各有什么功能？

3. 一体球形摄像机的特点是什么？

4. 矩阵控制主机的主要任务是什么？

5. 简述 DVR 的主要工作原理。

6. 简述 NVR 的主要工作原理。

7. 简述摄像机的选型与设置应符合的规定。

8. 镜头的选型与设置应符合哪些规定？

9. 视频安防监控系统线缆的选择应符合哪些规定？

第 **9** 章
出入口控制系统

 本章教学要点

知识要点	掌握程度	相关知识
出入口控制系统概述	熟悉系统的组成	系统的组成
身份识别技术	了解身份识别技术的原理	身份识别卡片； 密码识别技术； 人体生物特征识别技术
出入口控制系统的设备	熟悉系统的设备	身份识别装置； 处理与控制设备部分； 传感与报警单元部分； 管理与设置单元部分； 线路及通信单元部分
出入口控制系统的设计	掌握系统的基本规定； 掌握系统的构成模式； 掌握系统的功能及性能设计； 掌握系统的设备选型与设置； 掌握系统的传输方式及线缆的选型与保护； 掌握系统的供电、防雷与接地； 掌握系统的安全性、可靠性； 掌握监控中心	系统的设计要求； 系统的构成模式； 系统的功能及性能设计； 系统的设备选型和设置； 系统的传输方式及线缆选型与保护； 系统的供电、防雷与接地； 系统的安全性、可靠性； 监控中心

导入案例

美国联邦调查局通过人脸识别抓捕抗议者

美国时常指责他国利用人脸识别技术侵犯人权，然而美国国会遭到冲击之后，美国联邦调查局抓捕抗议者时，其使用的主要手段就是人脸识别技术。

这些抗议者在冲击国会大厦时通过国会内部的摄像头、媒体的拍摄及自己上传的照片和视频留下了大量的影像资料。当时他们可能没有想到，这些将成为对他们进行抓捕及起诉的证据。

美国联邦调查局前探员道格·贡表示，大量的信息都是"违法"的人留下的证据，可以进行身份识别。道格·贡还表示，联邦调查局可以通过人脸识别软件找出抗议者，他们通过驾照、护照、犯罪嫌疑人的照片及网络照片和视频等收集了近6亿张照片，建立了图片库，可以进行人脸比对。

根据联邦调查局2019年在国会听证会上透露的消息，联邦调查局的刑事司法信息部门有两套人脸识别系统：下一代识别系统和人脸分析比对评价系统。据人脸识别公司真实人脸总裁摩尔·肖恩表示，他们运用人脸识别技术长期跟踪网上的视频进行提取并存储人脸信息，还会通过提取不同角度的信息来提高准确度。

出入口控制系统可对建筑物内外正常的出入通道进行管理，既可控制人员的出入，也可控制人员在楼内及其相关区域的行动，它代替了保安人员、门锁和围墙的作用。

在智能大厦中采用出入口控制系统可以避免人员的疏忽及钥匙的丢失、被盗和复制。出入口控制系统在大楼的入口、金库门、档案室门、电梯等处安装了磁卡识别器或者密码键盘，机要部位甚至采用指纹识别、眼纹识别、声音识别等唯一身份标识识别系统，以使在系统中被授权可以进入该大楼的人进入，而其他人则不得入内。该系统可以将每天进入大楼的人员的身份、时间及活动记录下来，以备事后分析，而且不需门卫值班人员，只需很少的人在控制中心就可以控制整个大楼内的所有出入口，既减少了人员，提高了效率，又增强了保安效果。

9.1 概　述

出入口控制系统也叫门禁管制系统，一般分为卡片出入控制系统和人体生物特征识别技术出入控制系统两大类。

卡片出入控制系统主要由读卡器、打印机、中央控制器、卡片和附加的报警监控系统组成。卡片的种类很多，其中最简单的是光卡，使用最多的是磁卡、灵巧卡、激光卡、接近卡（感应卡）。

人体生物特征识别技术是利用人体生理特征的非同性、不变性和不可复制性这一特征进行身份识别的技术。例如人的眼纹、字迹、指纹、声音等生理特征几乎没有相同者，而且也无法复制他人的。

图9.1为出入口控制系统的基本结构，该系统一般由多个层次的设备构成。底层是直接与人打交道的设备，包括身份识别器（读卡器、人体生物特征识别系统）、出入口按钮、电

子门锁、报警传感器和报警扬声器等。控制器用来接收底层设备发送来的有关人员的信息，同自己存储的信息相比较，判断后发出处理信息。对于一般的小系统（管理一个或几个门）只用一个控制器就可以构成一个简单的门禁系统。底层设备将有关人员的身份信息送进控制器，控制器识别判断后开锁、

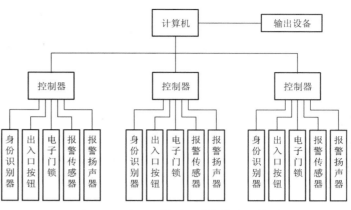

图 9.1　出入口控制系统的基本结构

闭锁或发出报警信号。当系统较大时，则应将多个控制器构筑的小系统通过通信总线与中央控制计算机相连，组成一个大的门禁系统。计算机内装有门禁系统的管理软件，管理系统中所有的控制器，向它们发送控制指令，进行设置，接收控制器发来的指令并进行分析和处理。

出入口控制系统能够识别人员身份，已授权的人员凭有效的身份证明（如卡片、密码或人体生理特征）可以进入，未授权人员将被拒绝入内。该系统还能对某时间段内人员的出入情况、在场人员名单等资料进行实行统计、查询和打印输出。

出入口控制系统在防范范围内的办公室门、通道门、营业大厅门上安装了开关报警器，在上班时间内开关门的报警信号控制中心不予理睬，在设定时间内（如下班时间）被监视的门打开时，控制中心则予以记录和报警。

在某些重要出入口的大门，既需监视又要控制，则除安装开关型报警器外还要安装自动门锁，以控制其开启；通常还要配以出入人员身份识别装置，如安装智能读卡器，非持卡人员不得入内，并在管理中心记录进入人员的姓名、进入的时间等资料，从而确保其高度安全性。图 9.2 为出入口控制系统结构示意图。

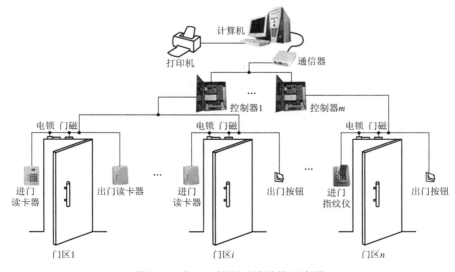

图 9.2　出入口控制系统结构示意图

9.2 身份识别技术

身份识别
技术

身份识别技术用于识别出入人员的身份是否被授权可以出入，它是出入口控制系统的关键技术。有效授权的方式是持有身份识别卡片、输入特定密码或控制中心存储了被授权人的人体生理特征（如指纹、掌纹、眼纹、声音等）。

身份识别单元起到对通行人员的身份进行识别和确认的作用，是出入口控制系统的重要组成部分。实现身份识别的方式主要有卡证类身份识别方式、密码类身份识别方式、生物识别类身份识别方式及复合类身份识别方式。

通常应该首先对所有需要安装出入口控制系统的出入口点进行安全等级评估，以确定恰当的安全性。安全性分为一般、特殊、重要、要害等几个等级，对于每一种安全等级可以设计一种身份识别的方式。例如，一般场所可以使用进门刷卡、出门按钮的方式；特殊场所可以使用进出门均需要刷卡的方式；重要场所可以采用进门刷卡加乱序键盘、出门单刷卡的方式；要害场所可以采用进门刷卡加指纹加乱序键盘、出门单刷卡的方式。这样可以使整个出入口控制系统更具有合理性和规划性，同时也充分保障了较高的安全性和性价比。

9.2.1 身份识别卡片

身份识别卡片有三种基本的编码技术：一是根据光技术原理编码，对应的卡片种类有穿孔卡、条码卡、红外卡等；二是根据磁技术原理编码，对应的卡片种类有磁条卡、威根卡、铁酸钡卡；三是采用大规模集成电路的微处理器芯片进行编码，对应的卡片种类有IC卡。

9.2.2 密码识别技术

密码识别技术尤其通用，它的操作依赖于键盘输入的编码的有效性。编码通常由4～10位阿拉伯数字组成，"＊"或者"♯"是键盘上意为"错误"或者"删除"的辅助键，键盘上可能还会有标示为特殊功能的附加键，其一般由字母表中的字母来表示。

由于编码键盘具有硬件体积小、可以作为单个技术的特点，因此它也会与其他技术相组合来提供一个双重途径的核查，故编码键盘较易被熟识和接受，且不难维护。

9.2.3 人体生物特征识别技术

1. 人体生物特征识别技术的原理

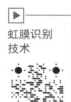

虹膜识别
技术

所谓人体生物特征识别技术是指通过计算机利用人体所固有的生理特征或行为特征来进行个人身份鉴定的技术。它源于生物学数据，应用于对安全性有较高要求的场所。

人体所固有的生理特征包括手形、指纹、脸形、虹膜、视网膜、脉搏、耳郭等。行为特征包括走路姿势、签字、声音、按键力度等。由于这些生理特征和行为特征的某些方面一般具有独特性（与他人不同），不易被模仿，因此可以用于辨识身份。目前基于这些生理特征和行为特征的生物识别技术有指纹识别、掌形识别、面部识别、虹膜识别、声音识别、签字识别等。人体生物特征识别技术如图9.3所示。

(a) 指纹识别   (b) 面部识别   (c) 虹膜识别

图 9.3 人体生物特征识别技术

按人体生物特征的独特性来辨别人的身份是最安全可靠的方法。它避免了身份识别卡片的伪造及密码的破译与盗用，是一种不可伪造、假冒、更改的最佳身份识别方法。

2. 指纹识别

指纹识别根据每个人指纹的唯一性，确定以指纹作为钥匙，通过在指纹锁系统中预先建档，将个人的指纹通过采用光学技术或电容技术的指纹采集器存储到计算机中。当用户有访问需要时，指纹扫描器采集用户指纹的特征信息，通过光电转换后将指纹特征值交给主机进行分析比较，决定用户是否有访问的权限。如果用户拥有访问的权限，那么，在验证通过之后，出入口控制系统会输出高低电频信号到电源控制箱，通过继电器转换之后，输出锁控信号给门锁设备，实现对门的控制；如果用户没有相应的权限，验证后会给出验证失败的信息，在三次验证失败之后，出入口控制系统会输出一个验证失败的信号给电源控制箱，经过电源控制箱转换后形成报警信号，输出到报警器促使报警器发出警号。

指纹识别

指纹识别技术安全性高，但也面临被仿造的难题。在普通出入口指纹识别场合下，只要能够准确识别出来访者的指纹即可，而在安全系数要求高的场合，则建议使用复合系统，采用多种认证，以提高安全等级。

3. 人脸识别

人脸识别技术是一门融合多学科、多技术（模式识别、图像处理、计算机视觉等）的新型生物特征识别技术，可用于身份确认（一对一比对）、身份鉴别（一对多匹配）、访问控制（门监系统）、安全监控（银行、海关监控）、人机交互（虚拟现实、游戏）等，因其技术特征而具有广泛的市场应用前景。

人脸识别技术融合了计算机图像处理技术与生物统计学原理，广泛采用区域特征分析算法，利用计算机图像处理技术从视频中提取人像特征点，利用生物统计学原理进行分析，并建立数学模型，即人脸特征模板。利用已建成的人脸特征模板与被测者的面部图像进行特征分析，根据分析的结果给出一个相似度值，最终搜索到最佳匹配人脸特征模板，并因此确定一个人的身份信息。广义的人脸识别实际包括构建人脸识别系统的一系列相关技术，包括图像采集、人脸检测、特征建模、比对辨识、身份确认等；而狭义的人脸识别特指通过人脸进行身份确认或者身份查找的技术或系统。

 阅读材料 9-1

人脸识别技术引起了越来越多的关注

2013年4月15日发生的波士顿马拉松爆炸案提高了人们对人脸识别技术的认识。根据报道，尽管摄像头中捕捉到了犯罪嫌疑人的影像，但这些系统却无法确认犯罪嫌疑人。然而，在密歇根州立大学进行的一项人脸识别系统试验中，日本电气株式会社（NEC）的NeoFace人脸识别技术使用与警方同样的事件现场照片，几乎瞬间就完成了犯罪嫌疑人的"同一性"匹配比对。随着技术的进一步成熟和社会认同度的提高，人脸识别技术引起了越来越多的关注。作为最容易隐蔽使用的识别技术，人脸识别技术已成为当今国际反恐和安全防范最重要的手段之一。

4. 掌形识别

近几年掌形识别发展比较快。手掌特征包括手掌的长度、宽度、厚度及手掌和除大拇指之外的其余四个手指的表面特征。掌形识别系统主要发展了三种类型的识别技术：第一种是扫描整个手的手形识别技术，第二种是仅扫描单个手指的技术，第三种是结合这两种技术的扫描食指和中指两个手指的指形识别技术。掌形识别多采用三维立体形状识别方式，具有较高的准确性与唯一性。

5. 眼纹识别

眼纹识别的方法有两种：一种是利用眼睛视网膜上的花纹进行对比识别，另一种是利用眼睛虹膜上的花纹进行对比识别。其中对视网膜的识别用得较多。

视网膜识别是采用低强度红外线经瞳孔直射眼底，将视网膜上的花纹反射到摄像机，拍摄下花纹图像，然后与原来存储在计算机中的花纹图像数据进行比较辨别。视网膜识别的失误率几乎为零，识别准确迅速，但对于睡眠不足导致视网膜充血、糖尿病引起视网膜病变或视网膜脱落者，则无法识别。

6. 人体生物特征识别技术的应用领域

人体生物特征识别技术的应用是多方面的，金融系统、公安部门、军事单位、政府机构、电子商务认证及出入境身份认证等领域，对安全系统要求较高，所以这些应用领域一直是生物识别企业比较关注的市场。近几年，网络的迅速发展带动了网上电子商务的发展，人体生物特征识别技术为网络安全发展提供了保障，从而提高了交易的安全性。

人体生物特征识别技术虽然比较可靠，但也存在拒认、误认和有些特征值不能录入等缺陷，它的使用还有一定的局限性。

 阅读材料 9-2

人体生物特征识别技术是未来智慧城市的典型应用之一

当你走进一家酒店，站在摄像头面前拍一张照片，人脸识别系统就可以快速捕捉到你的脸部特征，与酒店后台客户系统连接比对，只需 1s 就能辨认出你是否为酒店的 VIP 客户，然后为你提供精准的客户服务。

"人体生物特征识别技术是未来智慧城市的典型应用之一。"日本电气株式会社（NEC）公共事业部高级专家岩佐绫香介绍，通过人体生物特征识别技术实现的智慧城市，可以利用人脸、指纹、静脉等解决身份识别的问题。

岩佐绫香说，目前，人体生物特征识别技术已经在欧美等国家得到了比较广泛的应用。随着人体生物特征识别技术的普及，通过人体生物特征识别可以进行出入境、门禁管理和医院挂号就诊等，这将逐渐让人们的生活更加"智慧"。

9.3 出入口控制系统的设备

9.3.1 身份识别装置

1. IC 卡

IC 卡是集成电路卡（也称智能卡），它是把集成电路芯片封装在塑料基片中。IC 卡分为接触式和非接触式两大类。接触式 IC 卡必须与读卡器实际碰触；而非接触式 IC 卡（也称感应卡）则可借助于卡内的感应天线，使读卡器以感应方式读取卡内资料。智能 IC 卡除含有存储器外，还包括 CPU（微处理器）等。其芯片结构如图 9.4 所示。

2. ID 卡

ID 卡是身份识别卡的总称，分为接触型和非接触型（RF 类型）两大类。非接触型的无线 RF 类的 ID 卡又称 RFID 卡。RFID 卡又有远距离和近距离之分。

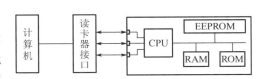

图 9.4 智能 IC 卡芯片结构

9.3.2 处理与控制设备部分

处理与控制设备部分通常是指出入口控制系统的出入口控制器，它是出入口控制系统的中枢，就像人体的大脑一样，里面存储了大量相关人员的卡号、密码等信息，这些资料的重要程度是显而易见的。另外，出入口控制器中有运算单元、存储单元、输入单元、输出单元、通信单元等，负担着运行和处理的任务，负责对各种各样的出入请求做出判断和响应。如果希望规划一个安全可靠的出入口控制系统，则首先必须选择安全、可靠的出入口控制器。

9.3.3 传感与报警单元部分

传感与报警单元部分包括各种传感器、探测器和按钮等设备，最常用的就是门磁和出门按钮，应具有一定的防机械性创伤措施。这些设备全部都是采用开关量的方式输出信号，设计良好的出入口控制系统可以将门磁报警信号与出门按钮信号进行加密或转换，如转换成 TTL 电平信号或数字量信号。同时，出入口控制系统还可以监测出以下报警状态：报警、短路、安全、开路、请求退出、噪声、干扰、屏蔽、设备断路、防拆等状态，可防止人为对开关量报警信号的屏蔽和破坏，以提高出入口控制系统的安全性。另外，出入口控制系统都应该具有对报警线路实时的检测能力。

传感部分的大致组成如下。

（1）出门按钮，是按一下就可打开门的设备，适用于对出门无限制的情况。

（2）门磁，用于检测门的安全/开关状态等。

（3）电源，整个系统的供电设备，分为普通电源和后备式（带蓄电池的）电源两种。

（4）遥控开关，紧急情况下进出门使用。

（5）玻璃破碎报警器，意外情况下开门使用。

9.3.4 管理与设置单元部分

管理与设置单元部分主要指出入口控制系统的管理软件，支持客户端/服务器的工作模式，并且可以对不同的用户进行可操作功能的授权和管理。管理软件应该具有设备管理、人事信息管理、证章打印、用户授权、操作员权限管理、报警信息管理、事件浏览、电子地图等功能。

9.3.5 线路及通信单元部分

线路及通信单元部分可以支持多种联网的通信方式，如 RS232、RS485 或 TCP/IP等，在不同的情况下使用各种联网的方式。

9.4 出入口控制系统的设计

9.4.1 系统的基本规定

（1）出入口控制系统的工程设计应综合应用编码与模式识别、有线/无线通信、显示记录、机电一体化、计算机网络、系统集成等技术，构成先进、可靠、经济、适用、配套的出入口控制应用系统。

（2）出入口控制系统的设计要求。

① 根据防护对象的风险等级、防护级别、管理要求、环境条件和工程投资等因素，确定系统的规模和构成；根据系统功能要求、出入目标数量、出入权限、出入时间段等因素来确定系统的设备选型与配置。

② 系统的设置必须满足消防规定的紧急逃生时人员疏散的相关要求。

③ 供电电源断电时系统闭锁装置的启闭状态应满足管理要求。

④ 执行机构的有效开启时间应满足出入口流量及人员、物品的安全要求。

⑤ 系统前端设备的选型与设置，应满足现场建筑环境条件和防破坏、防技术开启的要求。

⑥ 当系统与考勤、计费及目标引导（车库）等一卡通联合设置时，必须保证系统的安全性要求。

（3）出入口控制系统的兼容性应满足设备互换的要求，系统的可扩展性应满足简单扩容和集成的要求。

9.4.2　系统的构成模式

出入口控制系统主要由识读部分、传输部分、管理/控制部分和执行部分及相应的系统软件组成。系统有多种构成模式，可根据系统规模、现场情况、安全管理要求等合理选择。

1. 按硬件的构成模式划分

（1）一体型结构（图 9.5）。

出入口控制系统的各个组成部分通过内部连接组合或集成在一起，实现出入口控制的所有功能。

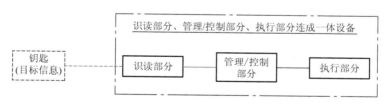

图 9.5　一体型结构

（2）分体型结构（图 9.6）。

出入口控制系统的各个组成部分，在结构上有分开的部分，也有通过不同方式组合的部分。分开部分与组合部分之间通过电子、机电等手段连成一个系统，实现出入口控制的所有功能。

2. 按管理/控制方式划分

（1）独立控制型结构（图 9.7）。

出入口控制系统管理与控制部分的全部显示、编程、管理、控制等功能均在一个设备（出入口控制器）内完成。

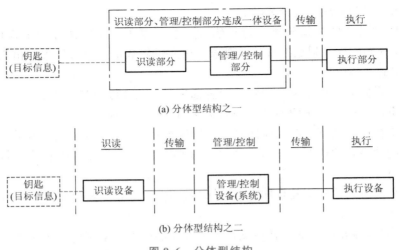

（a）分体型结构之一

（b）分体型结构之二

图 9.6　分体型结构

（2）联网控制型结构（图 9.8）。

出入口控制系统管理与控制部分的全部显示、编程、管理、控制功能不在一个设备（出入口控制器）内完成。其中，显示、编程功能由另外的设备完成。设备之间的数据传输通过有线和/或无线数据通道及网络设备实现。

图 9.7　独立控制型结构

图 9.8　联网控制型结构

（3）数据载体传输控制型结构（图 9.9）。

数据载体传输控制型结构与联网控制型结构的区别仅在于数据传输的方式不同。出入口控制系统管理与控制部分的全部显示、编程、管理、控制等功能不是在一个设备（出入口控制器）内完成。其中，显示、编程工作由另外的设备完成。设备之间的数据传输通过对可移动的、可读写的数据载体的输入、导出操作完成。

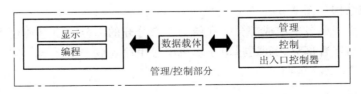

图 9.9　数据载体传输控制型结构

3. 按现场设备连接方式划分

（1）单出入口控制设备结构（图 9.10）。

仅能对单个出入口实施控制的由单个出入口控制器所构成的控制设备结构。

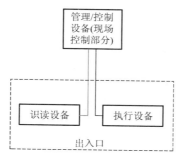

图 9.10 单出入口控制设备结构

（2）多出入口控制设备结构（图 9.11）。

能同时对两个及以上出入口实施控制的由单个出入口控制器所构成的控制设备结构。

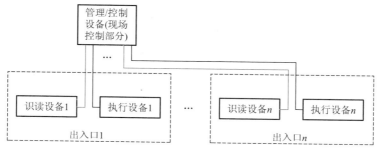

图 9.11 多出入口控制设备结构

4. 按联网模式划分

（1）总线制结构（图 9.12）。

出入口控制系统的现场控制设备通过联网数据总线与出入口管理中心的显示、编程设备相连，每条总线在出入口管理中心只有一个网络接口。

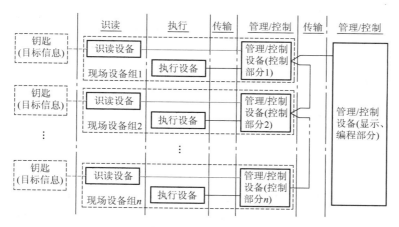

图 9.12 总线制结构

（2）环线制结构（图 9.13）。

出入口控制系统的现场控制设备通过联网数据总线与出入口管理中心的显示、编程设备相连，每条总线在出入口管理中心有两个网络接口，当总线有一处发生断线故障时，系统仍能正常工作，并可探测到发生故障的地点。

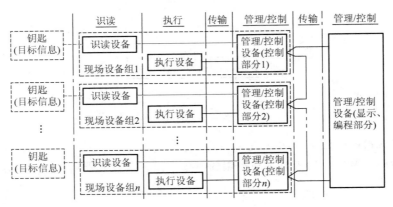

图 9.13　环线制结构

（3）单级网结构（图 9.14）。

出入口控制系统的现场控制设备与出入口管理中心的显示、编程设备的连接采用单一联网结构。

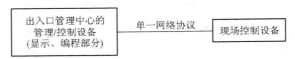

图 9.14　单级网结构

（4）多级网结构（图 9.15）。

出入口控制系统的现场控制设备与出入口管理中心的显示、编程设备的连接采用两级及以上串联的联网结构，且相邻两级网络采用不同的网络协议。

图 9.15　多级网结构

9.4.3　系统的功能及性能设计

1. 一般规定

（1）防护能力。

系统的防护能力由所用设备的防护面外壳的防护能力、防破坏能力、防技术开启能力，以及系统的控制能力、保密性等因素决定。系统设备的防护能力由低到高分为 A、B、C 三个等级。

（2）响应时间。

系统的下列主要操作响应时间应不大于 2s。

① 在单级网的情况下，现场报警信息传输到出入口管理中心的响应时间。

② 除工作在异地核准控制模式外，从识读部分获取一个钥匙的完整信息始至执行部分开始启闭出入口动作的时间。

③ 在单级网的情况下，操作（管理）员从出入口管理中心发出启闭指令始至执行部分开始启闭出入口动作的时间。

④ 在单级网的情况下，从执行异地核准控制始至执行部分开始启闭出入口动作的时间。

现场事件信息经非公共网络传输到出入口管理中心的响应时间应不大于 5s。

（3）计时、校时。

系统计时、校时应符合下列规定。

① 非网络型系统的计时精度应小于 5s/d；网络型系统的中央管理主机的计时精度应小于 5s/d，其他的与事件记录、显示及识别信息有关的各计时部件的计时精度应小于 10s/d。

② 系统与事件记录、显示及识别信息有关的计时部件应有校时功能；在网络型系统中，运行于中央管理主机的系统管理软件每天宜设置向其他的与事件记录、显示及识别信息有关的各计时部件校时功能。

（4）报警。

系统报警功能分为现场报警、向操作（值班）员报警、异地传输报警等。报警信号应为声光提示。

在发生以下情况时，系统应报警。

① 当连续若干次（最多不超过 5 次，具体次数应在产品说明书中规定）在目标信息识读设备或管理/控制部分上实施错误操作时。

② 当未使用经授权的钥匙而强行通过出入口时。

③ 当未经正常操作而使出入口开启时。

④ 当强行拆除和/或打开 B、C 级的识读现场装置时。

⑤ 当 B、C 级的主电源被切断或短路时。

⑥ 当 C 级的网络型系统的网络传输发生故障时。

（5）应急开启。

系统应具有应急开启功能，可采用下列方法。

① 使用制造厂特制工具采取特别方法局部破坏系统部件后，使出入口应急开启，且可迅即修复或更换被破坏部分。

② 采取冗余设计，增加开启出入口通路（但不得降低系统的各项技术要求）以实现应急开启。

（6）软件及信息保存。

软件及信息保存应符合下列规定。

① 除网络型系统的中央管理机外，需要的所有软件均应保存到固态存储器中。

② 具有文字界面的系统管理软件，其用于操作、提示、事件显示等的文字应采用简体中文。

③ 当供电不正常、断电时，系统的密钥（钥匙）信息及各记录信息不得丢失。

④ 当系统与考勤、计费及目标引导（车库）等一卡通联合设置时，软件必须确保出入口控制系统的安全管理要求。

（7）联网。

系统应能独立运行，并应能与电子巡查、入侵报警、视频安防监控等系统联动，宜与安全防范系统的监控中心联网。

2. 各部分的功能及性能设计

（1）识读部分。

识读部分设计应符合下列规定。

① 识读部分应能通过识读现场装置获取操作及钥匙信息并对目标进行识别，应能将信息传递给管理/控制部分处理，宜能接收管理/控制部分的指令。

② 误识率、识读响应时间等指标，应满足管理要求。

③ 对识读装置的各种操作和接收管理/控制部分的指令等，识读装置应有相应的声和/或光提示。

④ 识读装置应操作简便，识读信息可靠。

 阅读材料 9-3

北京大兴国际机场

带您体验北京大兴国际机场"无感通关"

北京大兴国际机场海关是目前国内自动化、智能化程度最高的空港海关，正在让进出境旅客享受到更简便快捷"无感通关"的畅快体验。

为了更好地提升出境旅客的通关感受，北京大兴国际机场海关与安检部门共享查验现场，将行李物品海关监管嵌入安检过程，使海关检查与机场安检这两道"关卡"合二为一，实现旅客"只提交一次行李、只接受一次检查"，出境查验等待时间可缩短50%。

在北京大兴国际机场，旅客中转也很便捷。海关最新智能卫生检疫台集成了红外测温、放射性物质定位检测、进境人员信息采集等功能，可一次采集多项旅客信息，最大限度地保障旅客的通关体验。此外，这里还配备了生物和化学有害因子一体化实时监测系统。

在北京大兴国际机场，大多数进境旅客的感受就像是一次国内旅行。海关在行李检查区全面配备了新型高速CT（电子计算机断层扫描）检查设备，以"100%先期机检＋通道挑查"取代传统的100%现场过机检查，实现旅客免排队、免搬箱、免过机、零等待。

通过"先期机检"，海关监管实现了有效前置，进境托运行李在旅客提取之前，其实都已经接受了海关监管。

（2）管理/控制部分。

管理/控制部分设计应符合下列规定。

① 系统应具有对钥匙的授权功能，使不同级别的目标对各个出入口有不同的出入权限。

② 应能对系统操作（管理）员的授权、登录、交接进行管理，并设定操作权限，使不同级别的操作（管理）员对系统有不同的操作能力。

③ 事件记录。

a. 系统能将出入事件、操作事件、报警事件等记录存储于系统的相关载体中，并能形成报表以备查看。

b. 事件记录应包括时间、目标、位置、行为。其中时间信息应包含年、月、日、时、分、秒，年应采用千年记法。

c. 现场控制设备中的每个出入口记录总数：A级不小于32条，B、C级不小于1000条。

d. 中央管理主机的事件存储载体，应至少能存储不少于180d的事件记录，存储的记录应保持最新的记录值。

e. 经授权的操作（管理）员可对授权范围内的事件记录、存储于系统相关载体中的事件信息，进行检索、显示和/或打印，并可生成报表。

④ 与视频安防监控系统联动的出入口控制系统，应在事件查询的同时，能回放与该出入口相关联的视频图像。

（3）执行部分。

执行部分设计应符合下列规定。

① 当闭锁部件或阻挡部件在出入口关闭状态和拒绝放行时，其闭锁力、阻挡范围等性能指标应满足使用、管理要求。

② 出入准许指示装置可采用声、光、文字、图形、物体位移等多种指示。其准许和拒绝两种状态应易于区分。

③ 出入口开启时出入目标通过的时限应满足使用、管理要求。

9.4.4　系统的设备选型与设置

1. 设备选型

设备选型应符合以下要求。

（1）防护对象的风险等级、防护级别、现场的实际情况、通行流量等要求。

（2）安全管理要求和设备的防护能力要求。

（3）对管理/控制部分的控制能力和保密性的要求。

（4）信号传输条件的限制对传输方式的要求。

（5）出入目标的数量及出入口数量对系统容量的要求。

（6）与其他子系统集成的要求。

2. 设备设置

设备设置应符合下列规定。

（1）识读装置的设置应便于目标的识读操作。

（2）采用非编码信号控制和/或驱动执行部分的管理/控制设备，必须设置于该出入口的对应受控区、同级别受控区或高级别受控区内。

9.4.5　系统的传输方式及线缆的选型与保护

1. 传输方式

传输方式应考虑出入口控制点位分布、传输距离、环境条件、系统性能要求及信息容量等因素。

2. 线缆的选型

线缆的选型应符合下列规定。

（1）识读设备与控制器之间的通信用信号线宜采用多芯屏蔽双绞线。

（2）门磁开关及出门按钮与出入口控制器之间的通信用信号线，线芯最小截面面积不宜小于 0.50mm^2。

（3）出入口控制器与执行设备之间的绝缘导线，线芯最小截面面积不宜小于 0.75mm^2。

（4）出入口控制器与管理主机之间的通信用信号线宜采用双绞铜芯绝缘导线，其线径根据传输距离而定，线芯最小截面面积不宜小于 0.50mm^2。

3. 线缆的保护

执行部分的输入电缆在该出入口的对应受控区、同级别受控区或高级别受控区外的部分，应封闭保护，其保护结构的抗拉伸、抗弯折强度应不低于镀锌钢管。

9.4.6　系统的供电、防雷与接地

1. 供电

供电设计应符合下列规定。

（1）主电源可使用市电或电池。备用电源可使用二次电池及充电器、UPS、发电机。如果系统的执行部分为闭锁装置，且该装置的工作模式为断电开启，B、C级的控制设备必须配置备用电源。

（2）当电池作为主电源时，其容量应保证系统正常开启10000次以上。

（3）备用电源应保证系统连续工作不少于48h，且执行设备能正常开启50次以上。

2. 防雷与接地

防雷与接地应符合下列规定。

（1）置于室外的设备宜具有防雷保护措施。

（2）置于室外的设备输入、输出端口宜设置信号线路浪涌保护器。

（3）室外的交流供电线路、控制信号线路宜有金属屏蔽层并穿钢管埋地敷设，钢管两端应接地。

9.4.7　系统的安全性、可靠性

系统的安全性、可靠性设计应符合下列规定。

（1）系统的任何部分、任何动作，以及对系统的任何操作不应对出入目标及现场管

理、操作人员的安全造成危害。

（2）系统必须满足紧急逃生时人员疏散的相关要求。当通向疏散通道方向为防护面时，系统必须与火灾报警系统及其他紧急疏散系统联动，当发生火警或需紧急疏散时，人员不使用钥匙应能迅速安全通过。

9.4.8 监控中心

（1）当出入口控制系统与安全技术防范系统的其他子系统联合设置时，中心控制设备应设置在安全技术防范系统的监控中心。

（2）当出入口控制系统的监控中心不是系统最高级别受控区时，应加强对管理主机、网络接口设备、网络线缆的保护，应有对监控中心的监控录像措施。

综 合 习 题

一、填空题

1. 实现身份识别的方式主要有_____、_____、_____及_____。
2. 出入口控制系统主要由_____、_____、_____、_____及_____组成。

二、名词解释

1. 目标；
2. 误识；
3. 拒认。

三、简答题

1. 用于人员出入口控制系统的人体生物特征主要有哪些？
2. 出入口控制系统工程的设计要求有哪些？
3. 出入口控制系统设备选型应符合哪些规定？
4. 出入口控制系统线缆的选型应符合哪些规定？

第10章

电子巡查管理和访客对讲系统

 本章教学要点

知识要点	掌握程度	相关知识
电子巡查管理系统	熟悉电子巡查管理系统的工作原理	在线式电子巡查管理系统的工作原理; 离线式电子巡查管理系统的工作原理
访客对讲系统	了解访客对讲系统的分类; 熟悉访客对讲系统的组成; 熟悉访客对讲系统的功能; 熟悉访客对讲系统的工作原理	访客对讲系统的分类; 访客对讲系统的组成; 访客对讲系统的功能; 访客对讲系统的工作原理

导入案例

新疆首个地下管廊智能巡检机器人上岗

在乌鲁木齐市220kV三宫变电站110kV电力地下管廊内，一台投影仪大小的白色机器人正沿贯穿整个管廊上方的轨道行进，其两只"眼睛"（具有红外测温功能的摄像头）记录着周围的环境和设备运行变化。

据介绍，以往每隔15d需投入2～3名电力人员对管廊电力线路进行巡检，人工巡检耗时费力，且在密闭空间持续作业，人员存在火灾、气体中毒等安全风险。

该智能巡检机器人采用轨道式结构，搭载可见光、红外摄像头及气体、温湿度外部传感器，通过管廊内无线信号为后方处理系统提供原始数据，具备视频监控、红外热成像、环境监测、自主充电、语音对讲等12项功能，能够实现对故障及时预警、灾害及时发现。

智能巡检机器人的应用，可以对管廊内敷设的7回110kV电力线路进行24h不间断巡视，让巡视频率提升为每天2次，由原来的人工5h全面巡检一次转变为12min一次，效率提升了24倍。

智能巡检机器人作为智慧电力建设的"主角"，实现了地下管廊和电力线路状态的实时感知、自主预警和智能处置，与单纯依靠人力的传统模式相比，不仅能够胜任危险系数高、劳动强度大的电缆廊道巡检和电缆维护等工作，还能成为潜在问题的发现者，为管廊电力线路安全运行提供了有力保障。

10.1　电子巡查管理系统

电子巡查管理系统是管理者考察巡查者是否在指定时间按巡查路线到达指定地点的一种手段。电子巡查管理系统可以帮助管理者了解巡查人员的表现，而且管理人员可通过软件随时更改巡查路线，以配合不同场合的需要。

电子巡查
管理系统

电子巡查管理系统是利用先进的接触存取技术开发的管理系统。长期以来，在很多行业中怎样对各种巡查工作进行有效的监督管理一直是管理工作中的难点，如物业管理、保安巡更等的安全巡查管理，以及医院护士和医生的病房定时巡查、油田的油井巡查、电力部门的铁塔巡查、通信部门的机站巡查、邮政部门的邮筒定时开箱等一切需要定时多次巡查的场合。巡查人员是否按规定路线、在规定的时间内、巡查了规定数量的巡查点，以往管理人员很难对此进行严格有效的监督管理。而电子巡查管理系统是实现这种监督管理最有效、最科学的工具。电子巡查管理系统分为在线式电子巡查管理系统和离线式电子巡查管理系统两种。电子巡查管理系统组成示意图如图10.1所示，电子巡查管理系统示意图如图10.2所示。

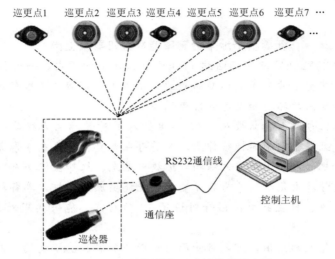

图 10.1　电子巡查管理系统组成示意图

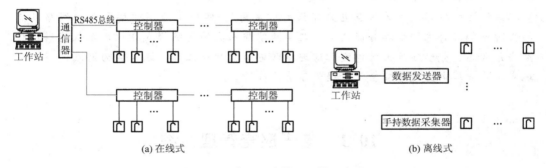

图 10.2　电子巡查管理系统示意图

10.1.1　在线式电子巡查管理系统的工作原理

在线式电子巡查管理系统的工作原理是在巡查点安装固定的智能卡刷卡设备（终端），后台计算机管理软件与刷卡设备保持实时在线式数据通信。巡查人员巡查线路时，只需将自己所持的感应式智能卡在刷卡终端上轻轻一划，刷卡终端即保存一条刷卡记录，表示某人参与了该点的检查。刷卡终端将保存的记录通过网络实时上传到计算机中并保存，保障后台及时查看巡查记录。

10.1.2　离线式电子巡查管理系统的工作原理

离线式电子巡查管理系统的工作原理是在巡查点安装专门做了防水、防振、防晒处理的信息点（即智能卡），而巡查人员参与巡查时，只需拿着巡检器（巡更棒）到每一个巡查点读取一下信息点，巡检器（巡更棒）就会自动记录一条巡查记录。巡查结束后，巡查人员可以定时或不定时地将巡检器（巡更棒）拿到管理处将保存在巡检器（巡更棒）中的巡查记录上传到计算机系统中，以便进行统计查询。

这种系统由于不用布线，在工程上实施起来特别简便，故在实际中采用较多。

 阅读材料 10-1

电子巡查的发展新趋势——云巡查

随着物联网、云技术的兴起，电子巡查管理系统市场即将进入一个新的时代——云巡查时代。云巡查将打破传统电子巡查的使用操作必须由专职人员执行的状况，掀起互联网云巡查普及新趋势，使传统电子巡查管理系统的核心价值得到有效提升，保障人民安居乐业，企业安全有序生产和工作。

云巡查虽然是电子巡查管理系统发展的方向，但目前国内外市场主流产品依旧是传统的电子巡查管理系统，这类电子巡查管理系统技术陈旧、安装繁杂、维护成本高，难以满足现代市场的发展及人们对产品的期望。云巡查的面世，这些问题将迎刃而解。云巡查的优势主要体现在以下几个方面。

（1）无地域限制。巡查管理者可随时随地使用手机、iPad 等上互联网查询巡查工作信息报表，从而全面掌控巡查人员的工作情况，即使相隔万里，安全监控也触手可及。

（2）解除巡查成本虚高、使用繁杂等问题。云巡查系统软件可全面降低用户的使用成本，提供免费的云存储，巡查管理者可随时上网查看所属工作人员的巡查报表。

（3）巡查数据安全。巡查产品引进云计算和云存储技术，可做到数据及时、准确且不丢失。

10.2 访客对讲系统

访客对讲系统是防止非法侵入的第一道防线，是在各单元入口安装防盗门和对讲装置，以实现访客与住户对讲或可视对讲。住户可遥控开启防盗门，该系统主要用于防止非本楼的人员在未经允许的情况下进入楼内，充分保证本楼住户的人身和财产安全。

随着信息时代的发展，访客对讲系统已经成为现代多功能、高效率的现代住宅的重要保障。访客对讲系统符合当今住宅的安全和通信需求，把住户的入口、住户及保安人员三方面的通信包含在同一网络中，是实现住户与管理处、住户与住户、来访者与住户直接通话的一种快捷通信方式。

▶ 为什么美国家庭都不装防盗窗

阅读材料 10-2

5G＋AI技术给访客对讲系统带来了变化

在5G（第五代移动通信技术）带动下，物联网、AI（人工智能）、云计算等技术发展迅速，安防市场和技术也有了进一步突破，带动访客对讲系统迎来了更好的发展趋势。

5G＋AI技术助力访客对讲系统的发展，对经历了4n型—总线型—局域网型—互联网型转变的访客对讲系统来说，可以说是脱胎换骨。早期的模拟访客对讲系统自然是存在各种局限，实现了数字化的访客对讲系统采用了TCP/IP技术，其稳定、可靠，拓展性也有了明显提升，而云对讲自然是如今的发展趋势，在项目应用上更加智能、方便。当下手机、平板、计算机已经成为人们生活的一部分，访客对讲系统也顺理成章地实现了移动互联，这不仅提升了用户体验，更重要的是云对讲的出现降低了成本，实现了平台化，其非常适合新建筑实现智能化及老旧社区的升级改造。

伴随着5G和AI技术的落地应用，访客对讲系统通过结合AI技术，实现了身份确认、身份鉴别、访问控制、安全监控、人机交互等多项功能延伸，不仅提高了居家生活质量和管理效率，而且借助系统云平台精准的数据分析能力实现了系统的增值服务。

10.2.1　访客对讲系统的分类

1. 按功能分类

访客对讲系统按功能可分为单对讲系统和可视对讲系统两种。

（1）单对讲系统。

单对讲系统一般由防盗安全门、对讲系统、控制系统和电源组成。防盗安全门与普通安全门的区别是加有电控门锁闭门器。对讲系统由传声器、语言放大器和振铃电路组成。控制系统采用数字编码方式，若访客按下欲访住户的号码，对应住户的分机则振铃响起，户主摘机通话后可决定是否打开防盗安全门。

访客对讲系统

（2）可视对讲系统。

可视对讲系统是在单对讲系统的基础上增加了一套视频系统，即在电控防盗门上方安装一低照度摄像机，一般配有夜间照明灯。摄像机应安装在隐蔽处并要防止破坏。视频信号经普通视频线引到楼层中继器的视频开关上，当访客叫通户主分机时，户主摘机即可从分机的屏幕上看到访客的形象并与其通话，以决定是否打开防盗安全门。

2. 按产品型号分类

访客对讲系统产品有多种型号，并具备多种功能，可根据具体情况配置用户满意的装置。访客对讲系统产品型号一般有独户型、大楼型、经济型、数字型等。

10.2.2　访客对讲系统的组成

　　访客对讲系统一般由管理主机、楼道单元主机、室内分机、住户自家门口机等组成。管理主机具有各种报警及状况显示、与住户或楼道单元主机处人员对讲等主要功能；楼道单元主机能与室内分机实现对讲，接收室内分机遥控开锁，用户可通过刷卡、密码等开锁；室内分机具有对讲、火灾报警、安全防范、紧急求救等功能；住户自家门口机具有门铃及与室内分机对讲的功能。图 10.3 为访客对讲系统组成示意图。

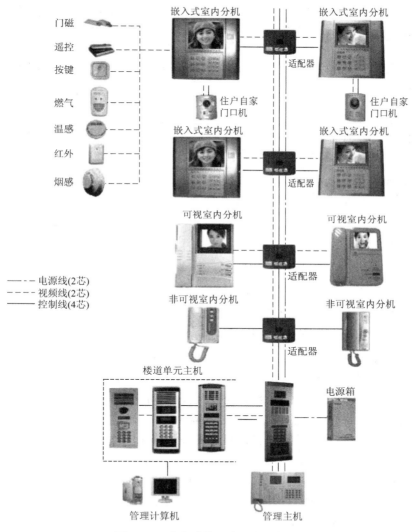

图 10.3　访客对讲系统组成示意图

　　一般居民楼每个单元安装的访客对讲系统都比较简单，主机到各户分机一般采用星型布线方式，为多线制。如果居民小区内设有管理中心的话，则各单元的主机与管理中心以总线方式相连，管理中心可接受用户报警，并可用此访客对讲系统向用户传达有关信息。

高层公寓住宅使用的访客对讲系统主机与各户分机之间通常采用总线式通信。图 10.4 为访客对讲系统示意图。

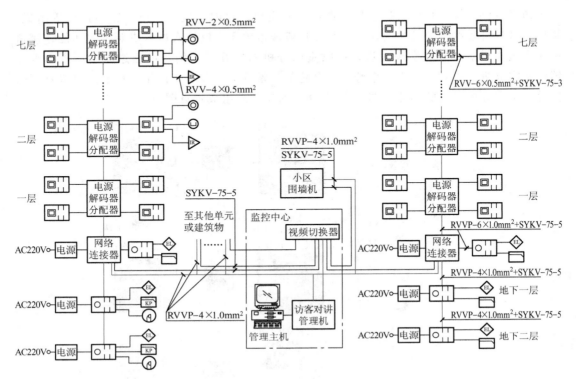

图 10.4　访客对讲系统示意图

10.2.3　访客对讲系统的功能

（1）可适用不同制式的双音频及脉冲直拨电话或分机电话。

（2）可同时设置带断电保护的多种警情电话号码及报警语音。

（3）可自动识别对方话机占线、无人值班或接通状态。

（4）可按顺序自动拨通预先设置的直拨电话，并同时传到小区中心。

（5）可同时接多路红外、瓦斯、烟雾传感器。

（6）可实现手动/自动开关、传感器的有线/无线连接报警方式，并可实现住户、访客的语音（或语音加图像）传输。

（7）通过室内分机可遥控开启防盗门电控锁。

（8）门口主机可利用密码、钥匙或感应卡开启防盗门锁。

（9）高层住宅在火灾报警情况下可自动开启楼梯门锁。

（10）高层住宅具有群呼功能，一旦灾情发生，可向所有住户发出报警信号。

10.2.4　访客对讲系统的工作原理

安装访客对讲系统的大数，其楼门平时总处于闭锁状态，以免非本楼人员在未经允许的情况下进入楼内，而本楼内的住户则可以用钥匙自由地出入大楼。当来访者访问住户时，来访者需在楼门外的对讲主机键盘上按下欲访住户的房间号，才能呼叫欲访住户的对讲分机。住户通过观察器观看来访者的图像，可将不希望见到的来访者拒之门外，因而不会受到推销者的打扰而浪费时间，也不会有受到可疑分子攻击的危险。住户只要安装了接收器，甚至可以不让人知道家中有人。住户使用对讲设备与来访者进行双向通话或可视通话，通过来访者的声音或图像可以确认来访者的身份。确认可以允许来访者进入后，住户利用对讲分机上的开锁按键，控制大楼入口门上的电控门锁打开，来访者方可进入楼内。来访者进入楼内后，楼门自动闭锁。住宅小区物业管理的安全保卫部门通过小区管理主机，可以对小区内各住宅楼访客对讲系统的工作情况进行监视。如有住宅楼入口门被非法打开、对讲主机或线路出现故障，小区管理主机会发出报警信号、显示出报警的内容及地点。小区物业管理部门与住户或住户与住户之间可以用该系统相互通话，如物业部门通知住户交各种费用、住户通知物业管理部门对住宅设施进行维修、住户在紧急情况下向小区管理人员或邻里报警求救等。

面对非法入侵，住户可以实行防卫

综 合 习 题

一、填空题

1. 电子巡查管理系统分为_____和_____两种。

2. 访客对讲系统按功能可分为_____和_____两种。

3. 访客对讲系统由_____、_____、_____、_____等构成。

二、单项选择题

对于实时性要求较高的场合，宜采用（　　　）电子巡查管理系统。

A. 在线式 　　　　　　　　　　　B. 离线式

C. 在线式与离线式的组合 　　　　D. 任意一种

三、简答题

1. 简述在线式电子巡查管理系统的工作原理。

2. 简述离线式电子巡查管理系统的工作原理。

3. 访客对讲系统的功能有哪些？

4. 简述访客对讲系统的工作原理。

第11章
停车库（场）管理系统

本章教学要点

知识要点	掌握程度	相关知识
停车库（场）管理系统的组成与运行方式	熟悉系统的组成； 了解系统的运行方式	车辆入口设备； 车辆出口设备； 管理中心； 系统的运行方式
停车库（场）管理系统的功能	熟悉系统的主要功能	停车位信息管理； 停车库（场）当前状态显示； 车辆识别； 车辆防盗； 道闸控制； 计价收费； 停车库（场）运行信息管理

导入案例

未来十年，我国汽车消费还有非常大的发展空间

　　我国是世界上最大的燃油汽车及新能源汽车生产和消费国之一，也是全球重要的汽车零部件原材料生产贸易大国。2020年，我国汽车消费主要呈现4个方面的特点：规模不断壮大，汽车产销量已经连续11年稳居世界首位；结构加快调整，农村居民家庭汽车拥有量增长15.5%，已经连续5年明显高于城镇的增长水平；层次逐步升级，中高端乘用车的市场份额不断扩大，SUV销量占比达到43.7%；绿色发展突显，新能源汽车销量超过了120万辆，占全球销量的50%以上。

　　我国人口基数大，发展潜力足，千人汽车拥有量刚刚超过世界平均水平，与发达国家差距尚远。国家相关中长期发展规划已经明确汽车低碳化、信息化、智能化的发展方向，将持续不断推进高性能、低排放、节能型的汽车消费。按照统筹经济发展、环境保护和交通出行三方面的要求，综合考虑经济发展水平、公共基础设施建设和资源承载量等因素，未来十年，我国汽车消费还将有非常大的发展空间。

　　随着城市机动车数量的飞速增加，传统的停车库（场）人工管理已经不能满足使用者和管理者对停车场使用效率、安全、性能及管理上的需要。

　　停车库（场）管理系统是利用高度自动化的机电设备对停车库（场）进行安全、快捷、有效的管理，由于减少了人工的参与，最大限度地减少了人员费用及人为失误造成的损失，极大地提高了停车库（场）的使用效率。

11.1　停车库（场）管理系统的组成与运行方式

11.1.1　系统的组成

　　停车库（场）管理系统组成示意图如图11.1所示。停车库（场）管理系统实际上是一个分布式的集散控制系统，一般由以下几个部分组成。

　　1. 车辆入口设备

　　车辆入口设备由车牌自动识别系统、智能补光、道闸等组成，主要负责对进入停车库（场）的内部车辆进行自动识别、身份验证，并自动起落道闸；对外来车辆进行自动识别车牌号码、实时抓拍记录进入时间和车辆信息，并自动起落道闸。

智能停车系统

　　2. 车辆出口设备

　　车辆出口设备由车牌自动识别系统、智能补光、道闸等组成，主要负责对驶出停车库（场）的内部车辆进行自动识别、身份验证，并自动起落道闸；对外来车辆进行自动识别车牌号码，匹配驶入时间、车辆信息，实行自动计费，收费后自动起落道闸。

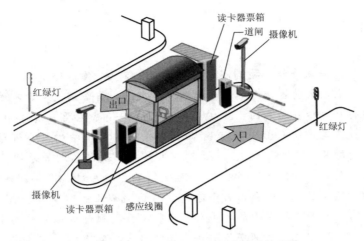

图 11.1　停车库（场）管理系统组成示意图

3. 管理中心

　　管理中心由收费控制计算机、UPS、报表打印机、操作台、入口手动按钮、出口手动按钮、语音提示系统、语音对讲系统、停车库（场）系统管理软件等组成。管理中心主要负责处理车辆入口设备和车辆出口设备采集的信息，并对信息进行加工处理，处理成合乎要求的报表，供管理部门使用；控制外围设备；实现对车位、票卡的管理；处理一些紧急情况；等等。

　　停车库（场）管理系统示意图如图 11.2 所示。

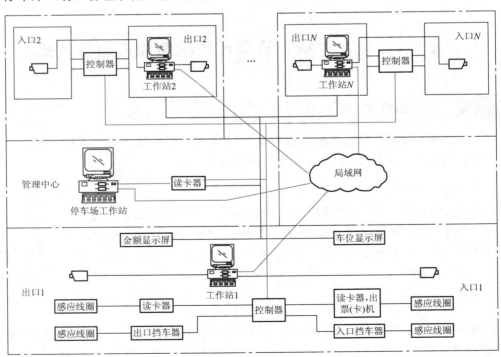

图 11.2　停车库（场）管理系统示意图

阅读材料 11 - 1

未来智能汽车不止于出行

智能汽车是指通过搭载先进传感器等装置，运用人工智能等新技术，具有自动驾驶功能的新一代汽车。智能汽车逐步成为智能移动空间和应用终端，被业内视为汽车产业的颠覆性技术革命。未来的出行，乘客可能只需在手机上进行预约，无人驾驶汽车就会出现在乘客面前，并自动规划最优路线，将乘客送到目的地。

展望未来，智能汽车的商业化应用不仅能弥补劳动力缺口，而且能将单纯的运输工具变成承载更多属性和智能的移动生活空间，让人的出行更加便捷、高效和舒适。

11.1.2 系统的运行方式

停车库（场）管理系统的运行包括后台工作和前台工作两部分。后台工作主要是在管理中心对车位和票卡进行管理，包括车位的分配与区域划分，长期票卡及使用权人票卡的发放、回收、信息更改及收费等。前台工作即现场设备和管理中心的实施工作。

11.2 停车库（场）管理系统的功能

不同性质的停车库（场）需要的管理内容不同，其功能配备也存在很大的区别，总体来说，停车库（场）管理系统的功能主要包括以下几个方面。

1. 停车位信息管理

停车库（场）的使用方式有临时出租、长期出租或出售使用权等，为了管理方便，应将停车库（场）进行区域划分。停车位信息管理可以记录、更改、查询车位的使用方式对停车库（场）进行区域划分，同时对长期租用人和车位使用权人进行信息管理及出入凭证的发放。

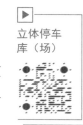

立体停车库（场）

2. 停车库（场）当前状态显示

在停车库（场）入口和管理中心显示当前车位占用情况和运行状态，一方面为需要者提供能否提供服务的信息，另一方面使管理者可以对停车库（场）状态进行查询和监管。

3. 车辆识别

车辆识别是通过车牌识别器完成的，可以由人工按图像识别，也可以完全由计算机进行操作。车辆识别一方面可以对长期租用车位者或车位使用权人的车辆不需票卡读取直接升起道闸放行，方便顾客使用；另一方面可以在停车库（场）出口根据票卡对照车辆进入时保存的相应资料，防止车辆被盗事件的发生。

4. 车辆防盗

车辆防盗应该属于安全防范系统范畴，也可以在管理系统中设置车辆防盗功能：①可以通过车牌识别器在车辆出停车库（场）时进行校对；②可以使用视频安防监控系统对停车库（场）内进行监控和信息储存、查询；③可以在停车位使用红外或微波等电子锁。

5. 道闸控制

停车库（场）进出口处的道闸起阻拦车辆的作用，在车辆取得进出停车库（场）权限后道闸可以直接升起，以减轻人工工作。当车辆强行出入撞击道闸时，道闸则会发出报警信号。

 阅读材料 11 - 2

欧盟研发城市智能声学传感器

由欧盟资助的 EAR - IT 研发团队开发了一种智能声学传感器（Intelligent Acoustic Sensor），并在西班牙桑坦德成功应用。

该智能声学传感器集成了先进的声学分析技术，能够有效地对捕获的各种声音进行智能鉴别，为管理交通、能耗、环保等提供便利，让城市变得更方便、更舒适、更可持续。比如，它能够对捕获的救护车警报声进行智能识别，据此判断救护车行驶的方向，从而通过城市智能交通网调节交通信号灯，以使救护车能无阻碍地快速抵达目的地。此外，通过监控市区内的噪声水平，该智能声学传感器还可以实时地反映市区的交通拥堵状况、停车场的空闲程度等，提供给需要的部门或者个人做参考。相比视频监控等方式，智能声学传感器能更早地发现一些紧急情况并进行预警，而且成本更低廉，其未来应用前景十分广阔。

在开发出智能声学传感器的基础上，项目研发团队还在积极研究构建城市的"声学基础设施"（Acoustic Infrastructure），以便进一步提高城市智能化水平。

---

6. 计价收费

车辆离开停车库（场）时，自动收费系统可以根据票卡信息或车辆进出停车库（场）时间信息进行计价和收费（既可以自动收费，也可以由人工根据显示信息收费）。

7. 停车库（场）运行信息管理

停车库（场）管理系统的管理中心可以对停车库（场）的运行情况进行保存和分析，为管理人员提供管理参考信息。

阅读材料 11 - 3

新一代信息技术助力智慧停车新时代

云停车，是利用互联网、云计算、大数据等技术对停车库（场）区域的车辆进行统一管理，它集成了车牌识别系统，实现了集信息采集、设备管理、人员管理、车辆管理、财务管理于一体的综合性信息管理。车辆驾驶人只需要在出门之前利用云停车在自己目标区域内查找相关适合自己的停车库（场），进行提前预约，就能在到达时，根据指定的步骤更加智能、快捷地停好自己的汽车，最大限度地利用自己的时间。

车牌识别系统，是目前智能交通系统重要的组成部分，它以计算机视觉处理、数字图像处理、模式识别等技术为基础，对摄像机所拍摄的车辆视频图像进行分析处理，得到每辆车的车牌号码，从而完成识别过程。目前车牌识别系统应用相当广泛，最为常见的是在高速公路车辆管理中。在停车库（场）管理系统当中，车牌识别技术也是识别车辆身份的主要手段之一。

近年来，随着城市出行需求的快速增长，停车设施供给不足的问题日益突显，在这一趋势下，智慧停车领域的可发展性也逐渐显现出来。与此同时，物联网、人工智能、移动互联网等新一代信息技术项目的落地，让安防领域实现了跨界融合，也给城市停车带来了全新的管理变革，缓解了城市交通拥堵、停车困难等问题，加快了智慧城市建设步伐，提高了人们生活的智能化水平。

综 合 习 题

一、填空题

1. 停车库（场）管理系统由＿＿＿＿、＿＿＿＿和＿＿＿＿三个部分组成。

2. 停车库（场）管理系统的功能主要有＿＿＿＿、＿＿＿＿、＿＿＿＿、＿＿＿＿、＿＿＿＿、＿＿＿＿和＿＿＿＿七个方面。

二、简答题

1. 停车库（场）管理系统的主要设备有哪些？

2. 为了最大限度地满足使用的便利性，对于不同的停车库（场）使用者应该如何设计相应的使用方式？

第12章
安全防范工程设计

本章教学要点

知识要点	掌握程度	相关知识
安全防范工程设计的一般规定	熟悉安全防范工程设计的一般规定	安全防范工程设计的一般规定
现场勘察	熟悉现场勘察规定； 熟悉编制现场勘察报告	现场勘察规定； 编制现场勘察报告
实体防护设计	掌握实体防护设计要求	实体防护设计要求
电子防护设计	掌握电子防护设计内容	安全防范管理平台； 入侵和紧急报警系统； 视频安防监控系统； 出入口控制系统； 停车库（场）管理系统； 访客对讲系统； 电子巡查管理系统； 安全防范系统
安全防范工程的其他设计	掌握安全防范工程的其他设计要求	集成与联网设计要求； 防雷与接地设计要求； 供电设计要求； 信号传输设计要求； 监控中心设计要求

导入案例

故宫失窃案留下疑点重重

中新社北京 2011 年 5 月 12 日电，故宫展品失窃案嫌犯在京落网，但仍然有不少疑问尚待揭开。嫌犯是如何突破故宫道道防线盗宝的？安保工作的巨大漏洞谁来负责？

12 日中午，警方初步认定，5 月 8 日，嫌犯系在故宫博物院斋宫参观展览后，藏匿于现场伺机作案，躲避清场检查后破坏展厅北侧窗户入室行窃。

有报道称，故宫是世界上最安全的博物馆之一，安保体系极其严密，号称"内外监控无盲点"。在技防方面，每天闭馆后，至少有 1600 个防盗报警器、3700 个感烟探测器和 400 个摄像头在运行。负责故宫安保工作的故宫保卫处，曾被称为"京城第一保卫处"，总人数超过 240 人，并配有警犬防御。在物防方面，故宫内部安装了大量的铁栅栏、铁窗、防爆玻璃和铁柜等，并定期加封加固。

按照故宫文物安防规定，每天闭馆后，各展厅都要对厅内文物进行清点，巡查院内所有可能藏匿人或物的角落，之后还要再拉网检查一遍，最后，由故宫警犬队到各角落巡查，即每天至少清查三遍才能闭馆。

据悉，故宫在一级风险地点装有最先进的设备和至少三种复核手段，其中珍宝馆等重点巡查区域内 24h 开启红外线、微波等多种报警器探头进行全方位监视，在故宫中央监控室中，保卫处工作人员 24h 面对 40 多台显示器进行监视并录像。

如此严密的安保措施，却被一个自称"临时起意的游客"轻易破解，外界对故宫的安保系统发出了诸多疑问：嫌犯为何能突破"四大防线"盗窃得手？报警设施为什么没有自动报警？嫌犯是如何逃出故宫的重重大门的……

当时嫌犯被巡逻人员盘查时，又是怎样躲过密如蛛网的探头的？有消息称，电子设备失效是因为事发地区突然断电，而安保人员认为是雷电所致，便没有去巡查。

12.1　安全防范工程设计的一般规定

（1）安全防范工程的设计应运用传感、通信、计算机、信息处理及其控制、生物特征识别、实体防护等技术，构成安全可靠、先进成熟、经济适用的安全防范系统。

（2）安全防范工程的设计应遵循整体纵深防护和（或）局部纵深防护的理念，分别或综合设置建筑物（群）和构筑物（群）周界防护、建筑物和构筑物内（外）区域或空间防护及重点目标防护系统。

（3）安全防范工程的设计除应满足系统的安全防范效能外，还应满足紧急情况下疏散通道人员疏散的需要。

（4）安全防范工程的设计应以结构化、规范化、模块化、集成化的方式实现，应能适应系统维护和技术发展的需要。

（5）高风险保护对象安全防范工程的设计应结合人防能力配备防护、防御和对抗性设备、设施和装备。

12.2　现场勘察

设计安全防范工程前，应进行现场勘察，并应做好现场勘察记录。

12.2.1　现场勘察规定

（1）调查保护对象的基本情况，应包括下列内容。

① 保护对象的风险等级与防护级别。

② 保护对象的人防组织管理、物防设施能力与技防系统建设情况。

③ 保护对象所涉及的建筑物、构筑物或其群体的基本情况：建筑平面、使用（功能）分配、通道、门窗、电（楼）梯分布、管道、供配电线路布局、建筑结构、墙体及周边情况等。

④ 其他需要勘察的内容。

（2）调查和了解保护对象所在地及周边的地理、气候、雷电灾害、电磁等自然环境和人文环境等情况。

12.2.2　编制现场勘察报告

现场勘察结束后应编制现场勘察报告。现场勘察报告的内容应包括项目名称、勘察时间、参加单位及人员、项目概况、勘察内容、勘察记录等。

12.3　实体防护设计

实体防护设计应符合下列要求。

（1）实体防护设计应与建筑选址、建筑设计、景观设计进行统筹规划、同步设计。

（2）实体防护设计应根据保护对象的安全需求，针对防范对象及其威胁方式，按照纵深防护的原则，采取相应的实体防护措施延迟或阻止风险事件的发生。

（3）实体防护设计应遵循安全性、耐久性、联动性、模块化、标准化等原则。

（4）实体防护设计应包括周界实体防护设计、建（构）筑物设计和实体装置设计。

（5）周界实体防护设计应包括周界实体屏障、出入口实体防护、车辆实体屏障、安防照明与警示标志等设计内容。

（6）建（构）筑物的实体防护功能设计应包括平面与空间布局、结构和门窗等设计内容。

（7）实体装置设计与选型应符合下列规定。

① 应根据保护目标的安全需求，合理配置具有防窥视、防砸、防撬、防弹、防爆炸等功能的实体装置；实体装置的安全等级应与其风险防护能力相适应。

② 应合理选用防盗保险柜（箱）、物品展示柜、防护罩、保护套管等实体装置对重要物品、重要设施、重要线缆等保护目标进行实体防护。

12.4　电子防护设计

电子防护设计包括以下内容。

（1）安全防范管理平台是安全防范系统集成与联网的核心，其设计应包括集成管理、信息管理、用户管理、设备管理、联动控制、日志管理、统计分析、系统校时、预案管理、人机交互、联网共享、指挥调度、智能应用、系统运维、安全管控等功能。

智能楼宇系统

（2）入侵和紧急报警系统应对保护区域的非法隐蔽进入、强行闯入，以及撬、挖、凿等破坏行为进行实时有效的探测与报警。应结合风险防范要求和现场环境条件等因素，选择适当类型的设备和安装位置，构成点、线、面、空间或其组合的综合防护系统。

入侵和紧急报警系统设计内容应包括安全等级、探测、防拆、防破坏，以及故障识别、设置、操作、指示、通告、传输、记录、响应、复核、独立运行、误报警与漏报警、报警信息分析等。

（3）视频安防监控系统应对监控区域和目标进行实时、有效的视频采集和监视，对视频采集设备及其信息进行控制，对视频信息进行记录与回放，监视效果应满足实际应用需求。

视频安防监控系统设计内容应包括视频/音频采集、传输、切换调度、远程控制、视频显示和声音展示、存储/回放/检索、视频/音频分析、多摄像机协同、系统管理、独立运行、集成与联网等。

（4）出入口控制系统应根据不同的通行对象进出各受控区的安全管理要求，在出入口处对其所持有的凭证进行识别查验，对其进出实施授权、实时控制与管理，满足实际应用需求。

出入口控制系统的设计内容应包括与各出入口防护能力相适应的系统和设备的安全等级、受控区的划分、目标的识别方式、出入控制方式、出入授权、出入口状态监测、登录信息安全、自我保护措施、现场指示/通告、信息记录、人员应急疏散、独立运行、一卡通用等。

（5）停车库（场）安全管理系统应对停车库（场）的车辆通行道口实施出入控制、监视与图像抓拍、行车信号指示、人车复核及车辆防盗报警，并能对停车库（场）内的人员及车辆的安全实现综合管理。

停车库（场）管理系统设计内容应包括出入口车辆识别、挡车/阻车、行车疏导（车位引导）、车辆保护（防砸车）、停车库（场）内部安全管理、指示/通告、管理集成等。

（6）访客对讲系统应能使被访人员通过（可视）对讲方式确认访客身份，控制开启出入口门锁，实现建筑物（群）出入口的访客控制与管理。

访客对讲系统设计内容应包括对讲、可视、开锁、防窃听、告警、系统管理、报警控制及管理、无线扩展终端、系统安全等。

（7）电子巡查管理系统应按照预先编制的人员巡查程序，通过信息识读器或其他方式对人员巡查的工作状态（是否准时、是否遵守顺序等）进行监督管理。

电子巡查管理系统设计内容应包括巡查线路设置、巡查报警设置、巡查状态监测、统计报表、联动等。

（8）安全防范系统宜设计应急对讲系统，宜与既有的紧急广播和应急照明等系统联动。

12.5　安全防范工程的其他设计

12.5.1　集成与联网设计

集成与联网设计应符合下列要求。

（1）安全防范系统的集成设计应包括子系统的集成设计、总系统的集成设计，必要时还应考虑总系统与上一级管理系统的集成设计。安全防范系统集成示意图如图 12.1 所示。

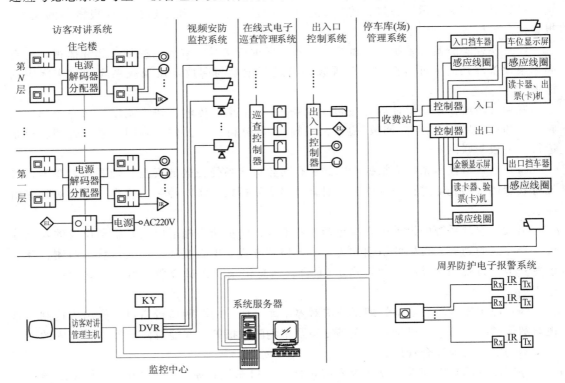

图 12.1　安全防范系统集成示意图

（2）安全防范系统可通过独立设置的安全防范管理平台进行集成，也可基于某一子系统的管理平台进行集成。

（3）对设备或系统进行互联时，应采用适宜的接口方法和通信协议，保证信息的有效提取和及时送达。

（4）入侵和紧急报警系统的集成联网，应能通过统一的管理平台实现设备和信息的集中管控，可有下列方式。

① 专用传输网络条件下的多级联网方式。

② 通过公共通信网络的多级联网方式。

③ 通过公共通信网络的云平台联网方式。

④ 安全防范管理平台收到报警信息而未在规定时间内处置的，应自动向上级管理平台转报，并通过电话、短信、邮件等方式通知到相关负责人。

⑤ 高风险保护对象防护现场的控制指示设备与接警中心管理平台之间应采用两条或以上独立的通信网络传输报警信号。

（5）进行视频安防监控系统集成联网时，应能通过管理平台实现设备的集中管理和资源共享，可有下列方式。

① 模拟视频多级汇聚方式。

② 数字视频逐级汇聚方式。

③ 基于云平台的视频统一管理方式。

（6）出入口控制系统的集成联网设计可有下列方式。

① 多级联网实时数据集中汇聚、本地授权管理方式。

② 多级联网实时数据集中汇聚、集中授权管理方式。

（7）安全防范管理平台的故障不应影响各子系统的正常运行。某一子系统的故障不应影响安全防范管理平台和其他子系统的正常运行。上级安全防范管理平台的故障不应影响下级安全防范管理平台的正常运行。

（8）安全防范系统中的承担数据库、信息分发、安全认证等重要功能的硬件或者软件应采用冗余设计，宜进行双机热备份。安全防范系统联网用的关键传输路由宜进行双路由配置。

（9）当安全防范系统与其他电子信息系统集成联网时，其他电子信息系统的故障不应影响安全防范系统的正常运行。

12.5.2　防雷与接地设计

防雷与接地设计应符合下列要求。

（1）建于山区、旷野的安全防范系统，或前端设备装于楼顶、塔顶，或电缆端高于附近建筑物的安全防范系统，应按现行国家标准《建筑物防雷设计规范》（GB 50057）的要求设置防雷装置。

（2）建于建筑物内的安全防范系统，其防雷设计应采用等电位连接与共用接地系统的设计原则，并应满足现行国家标准《建筑物电子信息系统防雷技术规范》（GB 50343）的要求。

（3）安全防范系统的接地母线应采用铜导体，接地端子应有接地标记。采用共用接地装置时，共用接地装置电阻值应满足各种接地最小电阻值的要求。采用专用接地装置时，专用接地装置电阻值不应大于 4Ω；安装在室外前端设备的接地电阻值不应大于 10Ω；在高山岩石的土壤电阻率大于 $2000\Omega \cdot m$ 时，其接地电阻值不应大于 20Ω。

（4）安全防范系统进出建筑物的电缆，在进出建筑物处应采取防雷电感应过电压、过电流的保护措施。

（5）监控中心内应设置接地汇集环或汇集排，汇集环或汇集排宜采用裸铜质导体，其截面面积不应小于 35mm²。

（6）安全防范系统的重要设备应安装电涌保护器。电涌保护器接地端和防雷接地装置应做防雷等电位连接。防雷等电位连接带应采用铜导体，其截面面积不应小于 16mm²。

（7）架空电缆吊线的两端和架空电缆线路中的金属管道应接地。

（8）光缆金属加强芯、架空光缆金属接续护套应接地。

12.5.3　供电设计

供电设计应符合下列要求。

（1）安全防范系统供电设计应符合现行国家标准《安全防范系统供电技术要求》（GB/T 15408）的有关规定。

（2）主电源规划设计应符合下列规定。

① 主电源的容量配置规定。

a. 市电网做主电源时，电源容量应不小于系统或所带组合负载的满载功耗的 1.5 倍。

b. 当备用电源（如蓄电池等）需要主电源补充电能时，应将备用电源的吸收功率计入相应负载总功耗中。

c. 当电池作为主电源时，供电容量应满足安全防范系统或所带安防负载的使用要求。

② 主电源来自市电网时，安全防范系统接入端的指标规定。

a. 稳态电压偏移不宜大于 ±10%。

b. 稳态频率偏移不宜大于 ±0.2Hz。

c. 断电持续时间不宜大于 4ms。

d. 市电网供电制式宜为 TN-S 制。供电系统工作时，零线对地线的电压峰峰值不应高于 36Vp-P。

（3）备用电源和供电保障规划设计应符合下列规定。

① 备用电源应急供电时间规定。

a. 安全防范系统的主电源断电后，备用电源应在规定的应急供电时间内，保持系统状态，记录系统状态信息，并向安全防范系统特定设备发出报警信息。

b. 应急供电时间应由防护目标的风险等级、防护级别和其他使用管理要求共同确定。

c. 入侵和紧急报警系统的应急供电时间不宜小于 8h。

d. 视频安防监控系统关键设备的应急供电时间不宜小于 1h。

② 安全等级 4 级的出入口控制点执行装置为断电开启的设备时，在满负荷状态下，备用电源应能确保该执行装置正常运行不小于 72h。

（4）供电传输及其路由设计应符合下列规定。

① 供电系统可配置适当的配电箱（柜）和可靠的供电线缆。供电设备和供电线缆应有实体防护措施，并应按照强弱电分隔的原则合理布局。

② 安全防范系统的电能输送主要采用有线方式的供电线缆。按照路由最短、汇聚最简、传输消耗最小、可靠性高、代价最合理、无消防安全隐患等原则对供电的能量传输进

行设计，确定合理的电压等级，选择适当类型的线缆，规划合理的路由。

12.5.4　信号传输设计

1. 传输方式的选择规定

（1）传输方式分为有线传输和无线传输两种；应根据系统规模、系统功能、现场环境和管理要求选择合适的传输方式；应优先选用有线传输方式。

（2）选用的传输方式应保证信号传输稳定、准确、安全、可靠。

（3）报警主干线宜采用有线传输为主、无线传输为辅的双重报警传输方式。

（4）高风险保护对象的安全防范工程应采用专用传输网络［专线和（或）虚拟专用网］。

2. 传输线缆的选择规定

（1）应结合传输信号特性、传输距离和使用环境等因素，选择适当类型的安防线缆。具体选择方法可按现行行业标准《安防线缆应用技术要求》（GA/T 1406）有关规定执行。具体线缆选型可按现行行业标准《安防线缆》（GA/T 1297）有关规定执行。传输线缆选择如图 12.2 所示。

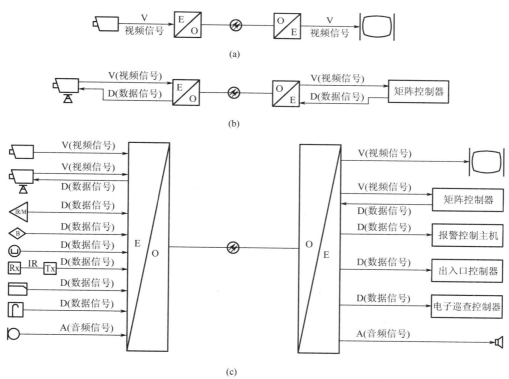

图 12.2　传输线缆选择

（2）报警信号传输电缆的选择应符合下列规定。

① 耐压不应低于交流 250V，应有足够的机械强度；铜芯绝缘导线、电缆芯线的最小截面面积应满足信号传输的电气性能和传输距离要求。

② 电缆芯数应根据系统防区类型、数量确定。

（3）复合视频信号传输电缆的选择应符合下列规定。

① 应根据图像信号采用基带传输或射频传输，选择同轴电缆或具有相同传输性能的视频电缆或射频电缆。

② 电缆规格应依据电缆衰减特性、信号传输距离和系统设计要求确定。

③ 电梯轿厢的视频电缆应采用电梯安防专用电缆。

（4）数字视频信号传输电缆应选择同轴电缆或具有同等传输性能的其他类型电缆，并满足传输距离要求。

（5）模拟音频信号传输电缆的选择应根据电缆衰减特性、信号传输距离及系统要求确定。

（6）控制信号传输电缆的选择应根据电缆衰减特性、信号传输速率、距离及系统要求确定。

（7）网络数据信号传输电缆的选择应根据数据传输速率、带宽及系统要求确定。

（8）开关量信号传输电缆的选择应根据信号特性、传输功率（载流量）及系统要求确定。

（9）供电电缆的选择应根据供电距离、载流量及系统要求确定。

（10）光缆的选择应符合下列规定。

① 光缆纤芯数目，应根据监视点的个数、监视点的分布情况和信号调制方式来确定，并留有一定的余量。

② 光缆结构及允许最小弯曲半径、最大抗拉力等机械参数，应满足信号传输的要求。

③ 光缆类型和保护层，应适合光缆的敷设方式及使用环境的要求。

 阅读材料 12-1

新技术用人体传送数据，安全性更高

据美国普渡大学官网报道，该校研究人员开发出一款原型设备，可以让人体充当"卡片或智能手机"与"阅读器或扫描仪"之间的连接通道，只需触摸一下物体表面就可以传输信息。

如今，随着半导体、物联网、新材料等技术的不断发展，创新型医疗设备层出不穷，并表现出灵巧、轻量、小型、生物相容、生态友好等新特点。这些设备大多具有数据采集、无线连接、远程监控、近场通信等功能，不仅可以监测各种人体健康指标，还可以治疗疾病和修复人体机能。其中比较典型的有植入式医疗设备、可穿戴医疗设备、可吞服医疗设备等。

然而，这些设备往往需要通过蓝牙或者Wi-Fi信号与外界通信以传递数据。可是，当蓝牙与Wi-Fi信号在人体周围传播时，这些电磁波至少可以在人体周围10m半径范围内被检测到，这样就有可能被黑客窃听到，从而威胁设备安全。

例如，2017年美国食品和药品监督管理局（FDA）召回了由Abbott公司生产的大约46.5万个心脏起搏器。召回的原因就是，这些设备可能会被黑客远程控制，以增

加心脏活动量或缩短电池使用寿命，进而可能危及病人生命。

2019 年，美国普渡大学的研究人员开发出一项让通信信号保持在人体内的技术，进一步加强了联网的植入式医疗设备的安全性。这种私密的通信网络仅允许使用者和使用者的设备访问，而很难被黑客攻破。

他们采用的是一种称为"电准静态场人体通信（EQS - HBC）"的方法，通过采用低频率无载波（宽带）传输的方法，将信号限制在人体之内，邻近的窃听者则很难截获关键的隐私数据，从而形成一种私密的通信信道，也就是人体。

3. 传输设备选型规定

（1）接入公共电话网的设备应符合公共电话网入网要求。

（2）无线发射装置、接收装置的发射频率、功率应符合国家无线电管理的有关规定。

（3）应根据信号带宽、衰减情况、传输距离和实时传输要求，在电缆、光缆传输的适当位置加装均衡、放大、中继、收发、混合或耦合等装置。

（4）网络传输交换设备应满足安全管理及数据处理的功能、性能等要求。

（5）室外使用的光传输部件，应具有良好的密闭防水结构。

4. 布线设计规定

（1）网络布线系统的设计应符合现行国家标准《综合布线系统工程设计规范》（GB 50311）的有关规定。

（2）非网络布线系统的路由设计规定。

① 路由应短捷、安全可靠，施工维护方便。

② 应避开恶劣环境条件或易使管道损伤的地段，不可避开时，应设计选择专用线缆或增加相应防护措施。

③ 不宜交叉跨越其他管道等障碍物。

④ 安防电缆与其他管线间距应满足防信号干扰的要求，不宜共管。

（3）非网络布线系统室内线缆的敷设设计应符合现行行业标准《安防线缆应用技术要求》（GA/T 1406）的有关规定，并应符合下列规定。

① 在新建的建筑物内或要求管线隐蔽的线缆应采用暗管敷设方式。

② 改、扩建工程使用的线缆，不能暗管敷设时，宜采用明管敷设方式。

③ 电缆和电力线平行或交叉敷设时，其间距不得小于 0.3m；电力线与信号线交叉敷设时，宜成直角。

④ 采用明敷和非金属管（槽）敷设的信号传输电缆与具有强磁场、强电场的电气设备之间的净距离，宜大于 1.5m，当采用屏蔽电缆或穿金属保护管或在金属封闭线槽内敷设时，宜大于 0.8m。

（4）监控中心的值守区与设备区为两个独立物理区域且不相邻时，两个区域之间的传输线缆应封闭保护，其保护结构的抗拉伸、抗弯折强度不应低于镀锌钢管。

（5）线缆槽敷设截面利用率不应大于 50%，线缆管敷设截面利用率不应大于 40%。

（6）应对不同系统线缆共用缆沟进行隔离设计。

12.5.5　监控中心设计

1. 监控中心的位置和空间布局规定

（1）监控中心的位置应远离产生粉尘、油烟、有害气体、强震源和强噪声源，以及生产或贮存具有腐蚀性、易燃、易爆物品的场所，应避开发生火灾危险程度高的区域和电磁场干扰区域。

（2）监控中心的值守区与设备区宜分隔设置。

（3）监控中心的面积应与安全防范系统的规模相适应，应有保证值班人员正常工作的相应辅助设施。

2. 监控中心的自身防护规定

（1）监控中心应有保证自身安全的防护措施和进行内外联络的通信手段，并应设置紧急报警装置和留有向上一级接处警中心报警的通信接口。

（2）监控中心出入口应设置视频监控和出入口控制装置，监视效果应能清晰显示监控中心出入口外部区域的人员特征及活动情况。

（3）监控中心内应设置视频监控装置，监视效果应能清晰显示监控中心内人员活动的情况。

（4）应对设置在监控中心的出入口控制系统管理主机、网络接口设备、网络线缆等采取强化保护措施。

3. 监控中心的环境规定

（1）监控中心的顶棚、壁板和隔断应采用不燃烧材料。室内环境污染的控制及装饰装修材料的选择应按现行国家标准的有关规定执行。

（2）监控中心的疏散门应采用外开方式，且应自动关闭，并应保证在任何情况下均能从室内开启。

（3）监控中心室内地面应防静电、光滑、平整、不起尘。门的宽度不应小于0.9m，高度不应小于2.1m。

（4）监控中心内的温度宜为16～30℃，相对湿度宜为30%～75%，监控中心宜结合建筑条件采取适当的通风换气措施。

（5）监控中心内应有良好的照明并设置应急照明装置，应采取措施减少作业面上的光幕反射和反射眩光。

4. 监控中心的管线敷设和设备布局规定

（1）室内的电缆、控制线的敷设宜设置地槽；当不设置地槽时，也可敷设在电缆架槽、墙上槽板内，或采用活动地板。

（2）根据机架、机柜、控制台等设备的相应位置，应设置电缆槽和进线孔，槽的高度和宽度应满足敷设电缆的容量和电缆弯曲半径的要求。

（3）控制台的装机数量应根据工程需要留有扩展余地，控制台的操作部分应方便、灵活、可靠。

（4）控制台正面与墙的净距离不应小于 1.2m，侧面与墙或其他设备的净距离，在主要走道不应小于 1.5m，在次要走道不应小于 0.8m。

（5）机架背面和侧面与墙的净距离不应小于 0.8m。

综 合 习 题

一、填空题

1. 安全防范工程的设计除应满足系统的_____外，还应满足紧急情况下_____的需要。

2. 安全防范系统的重要设备应安装电涌保护器。电涌保护器接地端和防雷接地装置应做防雷等电位连接。防雷等电位连接带应采用铜导体，其截面面积不应小于_____。

3. 主电源的容量配置规定：市电网做主电源时，电源容量应不小于系统或所带组合负载的满载功耗的_____倍。

4. 安全防范系统传输方式分为_____和_____两种。

5. 高风险保护对象的安全防范工程应采用_____。

二、单项选择题

1.《安全防范工程技术标准》（GB 50348）的属性和级别为（   ）。

A. 强制性行业标准   B. 推荐性国家标准

C. 强制性国家标准   D. 推荐性行业标准

2. 通常在安全防范系统中，是以（   ）子系统为核心的。

A. 视频监控   B. 入侵报警

C. 出入口控制   D. 报警通信

3. 安全防范系统的接地母线应采用铜导体，接地端子应有接地标识。采用共用接地装置时，共用接地装置电阻值应满足各种接地最小电阻值的要求。采用专用接地装置时，专用接地装置电阻值不应大于（   ）。

A. 1Ω B. 4Ω

C. 10Ω D. 20Ω

4. 监控中心内应设置接地汇集环或汇集排，汇集环或汇集排宜采用裸铜质导体，其截面面积不应小于（   ）mm^2。

A. 16   B. 20

C. 25   D. 35

三、简答题

1. 安全防范工程设计前，为什么要进行现场勘察？

2. 为什么高风险保护对象防护现场的控制指示设备与接警中心管理平台之间要采用两条或以上独立的通信网络传输报警信号？

3. 光缆纤芯数目应根据监视点的个数、监视点的分布情况和信号调制方式来确定，为什么要留有一定的余量？

4. 监控中心的位置和空间布局是怎么规定的？

四、案例题

某大饭店地处繁华地段，位置显要，是一座多功能的综合性建筑，地下仅1层，地上共10层，其中地下一层为车库、设备机房，一层有大堂、银行营业所、保险箱房、总出纳室、商务中心等，2～10层为餐饮、写字间和客房等，共4部电梯。为满足大楼的安全防范要求，需对大楼重要区域及主要出入口进行安全防范设计。

根据以上案例所提供的材料，试选择：

1. 要求能够清晰地获取进出车库的车型、车牌、车身颜色、驾驶人及其他人员的详细特征等信息，并避免外界光线对监视效果的干扰，在车库出入口应选用（　　　）。

A. 低照度、高清晰度、自动光圈镜头彩色固定摄像机

B. 低照度、高清晰度、固定光圈镜头黑白固定摄像机

C. 高照度、高清晰度、自动光圈镜头彩色固定摄像机

D. 高照度、高清晰度、固定光圈镜头黑白固定摄像机

2. 电梯轿厢内宜设置具有（　　　）的摄像机。

A. 变动焦距、广角镜头　　　　　　　　B. 固定焦距、广角镜头

C. 变动焦距、望远镜头　　　　　　　　D. 固定焦距、望远镜头

3. 在保险箱房、商务中心、银行营业场所应选用（　　　）。

A. 微波入侵探测器　　　　　　　　　　B. 被动红外入侵探测器

C. 主动红外入侵探测器　　　　　　　　D. 两种以上具有不同原理的入侵探测器

4. 手动紧急报警按钮应设置在（　　　）。

A. 电话机房　　　　　　　　　　　　　B. 消防控制室

C. 总出纳室　　　　　　　　　　　　　D. 电梯前厅

第13章
应急响应系统

 本章教学要点

知识要点	掌握程度	相关知识
应急响应系统的规定	掌握应急响应系统的规定	应急响应系统的规定
应急响应系统的功能及配置	了解应急响应系统的功能及配置	系统功能；系统配置

 导入案例

上海长宁"5·16"建筑坍塌事故救援

2019年5月16日11时17分许，上海市长宁区昭化路148号光之里二期改造建筑工程发生坍塌，造成25人被埋压。

上海市应急管理局和消防救援总队接到报警后，立即调集41辆消防车、300余名指战员、8只搜救犬和10台工程机械赶赴现场救援。同时，应急管理部门启动应急联动机制，协调公安、住建、医疗救护等力量到场协同处置。伴随着坍塌建筑局部结构严重变形，随时可能发生再次坍塌的危险情况，救援人员果断采取"询情与检测同步、搜索与救助并行"的救援方案，将坍塌现场划分为4个作业区域，实施交叉搜救。在14个小时内搜救出25名被埋压人员，其中13人生还。

本次事故救援主要经验：上海市应急管理局和消防救援总队迅速启动应急响应机制，第一时间协调各有关力量到场实施救援；针对坍塌建筑变形严重、情况复杂且随时可能发生再次坍塌危险的情况，组织建筑结构等方面的专家科学评估现场灾情，划片搜救、开辟通道，机械与人工救援相结合，为短时间成功处置创造了条件。

13.1 应急响应系统的规定

广西消防总队应急响应宣传片

应急响应系统是为应对各类突发公共安全事件，提高应急响应速度和决策指挥能力，有效预防、控制和消除突发公共安全事件的危害，具有应急技术体系和响应处置功能的应急响应保障机制或履行协调指挥职能的系统。

应急响应系统应以火灾自动报警系统、安全技术防范系统为基础，成为公共建筑、综合体建筑、具有承担地域性安全管理职能的各类管理机构有效地应对各种安全突发事件的综合防范保障。

应急响应系统是实现消防和安防等建筑智能化系统基础信息关联、资源整合共享、功能互动合成，形成更有效的提升各类建筑安全防范功效和强化系统化安全管理的技术方式之一，已被应用于具有高安全性环境要求和实施高标准运营及管理模式的智

能建筑中。

由于总建筑面积大于 20000m² 的公共建筑人员密集、社会影响面大、公共灾害受威胁突出，建筑高度超过 100m 的超高层建筑在紧急状态下不便人流及时疏散，因此，为适应建筑物公共安全的实际需求现状和强化管理措施落实，有效防范威胁民生的恶性突发事件对人们生命财产造成重大危害和巨大经济损失，规定：总建筑面积大于 20000m² 的公共建筑或建筑高度超过 100m 的建筑所设置的应急响应系统，必须配置与建筑物相应属地的上一级应急响应体系机构的信息互联通信接口。以确保该建筑内所设置的应急响应系统实时、完整、准确地与上一级应急响应系统全局性可靠地对接，提升当危及建筑内人员生命遇到重大风险时及时预警发布和有序引导疏散的应急抵御能力，由此避免重大人员伤害或缓解危及生命祸害、减少经济损失，同时，使建筑物属地的与国家和地方应急指挥体系相配套的地震检测机构、防灾救灾指挥中心监测到的自然灾害、重大安全事故、公共卫生事件、社会安全事件、其他各类重大和突发事件的预报及预期警示信息，通过城市应急响应体系信息通信网络可靠地下达，起到启动处置预案更迅速的响应保障。

13.2 应急响应系统的功能及配置

应急响应系统应成为公共建筑、综合体建筑、具有承担地域性安全管理职能的各类管理机构有效地应对各种安全突发事件的综合防范保障。应急响应中心是应急指挥体系处置公共安全事件的核心，在处置公共安全事件时，应急响应中心的机房设施需向在指挥场所内参与指挥的指挥者与专家提供多种方式的通信与信息服务，监测并分析预测事件进展，为决策提供依据和支持。

按照国家有关规划，应急响应指挥系统节点将拓展至县级行政系统，建立必要的移动应急指挥平台，以实现对各级各类突发公共安全事件应急管理的统一协调指挥，实现公共安全应急数据及时准确、信息资源共享、指挥决策高效。同时，随着信息化建设的不断推进，公共安全事件应急响应指挥系统作为重要的公共安全业务应用系统，将在与各地区域信息平台互联，实现与上一级信息系统、监督信息系统、人防信息系统的互联互通和信息共享等方面发挥重要的作用。

以统一的指挥方式和采用专业化预案（丰富的相关数据资源支撑）的应急指挥系统，是目前在大中城市和大型公共建筑建设中需建立的项目，下面列举了基本功能的系统配置，设计者宜根据工程项目的建筑类别、建设规模、使用性质及管理要求等实际情况，确定选择配置应急响应系统相关的功能及相应的辅助系统，以满足使用的需要。

13.2.1 应急响应系统应具有的功能

（1）对各类危及公共安全的事件进行就地实时报警。

（2）采取多种通信方式对自然灾害、重大安全事故、公共卫生事件和社会安全事件实现就地报警和异地报警。

（3）管辖范围内的应急指挥调度。

（4）紧急疏散与逃生紧急呼叫和导引。

（5）事故现场应急处置等。

13.2.2　应急响应系统宜具有的功能

（1）接收上级应急指挥系统各类指令信息。

（2）采集事故现场信息。

（3）多媒体信息显示。

（4）建立各类安全事件应急处理预案。

13.2.3　应急响应系统应配置的设施

（1）有线/无线通信、指挥和调度系统。

（2）紧急报警系统。

（3）火灾自动报警系统与安全技术防范系统的联动设施。

（4）火灾自动报警系统与建筑设备管理系统的联动设施。

（5）紧急广播系统与信息发布和疏散导引系统的联动设施。

13.2.4　应急响应系统宜配置的设施

（1）基于建筑信息模型（BIM）的分析决策支持系统。

（2）视频会议系统。

（3）信息发布系统等。

（4）应急响应中心宜配置总控室、决策会议室、操作室、维护室和设备间等工作用房。

（5）应纳入建筑物所在区域的应急管理体系。

综 合 习 题

简答题

1. 简述应急响应系统应具有的功能。

2. 简述应急响应系统应配置的设施。

附录 1　火灾自动报警系统设计的图形及文字符号

序　号	图形和文字符号	名　称
1		火灾报警控制器，一般符号
2	A	火灾报警控制器（不具有联动控制功能）
3	AL	火灾报警控制器（联动型）
4	C	集中（型）火灾报警控制器
5	Z	区域（型）火灾报警控制器
6	S	可燃气体报警控制器
7	H	家用火灾报警控制器
8	XD	接线端子箱
9	RS	防火卷帘控制器
10	RD	电磁释放器
11		门磁开关
12	EC	电动闭门器
13	I/O	输入/输出模块
14	I	输入模块
15	O	输出模块
16	M	模块箱
17	SI	总线短路隔离器
18	D	区域显示器（火灾显示盘）

续表

序　号	图形和文字符号	名　　称
19	Y	手动火灾报警按钮
20	Y	消火栓按钮
21	◎	消防电话插孔
22	YO	带消防电话插孔的手动火灾报警按钮
23	⌐	水流指示器
24	P	压力开关
25	F	流量开关
26	S	点型感烟火灾探测器
27	⎮	点型感温火灾探测器
28	S	家用点型感烟火灾探测器
29	⦤	可燃气体探测器
30	△	点型红外感光火灾探测器
31	▱	图像型火灾探测器
32	S	独立式感烟火灾探测报警器
33	⎮	独立式感温火灾探测报警器
34	I△	剩余电流式电气火灾监控探测器
35	T	测温式电气火灾监控探测器
36	I△ T	剩余电流及测温式电气火灾监控探测器
37	AFD	具有探测故障电器功能的电气火灾监控探测器（故障电弧探测器）
38	I△ T	独立式电气火灾监控探测器（剩余电流及测温式）

序　　号	图形和文字符号	名　　称
39		独立式电气火灾监控探测器（剩余电流式）
40		独立式电气火灾监控探测器（测温式）
41		线型感温火灾探测器
42		火灾光警报器
43		火灾声光警报器
44		扬声器，一般符号
45		消防电话分机
46	E	安全出口指示灯
47		疏散方向指示灯
48		自带电源的应急照明灯
49	L	液位传感器
50		信号阀（带监视信号的检修阀）
51	M	电磁阀
52	M	电动阀
53	70℃	常开防火阀（70℃熔断关闭）
54	280℃	常开排烟防火阀（280℃熔断关闭）
55	280℃	常闭排烟防火阀（电控开启，280℃熔断关闭）
56	——S—— S	通信线（包括 S1～S5）
57	——S1—— S1	报警信号总线
58	——S2—— S2	联动信号总线
59	——D—— D	50V 以下的电源线路

序　号	图形和文字符号	名　称
60	—— F —— F	消防电话线路
61	—— BC —— BC	广播线路或音频线路
62	—— C —— C	直接控制线路

注：表中直接控制线路包括连锁控制线路和手动直接控制专用线路。

附录 2　安全技术防范系统设计图形符号

序　号	符　号	名　　称
1	◁IR	被动红外入侵探测器
2	◁M	微波入侵探测器
3	◁IR/M	被动红外/微波双技术入侵探测器
4	◇B	玻璃破碎入侵探测器
5	◇P	压敏探测器
6	Rx--IR--Tx	主动红外入侵探测器 （发射器、接收器分别为 Tx、Rx）
7	□--L--□	埋入线电场扰动探测器
8	□--C--□	振动入侵探测器
9	⊔	门磁开关
10	⊘	紧急脚挑开关
11	◎	紧急按钮开关
12	EC	编址模块
13	▣	周界报警控制器
14	◁	摄像机
15	◁R	球形摄像机
16	◁OH	有室外防护罩摄像机
17	◁	带云台摄像机

续表

序 号	符 号	名 称
18		带云台球形摄像机
19		有室外防护罩的带云台摄像机
20		彩色摄像机
21		带云台彩色摄像机
22		图像分割器
23		电视监视器
24		带式录像机
25	DVR	数字录像机
26	VD	视频分配器　　X：输入　　Y：几路输出
27	KY	操作键盘
28	DEC	解码器
29		传声器
30		扬声器
31		声光报警器
32		访客对讲主机
33		可视对讲机
34		对讲电话分机

序　　号	符　　号	名　　称
35		读卡器
36	KP	键盘读卡器
37		指纹识别器
38		人像识别器
39		眼纹识别器
40	EL	电控锁
41	M	磁力锁
42		电控锁按键
43		光纤或光缆
44		保安巡逻打卡器（或信息钮）
45		天线
46	E O	电、光信号转换器
47	O E	光、电信号转换器
48		整流器
49	UPS	不间断电源
50		打印机
51		灯
52		电缆桥架线路
53		电源变压器

附录 3 火灾自动报警系统设计实例

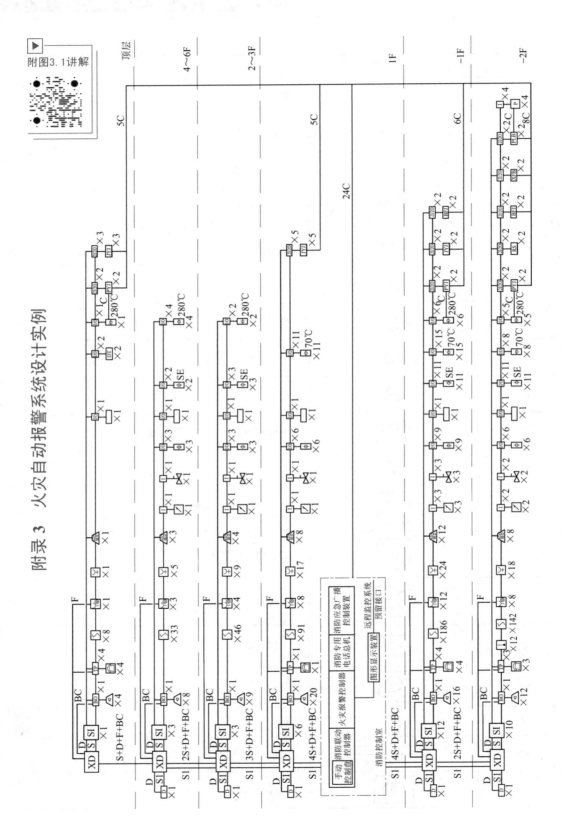

附图3.1 讲解

附图3.1 某公寓火灾自动报警系统图（树形）

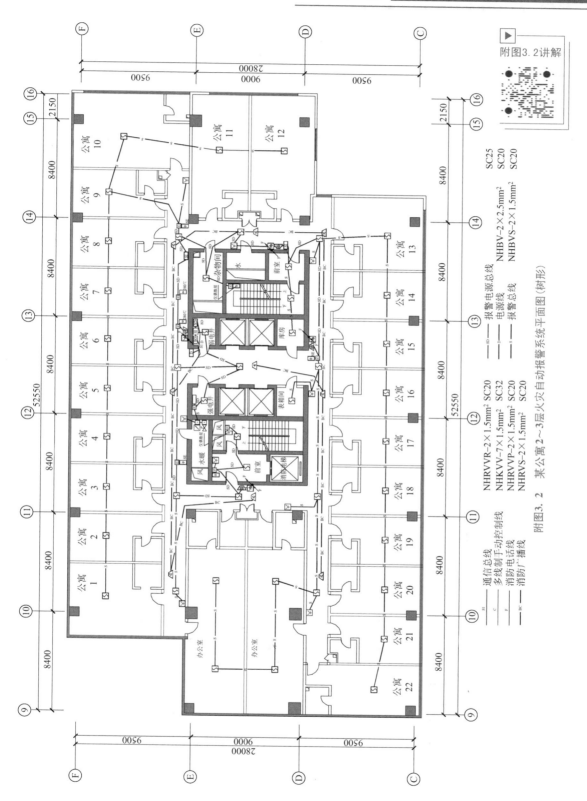

附图3.2 讲解

附图3.2 某公寓2~3层火灾自动报警系统平面图（树形）

- NHRVVR-2×1.5mm² SC20
- NHKVV-7×1.5mm² SC32
- NHRVVP-2×1.5mm² SC20
- NHRVS-2×1.5mm² SC20

- 报警电源总线 SC25
- 电源线 NHBV-2×2.5mm² SC20
- 报警总线 NHBVS-2×1.5mm² SC20

- SD —— 通信总线
- —— 多线制手动控制线
- F —— 消防电话线
- BC —— 消防广播线

公寓 1 ~ 公寓 22

办公室

附图3.3讲解

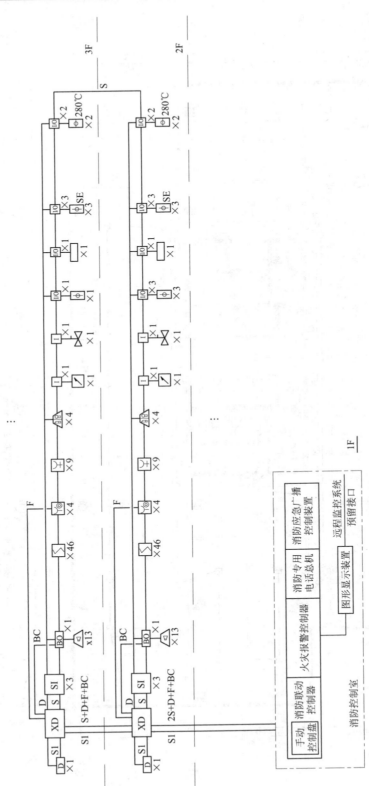

附图3.3　某公寓2~3层火灾自动报警系统图（环形）

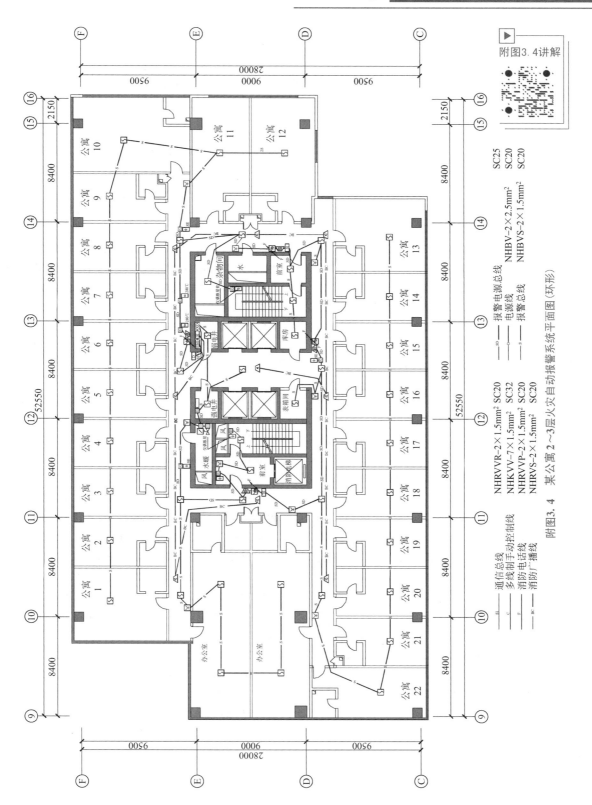

附图3.4讲解

附图3.4 某公寓2~3层火灾自动报警系统平面图(环形)

通信总线 SI
多线制手动控制线 C
消防电话线 F
消防广播线 BC

NHRVVR-2×1.5mm² SC20
NHKVV-7×1.5mm² SC32
NHRVP-2×1.5mm² SC20
NHRVS-2×1.5mm² SC20

报警电源总线 SD
电源线 D
报警总线 S

NHBV-2×2.5mm² SC25
NHBVS-2×1.5mm² SC20
NHBVS-2×1.5mm² SC20

附录4 安全技术防范系统设计实例

1. 建筑概况

本工程为科研办公楼，建筑面积约为 14400m²，地上 5 层，主要为办公室、实验室、资料室、报告厅、会议室、信息中心、财务室等。层高 4.50m，建筑主体高度 25.50m。

2. 安全防范系统设计范围

安全防范系统设计包括入侵报警系统、视频安防监控系统、出入口控制系统、电子巡查管理系统。

3. 监控中心

监控中心设在本建筑的 1 层，面积为 79m²。

4. 入侵报警系统

4.1 本系统报警控制主机设置在监控中心。

4.2 在所长室、财务室、信息中心、实验室、资料室、书库、大厅、空调机房安装吸顶式微波和被动红外复合入侵探测器。

4.3 在实验室、总工程师室、副所长室安装幕帘式被动红外入侵探测器。

4.4 在各层电梯厅、主要通道安装被动红外入侵探测器。

4.5 在所长室、财务室、消防控制室安装紧急按钮开关，在财务室安装紧急脚挑开关。

4.6 在 1 层有外窗的房间安装玻璃破碎入侵探测器。

4.7 入侵报警系统可以与视频安防监控系统进行联动控制。

5. 视频安防监控系统

5.1 本建筑 1 层各出入口、大厅、电梯轿厢内、各层电梯厅、重要通道（楼梯间）、财务室、阅览室、开放型办公室等场所设监视摄像机。

5.2 所有摄像机的电源均由监控中心集中供给。监控中心设有 UPS。

5.3 系统控制方式为编码控制。

5.4 摄像机采用 CCD 摄像机，带自动增益控制、逆光补偿、电子高亮度控制等。

5.5 系统主机采用视频切换/控制器，所有视频信号可手动/自动切换。

5.6 录像选用 3 台数字录像机，内置高速硬盘，容量不低于动态录像存储 15d 的空间，并可随时提供快速检索和图像调阅，图像中应包含摄像机位置提示、日期、时间等，配光盘刻录机。

5.7 系统配置 8 台彩色专用监视器。

5.8 监视器的图像质量按五级损伤制评定，图像质量不应低于 4 级。

5.9 监视器图像水平清晰度：彩色监视器不应低于 480 线。

5.10 监视器图像画面的灰度不应低于 8 级。

5.11 系统各部分信噪比指标分配应符合：摄像部分为 40dB，传输部分为 50dB，显示部分为 45dB。

6. 出入口控制系统

6.1 在所长室、总工程师室、副所长室、实验室、资料室、信息中心、财务室等房间安装了出入口控制设备，2~5 层安装出入口控制设备。

6.2 出入口控制系统采用单向读卡控制方式。

6.3 当发生火灾时，出入口控制系统必须与火灾报警系统联动，疏散人员不使用钥匙能迅速安全通过。

6.4 出入口控制系统可以与视频安防监控系统进行联动控制。

7. 电子巡查管理系统

7.1 本系统采用离线式电子巡查管理系统。

7.2 在本建筑物内主要通道处、重要场所设置巡更点，在巡更点设置信息钮。

注：本工程安防各系统平面图仅以 5 层示例，其他层安防平面图省略。

附图 4.1 设计说明

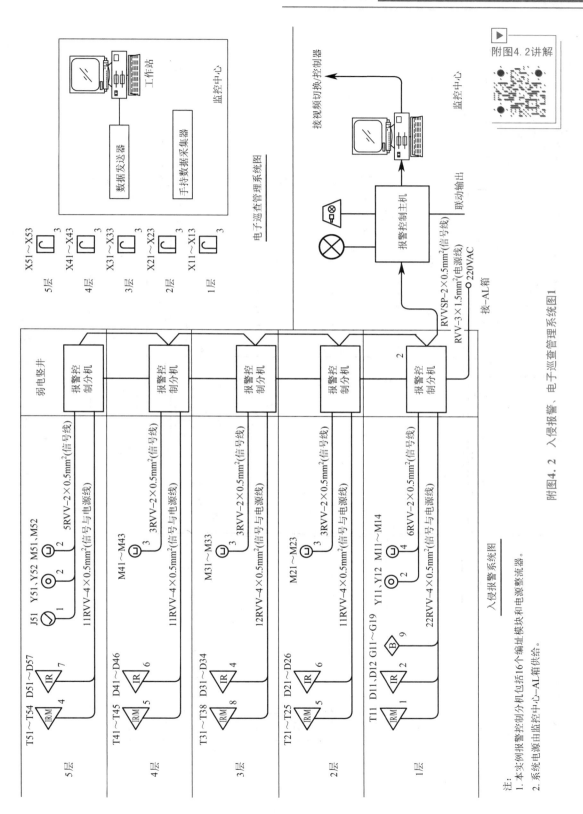

附图4.2讲解

附图4.2 入侵报警、电子巡查管理系统图1

注:
1. 本实例报警控制分机包括16个编址模块和电源整流器。
2. 系统电源由监控中心-AL箱供给。

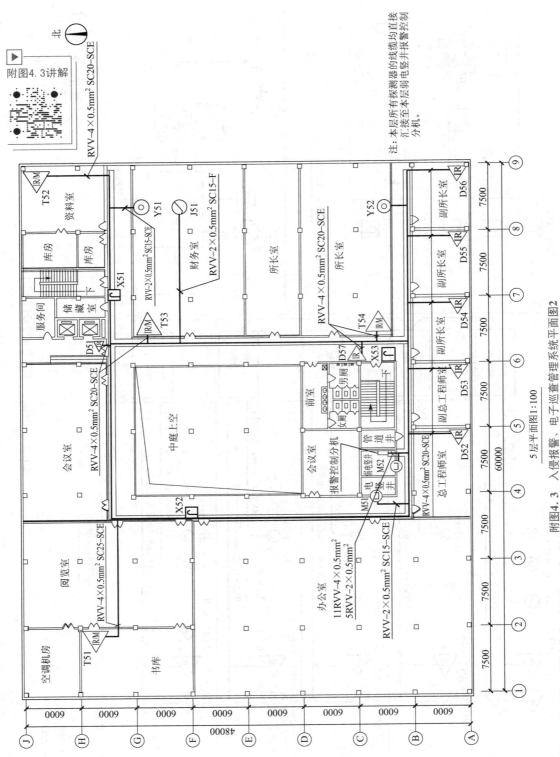

附图4.3 入侵报警、电子巡查管理系统平面图2

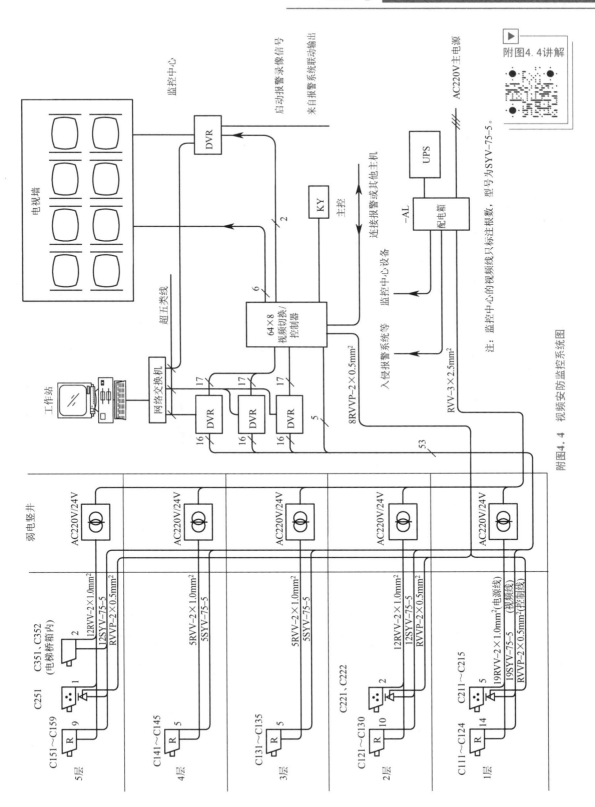

附图4.4 视频安防监控系统图

注：监控中心的视频线只标注根数，型号为SYV-75-5。

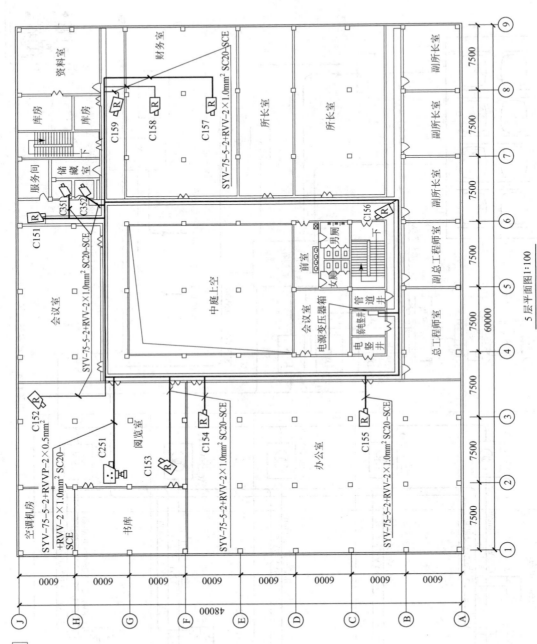

附图4.5　视频安防监控系统平面图

5层平面图1:100

附图4.5讲解

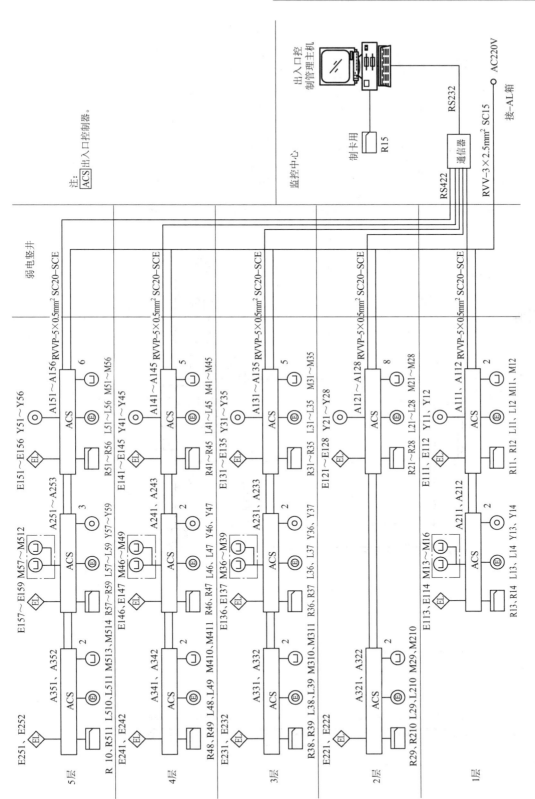

附图4.6 出入口控制系统图

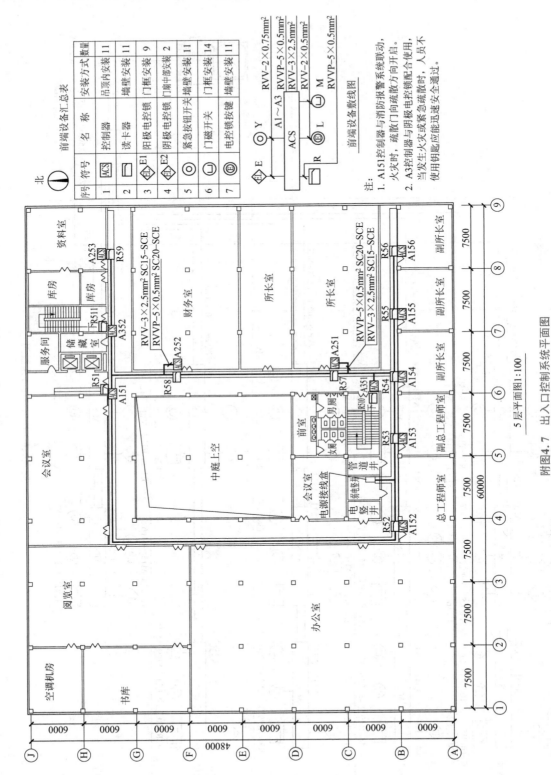

附图4.7 出入口控制系统平面图

前端设备汇总表

序号	符号	名称	安装方式	数量
1	ACS	控制器	吊顶内安装	11
2	▭	读卡器	墙壁安装	11
3	⊕E1	阳极电控锁	门框安装	9
4	⊕E2	阴极电控锁	门扇中部安装	2
5	◎	紧急按钮开关	墙壁安装	11
6	⊡	门磁开关	门框安装	14
7	◉	电控锁按键	墙壁安装	11

前端设备敷线图

注：
1. A151控制器与消防报警系统联动，火灾时，疏散门向疏散方向开启。
2. A3控制器与阴极电控锁配合使用，当发生火灾或紧急疏散时，人员不使用钥匙应能迅速通过安全通道。

5层平面图1:100

附录5 某住宅楼访客可视对讲系统设计实例

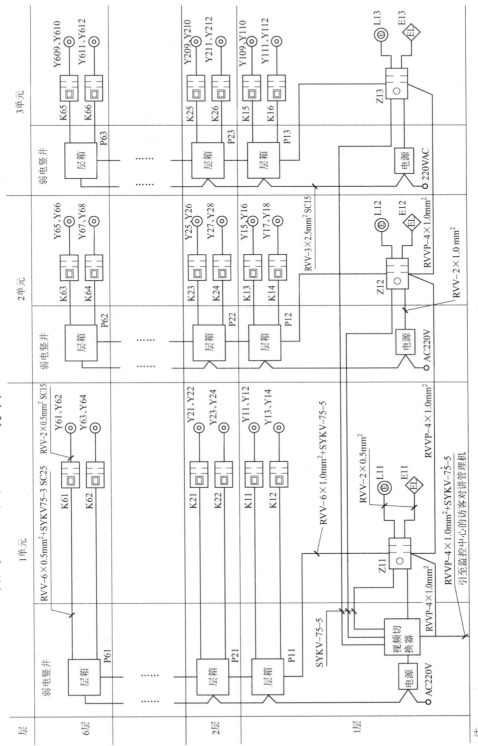

附图5.1 某住宅楼访客可视对讲系统图

注:
1. 层箱内包含分配器、解码器及电源等设备。视频切换器安装在P11箱内。
2. 图中缆线型号及规格仅供参考。在工程设计中,应根据设备要求选择缆线的型号及规格。

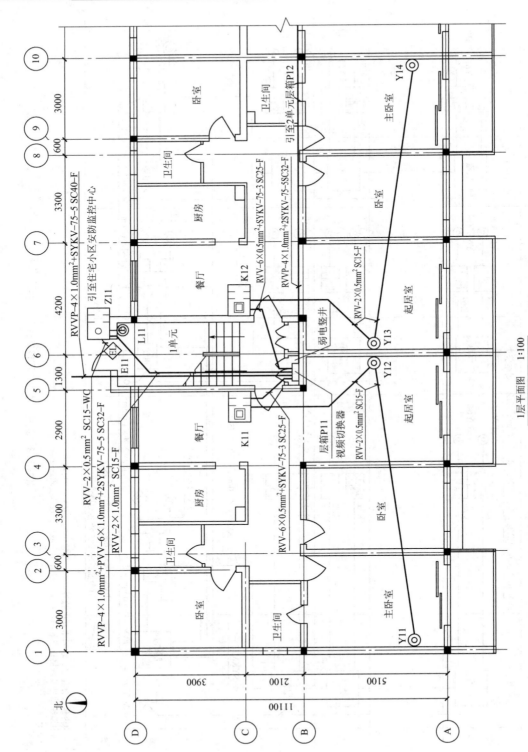

1层平面图 1:100

注：本图以1个单元一层为例，图中缆线型号及规格仅供参考。在工程设计中，应根据设备要求选择缆线的型号及规格。

附图5.2 访客可视对讲系统平面图

参 考 文 献

殷德军，张晶明，郭敦文，等，2001. 安全技术防范原理、设备与工程系统 [M]. 北京：电子工业出版社.

应急管理部消防救援局，2020a. 消防安全技术实务 [M]. 北京：中国人事出版社.

应急管理部消防救援局，2020b. 消防安全技术综合能力 [M]. 北京：中国人事出版社.

中国建筑标准设计研究院，2006. 国家建筑标准设计图集　安全防范系统设计与安装：06SX503 [M]. 北京：中国计划出版社.

中国建筑标准设计研究院，2014. 国家建筑标准设计图案　火灾自动报警系统设计规范图示：14X505 - 1 [M]. 北京：中国计划出版社.